集成电路科学与技术丛书

机工通信

U0512022

新一代
功率半导体研发
与应用精讲

［日］ **岩室宪幸** / 主编

李哲洋 于乐 贾文 魏晓光 母春航 / 译

机械工业出版社
CHINA MACHINE PRESS

随着 5G 通信、新能源汽车（xEV）等前沿技术的蓬勃发展，对高效、高可靠性的功率半导体的需求日益增长，本书正是基于此而诞生的。本书分 3 篇，共有 9 章，内容包括 SiC 功率半导体、GaN 功率半导体、金刚石功率半导体、Ga$_2$O$_3$（氧化镓）功率半导体、功率半导体与器件的封装技术、功率半导体与器件的评估、汽车领域新一代功率半导体的实用化、SiC 功率器件在超高压设备中的应用、其他领域新一代功率半导体的实用化。

本书适合电力电子学界、广大的功率器件和装置生产企业的工程技术人员作为参考书之用。

Original Japanese title: JISEDDAI POWER HANDOTAI NO KAIHATSU・HYOKA TOJITSUYOKA
Copyright © 2020 岩室宪幸、大谷升、小林拓真、木本恒畅、加藤正史、喜多浩之、野口宗隆、江川孝志、三川丰、秩父重英、栗本浩平、德田丰、八木修一、河合弘治、成井启修、川原田洋、嘉数诚、金圣祐、植田研二、平间一行、佐藤寿志、东胁正高、村上尚、熊谷义直、佐佐木公平、山腰茂伸、仓又朗人、四户孝、西中浩之、陈传彤、菅沼克昭、堀口刚司、石井佑季、长泽忍、椋木康滋、山田靖、两角朗、大浦贤一、鹤田和弘、山本真义、中村孝、田原慎一、田岛宏一
Original Japanese edition published by NTS Inc.
Simplified Chinese translation rights arranged with NTS Inc.
through The English Agency (Japan) Ltd. and Shanghai To-Asia Culture Co., Ltd.
此版本仅限在中国大陆地区（不包括香港、澳门特别行政区及台湾地区）销售。未经出版者书面许可，不得以任何方式抄袭、复制或节录本书中的任何部分。

北京市版权局著作权合同登记　图字：01-2024-0094 号。

图书在版编目（CIP）数据

新一代功率半导体研发与应用精讲 /（日）岩室宪幸主编；李哲洋等译. -- 北京：机械工业出版社，2025.
7. --（集成电路科学与技术丛书）. -- ISBN 978-7-111-78545-3

Ⅰ. TN303

中国国家版本馆 CIP 数据核字第 2025AH2330 号

机械工业出版社（北京市百万庄大街 22 号　邮政编码 100037）
策划编辑：杨　源　　　　　　　　责任编辑：杨　源
责任校对：张勤思　马荣华　景　飞　　封面设计：王　旭
责任印制：张　博
固安县铭成印刷有限公司印刷
2025 年 8 月第 1 版第 1 次印刷
184mm×240mm・19.5 印张・396 千字
标准书号：ISBN 978-7-111-78545-3
定价：109.00 元

电话服务　　　　　　　　　　　网络服务
客服电话：010-88361066　　　　机 工 官 网：www.cmpbook.com
　　　　　010-88379833　　　　机 工 官 博：weibo.com/cmp1952
　　　　　010-68326294　　　　金 书 网：www.golden-book.com
封底无防伪标均为盗版　　　机工教育服务网：www.cmpedu.com

主编、参编一览

主　编

岩室宪幸　　　筑波大学数理物质系教授

参　编

岩室宪幸　　　筑波大学数理物质系教授

大谷升　　　　关西学院大学工学部教授

小林拓真　　　大阪大学大学院工学研究科助教

木本恒畅　　　京都大学大学院工学研究科教授

加藤正史　　　名古屋工业大学大学院工学研究科准教授

喜多浩之　　　东京大学研究生院工学系研究科副教授

野口宗隆　　　三菱电机株式会社尖端技术综合研究所首席研究员

江川孝志　　　名古屋工业大学研究生院工学研究科教授

三川丰　　　　三菱化学株式会社氮化镓技术中心开发组经理

秩父重英　　　日本东北大学多元物质科学研究所教授

栗本浩平　　　日本制钢所株式会社新事业推进本部光子学事业室开发集团

德田丰　　　　爱知工业大学名誉教授

八木修一　　　Paudec 株式会社开发部门董事、电子器件技术总管

河合弘治　　　Paudec 株式会社技术最高顾问

成井启修	Paudec 株式会社代表董事总经理
川原田洋	早稻田大学理工学术院基干理工学部教授
嘉数诚	佐贺大学研究生院理工学研究科教授
金圣祐	Adamando 并木精密宝石株式会社金刚石基板开发统括本部副统括本部长
植田研二	名古屋大学研究生院工学研究科副教授
平间一行	日本电报电话株式会社 NTT 物性科学基础研究所多元材料创造科学研究部薄膜材料研究组主任研究员
佐藤寿志	日本电报电话株式会社 NTT 物性科学基础研究所多元材料创造科学研究部薄膜材料研究组主任研究员
东胁正高	日本国立研究开发法人信息通信研究机构未来 ICT 研究所小金井前沿研究中心绿色 ICT 器件研究室室长
村上尚	东京农工大学研究生院工学研究院副教授
熊谷义直	东京农工大学研究生院工学研究院教授
佐佐木公平	Novel Crystal Technology 株式会社第一研究部董事
山腰茂伸	Novel Crystal Technology 株式会社第一研究部董事专家
仓又朗人	Novel Crystal Technology 株式会社董事长
四户孝	FLOSFIA 株式会社董事
西中浩之	京都工艺纤维大学电气电子工学系副教授
陈传彤	大阪大学产业科学研究所特聘副教授
菅沼克昭	大阪大学名誉教授
堀口刚司	三菱电机株式会社尖端技术综合研究所功率模块技术部首席研究员
石井佑季	三菱电机株式会社尖端技术综合研究所功率转换系统技术部首席研究员
长泽忍	三菱电机株式会社尖端技术综合研究所电机系统技术部经理

椋木康滋	三菱电机株式会社先进技术研究所模块技术部门团队经理
山田靖	日本大同大学工学部教授
两角朗	富士电机株式会社半导体事业本部开发统括部封装开发部要素技术一课主查
大浦贤一	尖端力学模拟研究所株式会社技术开发部
鹤田和弘	Mirise Technologies 株式会社功率电子第 2 开发部部长
山本真义	名古屋大学未来材料与系统研究所教授
中村孝	大阪大学研究生院工学研究科特聘教授/Nexfair Technologies 株式会社代表
田原慎一	ROHM 株式会社研究开发中心融合技术研究开发部研究企划与管理 G 技术主查
田岛宏一	富士电机株式会社功率电子系统工业事业本部开发统括部功率电子机器开发中心输送系统开发部主任

目 录
CONTENTS

主编、参编一览

绪 论　新一代功率半导体研发趋势

一、对新一代功率半导体的期望 …………………………… 2

二、应对 5G、xEV 的需求扩大问题 ……………………… 2

三、总结 ……………………………………………………… 3

第一篇　新一代功率半导体的开发

第一章　SiC 功率半导体

第一节　SiC 单晶生长中晶体缺陷的产生机制及其控制方法

一、引言 …………………………………………………… 6

二、基于物理气相升华法的 SiC 块状单晶材料生长 ……… 7

三、SiC 块状单晶中存在的晶体缺陷 ……………………… 9

四、SiC 块状单晶生长中基平面位错的产生机理 …………10

五、总结 ………………………………………………………… 13

第二节　排除氧化工艺的高质量 SiC MOS 界面形成

一、SiC MOSFET 的现状与挑战 ……………………………… 15
二、理解具有不同晶面和受主密度的 SiC MOSFET 的
　　迁移率限制因素 ……………………………………… 16
三、基于氩气热处理的界面碳缺陷检测和减少 …………… 20
四、排除氧化工艺形成高质量 SiC MOS 界面 ……………… 23
五、总结 ………………………………………………………… 27

第三节　SiC 电学特性的空间分辨测量

一、引言 ………………………………………………………… 29
二、载流子复合寿命测量技术 ……………………………… 29
三、高空间分辨率测量（破坏性测量） …………………… 30
四、无损深度分析测量 ………………………………………… 33
五、表面复合速度 ……………………………………………… 36
六、总结 ………………………………………………………… 36

第四节　SiC 功率半导体器件中电阻主要影响因素分析

一、分析 SiC MOSFET 反型层迁移率的模型和方法 ……… 37
二、SiC MOS 反型层迁移率模型的构建 …………………… 42
三、总结 ………………………………………………………… 48

第二章　GaN 功率半导体

第一节　GaN 功率半导体开发的现状与实用化

一、引言 ………………………………………………………… 51
二、GaN 功率器件的优势 …………………………………… 52
三、GaN 功率器件的发展趋势 ……………………………… 53

第二节　　酸性氨热法制备 GaN 单晶技术

　　一、引言 ……………………………………………………………… 60
　　二、基于氨热法的晶体生长 ………………………………………… 61
　　三、晶体质量评估 …………………………………………………… 62
　　四、总结 ……………………………………………………………… 69

第三节　　基于 DLTS 法的 GaN 点缺陷评估技术

　　一、引言 ……………………………………………………………… 70
　　二、p-GaN 的 DLTS ………………………………………………… 70
　　三、正向电流导通效应 ……………………………………………… 73
　　四、总结 ……………………………………………………………… 80

第四节　　高耐压 GaN 功率器件

　　一、引言 ……………………………………………………………… 81
　　二、PSJ 器件 ………………………………………………………… 84
　　三、PSJ 器件的量产性 ……………………………………………… 91
　　四、总结 ……………………………………………………………… 93

第三章　　金刚石功率半导体

第一节　　金刚石功率 FET 开发的现状和实用化可能性

　　一、金刚石作为 p 型半导体的优势 ……………………………… 95
　　二、逆变器电路的普及进展意外地缓慢，原因在于噪声 …… 96
　　三、将 2DHG 应用于沟道层的金刚石 MOSFET …………… 100
　　四、总结与展望 …………………………………………………… 107

第二节　　金刚石异质外延晶体生长及其在金刚石 FET 中的应用

　　一、引言 …………………………………………………………… 109
　　二、目前的异质外延金刚石生长研究 ………………………… 109

三、蓝宝石衬底上的异质外延金刚石生长······················110

四、在倾斜蓝宝石衬底上使用台阶流模式的异质外延
金刚石生长······················114

五、异质外延金刚石上的金刚石 FET 制作·················117

六、总结······················118

第三节　使用金刚石半导体的耐高温器件制造和性能提高

一、引言······················120

二、耐高温金刚石肖特基二极管的制造·················121

三、耐高温金刚石功率器件的制造·················123

四、耐高温金刚石晶体管的制造·················126

五、总结······················127

第四节　通过 NO_2 吸附和 Al_2O_3 钝化改善金刚石 FET 的热稳
定性和大电流工作

一、引言······················129

二、通过 NO_2 吸附和 Al_2O_3 钝化实现高密度二维空穴气的
热稳定化······················129

三、实现金刚石 FET 在高温环境下的稳定工作············131

四、在多晶金刚石衬底上实现超过-1 A/mm 的
大电流 FET······················134

五、总结······················135

第四章　Ga_2O_3（氧化镓）功率半导体

第一节　β 型氧化镓功率器件开发

一、引言······················137

二、对功率器件应用至关重要的 Ga_2O_3 物性·················137

三、Ga_2O_3 晶体管······················138

四、Ga_2O_3 二极管······················142

五、Ga_2O_3 器件实用化的挑战 ·················· 143

六、总结 ·················· 144

第二节　β 型氧化镓晶体的高纯度生长方法

一、引言 ·················· 146

二、β 型氧化镓的卤化物气相生长 ·················· 146

三、β 型氧化镓的三卤化物气相外延生长 ·················· 154

四、总结 ·················· 156

第三节　β 型氧化镓衬底晶体和外延膜的高质量化技术

一、β 型氧化镓块状单晶衬底 ·················· 157

二、β 型氧化镓的同质外延生长技术 ·················· 160

三、总结 ·················· 168

第四节　利用 MIST DRY® 法研制 α 型氧化镓功率半导体

一、引言 ·················· 169

二、α 型氧化镓（$α\text{-}Ga_2O_3$）的特点 ·················· 170

三、雾化 CVD 法 ·················· 172

四、$α\text{-}Ga_2O_3$ 功率半导体器件 ·················· 173

五、总结 ·················· 178

第五节　雾化 CVD 法半导体制造设备

一、引言 ·················· 180

二、雾化 CVD 法的研发 ·················· 180

三、雾化 CVD 法的原理 ·················· 181

四、利用雾化 CVD 法生长 Ga_2O_3 的技术 ·················· 183

五、总结 ·················· 190

第二篇　　新一代功率半导体的封装技术和可靠性

第一章　　功率半导体与器件的封装技术

第一节　　新一代功率半导体所需的封装技术

一、引言 …………………………………………………………… 194
二、WBG 功率半导体的接合 …………………………………… 195
三、展望 …………………………………………………………… 205

第二节　　高精度功率半导体仿真技术

一、引言 …………………………………………………………… 208
二、SiC-MOSFET 模型的建模方法 …………………………… 208
三、开关操作的验证 ……………………………………………… 211
四、设备模型的应用案例 ………………………………………… 213
五、总结 …………………………………………………………… 215

第二章　　功率半导体与器件的评估

第一节　　用于功率半导体封装的接合材料特性评估方法

一、引言 …………………………………………………………… 216
二、需要的特性 …………………………………………………… 216
三、接合材料的发展趋势 ………………………………………… 217
四、接合部的特性评估方法 ……………………………………… 218
五、总结 …………………………………………………………… 226

第二节　　SiC 功率半导体封装技术

一、引言 …………………………………………………………… 228
二、WBG 功率半导体的特性 …………………………………… 229
三、SiC 功率半导体的封装技术 ………………………………… 229

四、总结 ……………………………………………………………… 238

第三节　新一代功率半导体的封装材料和寿命预测仿真

一、引言 ……………………………………………………………… 239
二、传热-结构耦合仿真框架 …………………………………… 239
三、寿命预测式 …………………………………………………… 241
四、寿命预测仿真的评估案例 ………………………………… 242
五、密封树脂的特性参数和寿命预测的方差分析 ………… 244
六、损伤参数预测公式 ΔW 与实验结果的比较验证 ……… 245
七、总结 ……………………………………………………………… 246

第三篇　新一代功率半导体的应用案例

第一章　汽车领域新一代功率半导体的实用化

第一节　用 SiC 功率半导体开发电动汽车

一、引言 ……………………………………………………………… 250
二、用于降低成本的超低损耗 SiC-MOSFET ………………… 251
三、总结 ……………………………………………………………… 259

第二节　电动飞机建模技术的最新趋势和新材料功率半导体在飞行汽车中的应用效果

一、引言 ……………………………………………………………… 261
二、飞行汽车的建模技术 ………………………………………… 262
三、通过新材料功率半导体的应用提高电动飞机性能 …… 268
四、总结 ……………………………………………………………… 271

第二章 SiC 功率器件在超高压设备中的应用

一、引言 ……………………………………………………………272

二、超高压开关模块 ………………………………………………272

三、超高压直流电源 ………………………………………………275

四、在医疗设备方面的应用 ………………………………………278

五、总结 ……………………………………………………………279

第三章 其他领域新一代功率半导体的实用化

第一节 应用于空调的功率半导体

一、白色家电的功率半导体 ………………………………………281

二、RAC 的节能规定 ………………………………………………281

三、RAC 中功率半导体的主要用途 ………………………………282

四、RAC 在实际运行中的节能措施 ………………………………287

五、逆变器电路 ……………………………………………………290

六、白色家电的目前状况 …………………………………………292

七、总结 ……………………………………………………………292

第二节 SiC 混合模块在电动列车中的应用

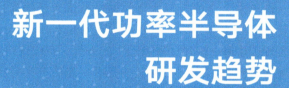

新一代功率半导体研发趋势

一、对新一代功率半导体的期望

2020 年，由于新冠在全球的蔓延，各国在人员和经济方面遭受了巨大的损失。2021 年初，随着疫苗接种的实施，一些地方终于出现了恢复的迹象。然而，病毒变异株导致的感染在全球范围内仍在继续，因此疫情后的前景仍然不明朗。但是，回顾过去的历史，如二战结束后的计算机开发，第二次石油危机后的 Sony Walkman（世界第一台便携式磁带播放器）发布，以及在 2000 年 IT 泡沫破裂后的 Apple iPod 发布等，可以看到，在历史上，大灾难之后都会有巨大的技术革新和惊人的新产品问世。因此，我们期待着创新技术的出现以及随之而来的令人惊叹的新产品开发。

近年来，全球变暖速度的加快被认为是国际社会共同面临的问题，巴黎协议的签订标志着各国开始努力抑制世界平均温度的上升。在日本，前首相菅义伟提出了"力争在 2050 年实现碳中和，构建脱碳社会"的方针，完成这一艰巨任务已经变得极为重要。而解决这一问题的关键技术就是电力电子技术，即功率半导体器件。电力电子技术对电力的控制是基于功率半导体的低导通电阻和高速开关技术实现的，可以说功率半导体的性能直接影响电力控制的性能。为了进一步实现电力电子设备的高性能化，新一代功率半导体材料，即以碳化硅（SiC）、氮化镓（GaN）、氧化镓（Ga_2O_3）和金刚石为代表的宽禁带半导体，以及能够充分发挥这些材料特性的电路和封装技术的实用化都不可或缺。

二、应对 5G、xEV 的需求扩大问题

截至 2022 年 1 月，全球范围内普遍存在半导体短缺的问题。半导体短缺的原因有几个，其中一个主要原因是迅速普及的远程办公和电子商务，导致对数据中心服务器和 5G 基站设备的需求激增，以及为实现实质零排放的电动汽车的电气化（xEV 化）带来的半导体需求急剧扩大。因此，当前功率半导体的供需也变得紧张。展望未来，我们可以看到因新冠大流行而萎靡的汽车生产等行业急剧复苏，功率半导体似乎正面临新的需求扩大机会。据最近某公司发布的调查结果，预计未来 10 年内，功率半导体市场将增长约 40% 以上。这就为新一代功率半导体进入市场并推动需求扩大提供了机会。然而，根据同一调查报告，未来 10 年内大部分功率半导体仍将由硅半导体占据，例如在 2030 年，硅半导体在整个功率半导体市场中的比例预计仍将超过 90%。

为了打破这种局面，着眼于新一代功率半导体产品化的研究开发近年来非常活跃。例如，在新的 5G 基站服务器电源中，功率因数校正（PFC）电路中常使用 600 V 级高速二极管，而 DC-DC 变换电路中常使用相同耐压等级的功率 MOSFET，但当前在 PFC 电路中 SiC 肖特

基势垒二极管（SBD）的应用则变得更加普遍。这不仅是因为其可以大幅减少损耗，还因为 SiC SBD 通过 6 in⊖ 晶圆的批量生产实现了成本降低，这显著缩小了与传统硅二极管的价格差异。与此同时，功率 MOSFET 方面，650 V 级硅超结 MOSFET 在低导通电阻特性和成本降低方面取得了进展。但是，新一代功率半导体 GaN HEMT（高电子迁移率晶体管）的 650 V 器件已经投入市场，并且随着性能改进和成本降低，未来将在这一领域取得更多进展。

在 xEV 领域，用于驱动电机的逆变器和用于电池升压的 DC-DC 变换器都搭载了功率半导体。目前，主要应用的是硅 IGBT 模块和逆导型 IGBT（RC IGBT）模块。有报告称，与硅 IGBT 相比，SiC MOSFET 可以实现低导通电阻和高速切换特性，其损耗可降低 60% 以上。因此，SiC MOSFET 对于实现 xEV 逆变器和 DC-DC 变换器的高效率化是不可或缺的。SiC MOSFET 普及扩大的最大挑战是实现成本降低，当前从 SiC SBD 的批量应用带动 6 in 晶圆的成熟到通过 MOSFET 设计技术解决成本问题，相关领域的进展变得更加活跃。微细沟槽栅极结构实现低导通电阻可以使 SiC MOSFET 芯片面积减小，实现 SiC 晶圆上器件数量的增加并提高良品率，从而降低 MOSFET 每个器件的成本。此外，针对长期以来存在的 SiC/SiO$_2$ 界面低迁移率特性、施加栅极电压后的阈值变化以及晶体二极管正向电压退化的问题，已经基于学术支持提出了有效对策，在实现高性能、高可靠性的器件方面取得了重大进展。预计未来在 5G 和 xEV 等电力电子学相关领域，SiC 和 GaN 功率半导体的技术创新将不断推进，其重要性将更加突出。

此外，氧化镓（Ga$_2$O$_3$）和金刚石具有比 SiC 和 GaN 更大的带隙，因而被期待可以实现更高耐压和更低导通电阻特性。例如，在 Ga$_2$O$_3$ 方面，已经报道了 4 in 外延片的开发和量产，以及高性能 500 V SBD 和 4.2 kV 晶体管的成功实现。此外，在金刚石功率半导体方面，已经通过在 Al$_2$O$_3$ 层内 NO$_2$ δ 掺杂的方法制作出了晶体管，并取得了 179 MW/cm² 的高品质因数。新一代功率半导体材料的研究成果层出不穷。

三、总结

本书以作为新一代电力电子技术核心的基于宽禁带材料的新一代功率半导体为主轴，对半导体晶体生长，器件设计、工艺、高耐热封装技术，以及电磁噪声（EMC）标准和模式进行了详细的介绍。并且，不仅对今后有望得到很大发展的车载机器和通信机器的应用进行了详细解说，还对包括家电和铁路在内的产业机器的发展进行了拓展，涵盖了广泛的内容。为了实现低碳社会，有必要加大新一代功率半导体的普及力度，非常期待本书能够发挥其作用。

⊖　1 in = 25.4 mm。

第一篇

新一代功率半导体的开发

第一章

SiC 功率半导体

一、引言

　　宽禁带半导体是国家绿色创新中扮演重要角色的材料。氮化物半导体已经在蓝光和白光 LED 方面实用化，为家庭、办公室等的节能做出了巨大贡献。宽禁带半导体另一个备受期待的应用领域是实现各种电力转换的功率器件。工业设备、汽车、轨道交通等的节能化不仅在应对地球变暖方面至关重要，而且从国家产业竞争力的角度来看，也是一项重要的技术。在这些领域，主要使用耐压在 600 V 以上的功率器件，而在这一耐压范围内，碳化硅（SiC）功率器件有望成为创新技术[1,2]，其基础是 SiC 单晶材料和衬底。

　　在 20 世纪 90 年代初期，SiC 单晶材料的制造仅限于约 1 in 的直径。然而，目前直径达 150 mm 的单晶衬底已经是市面上的主流产品。此外，近几年来，多家供应商已经宣布开始制造直径为 200 mm 的衬底，据说这将成为开始大规模生产用于纯电动汽车（BEV）的 SiC 功率器件的契机。在功率器件应用中，由于其材料特性的优势，4H 晶型 SiC 单晶衬底被广泛使用。利用市售的 4H-SiC 单晶衬底，已经实现了高速低损耗的 SiC 肖特基势垒二极管（SBD）和金属-氧化物-半导体场效应晶体管（MOSFET）的制造和销售，并且已经应用在轨道交通和工业设备中。然而，为了进一步提高 SiC 功率器件的性能和可靠性，以及降低成本，需要进一步提高使用的 SiC 单晶衬底的质量。

　　本节将介绍基于物理气相升华法的 SiC 单晶材料生长技术现状，同时将描述碳化硅单晶材料生长过程中晶体缺陷的产生机理及控制方法。

二、基于物理气相升华法的 SiC 块状单晶材料生长

SiC 在常压下显示包晶反应型相图，在 2830℃下熔融，形成含 19% 的 Si 熔液（1∶4）无法达成与 SiC 固体（1∶1）一致的液相生长（congruent melt growth）化学计量比。另外，由于 Si 熔液中的碳溶解度低，Si 熔液中的单晶生长也很困难。因此，商用的 SiC 单晶材料量产通常采用气相生长方法[3]。

现在，用于大尺寸 SiC 单晶材料的晶体生长方法被称为物理气相升华法[4]。物理气相升华法是一种气相生长法，通过将 SiC 粉末原料在高温下升华，然后在低温的籽晶上再结晶，以实现单晶材料的生长。图 1 是用物理气相升华法生长 SiC 单晶材料的示意图。在这种方法中，原料在惰性气体环境中被加热到 2000℃以上（通常使用石墨制成的坩埚，并形成半封闭空间）。加热可以使用感应加热或电阻加热（图 1 显示了使用感应加热的情况），在这个过程中产生如 Si，SiC₂，Si₂C 等升华气体。随后，升华气体在坩埚内温度梯度的作用下通过扩散和对流进行输运，最终在温度设置为低于原料温度的籽晶上再结晶。这种方法的特点是需要极高的处理温度（2000℃以上），而这种极高的晶体生长温度使得 SiC 单晶材料生长的过程控制和缺陷控制变得困难。

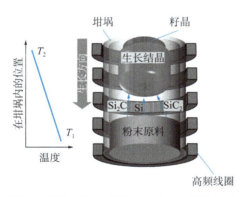

图 1　用物理气相升华法生长 SiC 单晶材料

通过物理气相升华法进行 SiC 单晶材料生长时，将原料温度、籽晶温度、惰性气体压力 3 个参数作为外部参数加以控制，进行晶体生长。过去，在优化坩埚结构的同时，通过在晶体生长中适当控制这些参数，实现了 SiC 单晶的大尺寸化和高品质化。图 2 总结了迄今为止 SiC 单晶材料大尺寸化的进展。最初，Tairov 等人生长的晶体直径只有 14 mm，比较小，但到目前已经实现了达到 8 in（约 200 mm）的大尺寸化。SiC 单晶的大尺寸化、量产化在 100 mm 直径以后基本以相同的速度进行，从最初的产品演示（最初的学会发表或展

示）开始，大约 10 年后进入量产阶段。因此，预计 200 mm 晶圆也将在 2025 年左右进入量产阶段。200 mm 晶圆对器件制造的冲击很大。最主要的原因是最尖端的 Si 200 mm 工艺线的有效利用。如果使用 Si 的 200 mm 器件生产线进行 SiC 晶圆流片，则几乎不需要新的设备投资，还可以享受使用大尺寸晶圆量产带来的规模效益，大幅降低器件的制造成本。

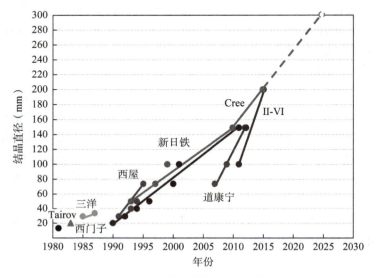

图 2　SiC 单晶材料的扩径趋势

　　另一方面，高质量的 200 mm SiC 单晶材料的稳定生产仍然面临着困难。尽管在学术会议上已有关于高质量（即晶体缺陷密度低）200 mm SiC 单晶材料的报告，然而观察市售的 150 mm SiC 单晶衬底时，仍然可以看到晶体缺陷密度较高的情况。可以预期，在更为困难的 200 mm 晶体生长中，晶体质量会进一步降低。因此，大尺寸 SiC 单晶材料的稳定制造仍未充分确立，提高其稳定性已成为紧迫的问题。目前，为了实现高性能 SiC 功率器件的批量生产，需要改善 SiC 单晶衬底的三个指标。具体而言，这包括 SiC 单晶衬底中的位错密度、平整度以及进行外延生长的衬底表面的品质。改善这三个指标将有助于 SiC 功率器件的高良率制造，进而保证 SiC 功率器件的长期可靠性。

　　SiC 单晶衬底中的许多晶体缺陷通常是在晶体生长过程中产生的。正如前述，通过物理气相升华法制造 SiC 单晶材料时，通过控制原料温度、籽晶温度和惰性气体压力这三个参数来进行晶体生长。然而，在实际的晶体生长过程中，晶体的生长特性会显著地受到整个坩埚内温度和温度梯度，升华气体的成分、压力和流速，以及生长晶体表面的温度、方位、成分和台阶结构等因素的影响。因此，为了提高 SiC 单晶材料的生长稳定性和可重复性，理解并控制这些参数对晶体生长的影响变得至关重要。

解决上述问题的一种有效方法是使用计算机仿真 SiC 单晶材料的生长过程。SiC 单晶生长的仿真从 20 世纪 90 年代末开始，目前已经能够模拟和预测各种现象[5-14]。在 SiC 单晶材料的超高温晶体生长中，由于原位观测难以实现，故仿真技术的重要性非常高。随着 SiC 单晶材料的大尺寸化，人们逐渐认识到这一技术的有效性。

在通过物理气相升华法进行 SiC 单晶材料生长的仿真中，需要考虑以下三个基本过程：

（1）热的产生和传递（感应加热/电阻加热、热传导、热辐射、热对流）。

（2）物质输运［多元粒子系统（Si、SiC_2、Si_2C 等）的扩散、对流、蒸发流（斯蒂芬流）］。

（3）化学反应（原料-升华气体界面、升华气体-坩埚壁界面、升华气体-生长晶体界面、气相）。

目前，综合处理（1）、（2）的仿真软件已经普及，针对（3）的仿真软件也很多。并且，除了上述晶体生长过程的仿真外，还利用计算机预测晶体所受的热应力，探索其与晶体缺陷产生的关系。早期各研究机构都开发了自研的仿真软件，并应用于 SiC 单晶的生长，但目前，商用仿真软件也开始开发和销售，其便利性正在提高[15]。

三、SiC 块状单晶中存在的晶体缺陷

SiC 单晶材料中的晶体缺陷（扩张缺陷）分类见表 1。扩张缺陷首先根据其空间扩展方式，分为位错（线缺陷）和堆垛层错（面缺陷）。而且，位错根据其伸展方向，可分为贯穿型位错和基平面位错（Basal Plane Dislocation，BPD）。前者是与晶体生长方向c轴平行伸展的位错，并且根据伯格斯矢量的方向，分为贯穿螺位错（Threading Screw Dislocation，TSD）和贯穿刃位错（Threading Edge Dislocation，TED）（实际上也存在具有介于两者中间性质的位错）。

表 1　SiC 单晶材料中的扩张缺陷（位错和堆垛层错）

扩展缺陷名称	伸展方向	滑移面	伯格斯矢量或单位滑移矢量
微管	$\langle 0001\rangle$	—	$\langle 0001\rangle$的n倍（$n \geqslant 3$）
贯穿螺位错（TSD）	$\langle 0001\rangle$	—	$\langle 0001\rangle$
贯穿刃位错（TED）	$\langle 0001\rangle$	$\{1\bar{1}00\}$	$\frac{1}{3}\langle 11\bar{2}0\rangle$
基平面位错（BPD）	(0001)面内	(0001)	$\frac{1}{3}\langle 11\bar{2}0\rangle$
层错（Frank 型）			$\frac{1}{3}\langle 0001\rangle$
层错（Shockley 型）			$\frac{1}{3}\langle 1\bar{1}00\rangle$

目前市售的 SiC 单晶衬底中的位错密度约为数千到 1 万个/cm²，更低位错密度的衬底备受期待。类似于其他半导体材料，SiC 单晶中的位错被认为会对器件产生某种负面影响。例如，SiC 单晶中的贯穿螺位错在超过一定密度时被认为会导致 SiC 器件的耐压性能下降[16,17]，且在 MOSFET 中可能损害栅氧可靠性[18,19]。

SiC 单晶中的贯穿位错主要是由 grown-in 缺陷引起的，这些缺陷是由于晶体生长中的异常，例如多晶型混合等引入的[20,21]。此外，据报道，在晶体生长的初始成核阶段，贯穿位错会大量引入。Dudley 等人提出，在晶体生长初期的二维成核过程中会发生层错，并且伴随着贯穿位错的生成[22]。

Sanchez 等人[23]在这之后详细研究了晶体生长初期发生的贯穿位错，报告了多数贯穿位错与生成的层错密度有很好的相关性。他们提出，在层错是 Shockley 型时伴随着刃位错对的生成，而 Frank 型时伴随着螺位错对的生成。此外，Ohtani 等人[24]还报告，在晶体生长初期，籽晶/晶体生长界面会富集氮杂质，成为位错发生的原因。晶体生长初期的氮富集被认为是由于原料和坩埚中的残留氮引起的[25]。

研究还发现，SiC 单晶衬底中的贯穿螺位错在外延生长时，会转化为对器件影响更大的另一形式的晶体缺陷，或导致二次复合缺陷的生成。例如，贯穿螺位错可能成为外延生长时称为"胡萝卜"（carrot）的外延缺陷的发生起点[26,27]，或者转化为 Frank 型层错[28]。

另一方面，有报告指出，基平面位错是 SiC 双极型器件正向特性劣化的原因[29,30]。正向特性劣化是指当 SiC 双极型器件正向工作时，开启电压逐渐上升，即损耗逐渐增大的现象。最初被视为 SiC 双极型器件特有的问题，但后来，随着 SiC 单极型器件如 MOSFET 中的体二极管劣化导致开启电压上升和漏电流增加的报道逐渐增多，这一问题被认为是妨碍 SiC 器件普及的最大问题[31,32]。在后续研究中发现，这种正向特性劣化的本质是存在于 SiC 器件漂移层中的基平面位错在器件正向工作时注入的电子-空穴对复合的作用下，产生了层错扩展。为了解释这种层错扩展的驱动力，提出了源于层错（4H-SiC 单晶中的 3C-SiC 结构）中电子系统能量变化的量子阱效应模型[33-37]。实际上，基于这个模型的理论计算由多个研究小组进行，并对各种现象定量地进行了解释[38,39]。

四、SiC 块状单晶生长中基平面位错的产生机理

如前所述，SiC 单晶中的基平面位错是目前 SiC 功率器件可靠性方面的最大问题，迫切需要减少其数量。在用于制造功率器件的六方晶系 SiC 单晶中，包括 4H-SiC 在内，基平面是易滑移的面，基平面位错则被预测为是由于某种原因引起的滑移位错。通过各种实验和计算机仿真，推测基平面位错产生的主要原因是在晶体生长和冷却过程中施加于生长晶体上的热应力，但其详细机制仍未明确。特别是，了解基平面位错是从 SiC 单晶的哪个部分

产生的,对于寻找抑制方法非常重要,但对这方面的了解仍然不足。在此,基于笔者的实验结果,将对这一问题进行讨论。

图 3 是 Sonoda 等人[40]观察到的 4H-SiC 单晶顶部出现的$(000\bar{1})$小面的反射 X 射线形貌图像。$(000\bar{1})$小面是指在晶体顶部出现奇异面(稳定面)$(000\bar{1})$的平坦表面。通常在其中央附近存在螺旋生长中心,有助于 SiC 单晶的单一晶型生长。图 3a 和图 3c 分别通过使用衍射矢量$g = 11\bar{2}8$、$1\bar{1}0\bar{7}$进行 X 射线形貌观察,展示了 4H-SiC 单晶的$(000\bar{1})$小面部分,而图 3b 和图 3d 则是对其中一部分的放大图。在图 3a 和图 3c 中,小面部分用白线圈出。在图 3b 中,观察到了点状和线状的对比度,而在图 3d 中,仅观察到了点状的对比度。Sonoda 等人根据这些结果得出结论:点状对比度对应于贯穿螺位错,而线状对比度对应于基平面位错[40]。

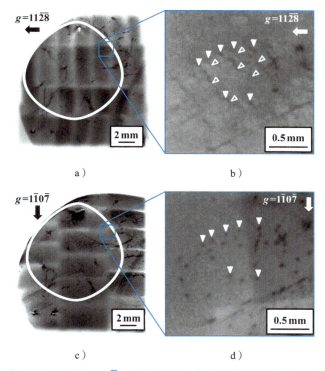

图 3 4H-SiC 单晶顶部出现的$(000\bar{1})$小面的反射 X 射线形貌图[40]〔a)、b)使用衍射矢量
$g = 11\bar{2}8$进行观测,c)、d)使用衍射矢量$g = 1\bar{1}0\bar{7}$进行观测。
b)、d)是在 a)、c)中被矩形包围的部位的扩大像。〕

图 3 中的重要一点是基平面位错总是在贯穿螺位错附近出现。这表明基平面位错的产生与贯穿螺位错密切相关。有报告指出,在贯穿螺位错的晶体表面终端部分,伴随着贯穿螺

位错的应力场由于表面缓和效应而增大[41]，认为这种增大的扭曲场诱发了基平面位错的产生。在图 3 的 X 射线形貌图中，另一个重要的观察结果是，在小面及其周围区域，基平面位错密度非常低。这些区域的基平面位错密度为 10^3 cm^{-2} 或更低，比在市售的 SiC 单晶衬底中观察到的基平面位错密度 $10^4 \sim 10^5$ cm^{-2} 低一个数量级以上。为了确认这一点，Sonoda 等人对断面样品进行了位错观察。

图 4 展示了 Sonoda 等人的观察结果[40]。图 4a 是 4H-SiC 大尺寸单晶沿 c 轴纵向切割的 $(1\bar{1}00)$ 面透射 X 射线形貌图像（衍射矢量：$g = 11\bar{2}0$），图 4b 是该 $(000\bar{1})$ 小面下方区域的放大图像（对应于图 4a 中由矩形框出的区域）。在图 4 中，观察到了许多水平延伸的黑色线状对比度，这些明显是由基平面位错引起的。图中重要的一点是，在小面正下方的 0.5 mm 范围内不存在与基平面位错相对应的黑色线状对比度，而在此之下的区域（籽晶侧）才存在。这一结果与在小面部分及其周围观察到非常低的基平面位错密度的反射 X 射线形貌图像（图 3）结果非常一致。此外，Sonoda 等人进一步观察到，基平面位错在距离小面 0.5 mm 以上的区域是由晶体的肩部位置引入的。这一结果与 Gao 和 Kakimoto 进行的 SiC 大尺寸单晶生长的仿真计算结果[42]非常一致。根据他们的计算结果，在呈圆顶状（沿晶体生长方向凸出的形状）生长的 4H-SiC 单晶中，热应力在晶体的肩部达到最大。因此，如果将热应力视为产生基平面位错的主要原因，那么从晶体肩部引入基平面位错是可预测的，而 Sonoda 等人的实验结果支持了这一预测结果。

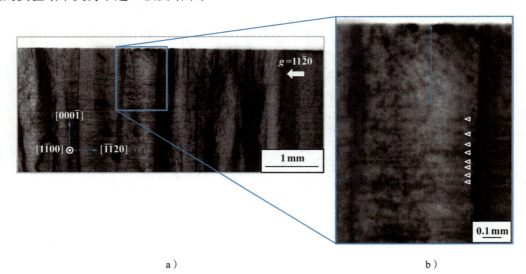

a）　　　　　　　　　　　　　　　　　b）

图 4　a）从 4H-SiC 单晶材料沿 c 轴切出的 $(1\bar{1}00)$ 面纵切晶片的透射 X 射线形貌图像（衍射矢量：$g = 11\bar{2}0$）[40] b）$(000\bar{1})$ 小面正下方部分的放大图像［相当于 a）中由矩形包围的部位］

　　另一方面，Nakano 等人[43]详细研究了 4H-SiC 大尺寸单晶内部基平面位错的分布。他们指出，随着 4H-SiC 大尺寸单晶的生长，基平面位错密度增大，并且通过实验证明了 4H-SiC 大尺寸单晶中的基平面位错密度与贯穿螺位错密度成正相关。这些结果表明，基平面位错的增多是通过与贯穿螺位错的相互作用引起的，这意味着贯穿螺位错密度的降低对于基平面位错密度的降低至关重要[44,45]。

五、总结

　　本节讨论了大尺寸、高品质 SiC（碳化硅）单晶材料的发展现状，以及在其晶体生长过程中发生缺陷的机制和控制方法。虽然 SiC 功率半导体已经开始实用化和普及，但为了推广 SiC 功率设备，特别是在电动汽车等领域的广泛应用，进一步提高 SiC 单晶材料的质量和实现稳定生产至关重要。希望在今后，本节中讨论的问题能够得到解决，向市场稳定供应高品质的 SiC 单晶材料和功率设备，从而为抑制全球变暖做出贡献。

▌参考文献

[1] 松波弘之，大谷昇，木本恒暢，中村孝編著：半導体 SiC 技術と応用，第 2 版、日刊工業新聞社（2011 年）.

[2] T. Kimoto and J. A. Cooper: Fundamentals of Silicon Carbide Technology: Growth, Characterization, Devices and Applications, Wiley-IEEE Press(2014).

[3] D. Chaussende and N. Ohtani: Single Crystals of Electronic Materials: Growth and Properties, p.129 edited by R. Fornari, Elsevier(2018).

[4] Yu. M. Tairov and V. F. Tsvetkov: *J. Cryst. Growth*, 43, 209(1978).

[5] D. Hofmann et al.: *J. Cryst. Growth*, 146, 214(1995).

[6] S. Y. Karpov et al.,: *J. Cryst. Growth*, 169, 491(1996).

[7] M. Pons et al.,: *J. Electrochem. Soc.*, 143, 3727(1996).

[8] A. S. Segal et al.,: *Mater. Sci. Eng. B*, 61, 40(1999).

[9] S. G. Müller et al.,: *J. Cryst. Growth*, 211, 325(2000).

[10] Q. S. Chen et al.,: *J. Cryst. Growth*, 224, 101(2001).

[11] X. J. Chen et al.,: *J. Cryst. Growth*, 310, 1810(2008).

[12] M. Nakabayashi et al.,: *Mater. Sci. Forum*, 600-603, 3(2009).

[13] K. Kakimoto et al.,: *J. Cryst. Growth*, 324, 78(2011).

[14] B. Gao and K. Kakimoto: *J. Cryst. Growth*, 386, 215(2014).

[15] STR Japan K. K. (https://www.str-soft.co.jp/).

[16] Q. Wahab et al.,: *Appl. Phys. Lett.*, 76, 2725(2000).

[17] H. Fujiwara et al.,: *Appl. Phys. Lett.*, 100, 242102(2012).

[18] J. Senzaki et al.,: *Mater. Sci. Forum*, 483-485, 661(2005).

[19] K. Yamamoto et al.,: *Mater. Sci. Forum*, 717-720, 477(2012).

[20] N. Ohtani et al.,: *Mater. Res. Soc. Symp. Proc.*, 510, 37(1998).

[21] R. C. Glass et al.,: *Phys. Stat. Sol. (b)*, 202, 149(1997).

[22] M. Dudley et al.,: *Appl. Phys. Lett.*, 75, 784(1999).

[23] E. K. Sanchez et al.,: *J. Appl. Phys.*, 91, 1143(2002).

[24] N. Ohtani et al.,: *J. Cryst. Growth*, 386, 9(2014).

[25] C. Ohshige et al.,: *J. Cryst. Growth*, 408, 1(2014).

[26] M. Benamara et al.,: *Appl. Phys. Lett.*, 86, 021905(2005).

[27] H. Tsuchida et al.,: *J. Cryst. Growth*, 306, 257(2007).

[28] H. Tsuchida et al.,: *J. Cryst. Growth*, 310, 757(2008).

[29] P. Bergman et al.,: *Mater. Sci. Forum*, 353-356, 299(2001).

[30] H. Lendenmann et al.,: *Mater. Sci. Forum*, 353-356, 727(2001).

[31] A. Agarwal et al.,: *IEEE Electron Device Lett.*, 28, 587(2007).

[32] V. Veliadis et al.,: *IEEE Electron Device Lett.*, 33, 952(2012).

[33] M. S. Miao et al.,: *Appl. Phys. Lett.*, 79, 4360(2001).

[34] W. R. L. Lambrecht and M. S. Miao: *Phys. Rev. B*, 73, 155312(2006).

[35] M. S. Miao and W. R. L. Lambrecht: *J. Appl. Phys.*, 101, 103711(2007).

[36] T. A. Kuhr et al.,: *J. Appl. Phys.*, 92, 5863(2002).

[37] C. Taniguchi et al.,: *J. Appl. Phys.*, 119, 145704(2016).

[38] Y. Mannen et al.,: *J. Appl. Phys.*, 124, 085705(2019).

[39] A. Iijima and T. Kimoto: *J. Appl. Phys.*, 126, 105703(2019).

[40] M. Sonoda et al.,: *J. Cryst. Growth*, 499, 24(2018).

[41] S. Wang et al.,: *Mater. Res. Symp. Proc.*, 307, 249(1993).

[42] B. Gao and K. Kakimoto: *Cryst. Growth Design*, 14, 11272(2014).

[43] T. Nakano et al.,: *J. Cryst. Growth*, 516, 51(2019).

[44] N. Ohtani et al.,: *Jpn. J. Appl. Phys.*, 45, 1738(2006).

[45] Y. Chen et al.,: *Mater. Res. Soc. Sym. Proc.*, 911, 151(2006).

第二节 排除氧化工艺的高质量 SiC MOS 界面形成

一、SiC MOSFET 的现状与挑战

与硅（Si）相比，碳化硅（SiC）具有约 3 倍的带隙和约 10 倍的绝缘击穿电场强度，因此在相同耐压下，使用 SiC 制造的功率器件漂移层电阻可以降低到使用 Si 时的约 1/500。过去，在 600 V 以上的电压范围内，主要使用少数载流子器件——硅绝缘栅双极型晶体管（IGBT）。然而，IGBT 通过少数载流子注入来降低导通电阻，导致在开关时产生拖尾电流，从而造成功耗损失。使用 SiC 则可以在金属-氧化物-半导体场效应晶体管（MOSFET）这种多数载流子器件中实现相同或更低的导通电阻。此外，Si IGBT 由于 PN 结扩散电位的原因会产生约 0.7 V 的电压偏移，因此即使导通电阻较低，也会因较高的开启电压直接导致损耗。另一方面，SiC MOSFET 在原理上没有电压偏移，因此可以实现极低的开启电压。因此，将 Si IGBT 替换为 SiC MOSFET 可以显著减小功耗损失[1-3]。

实际上，虽然超越 Si 功率器件性能的 SiC MOSFET 已经开始量产，但尚未充分发挥 SiC 优异的物理特性，其性能仍然与人们所期待的相去甚远。最大的挑战是 MOSFET 的导通电阻。目前，市售 SiC MOSFET 的迁移率仅为 SiC 体迁移率（大约 1000 $cm^2 \cdot V^{-1} \cdot s^{-1}$）的几个百分点（15～25 $cm^2 \cdot V^{-1} \cdot s^{-1}$ 左右）[3]。因此，在 600～1200 V 级 MOSFET 中，沟道电阻占导通电阻的大部分［估算约 66%（600 V），48%（1200 V）[3]］，增加了功率损耗。低沟道迁移率的主要原因是 SiC MOS 界面的高密度界面态。实际上，热氧化形成的 SiC/SiO$_2$ 界面的界面态密度（D_{IT}：大约 10^{13} $eV^{-1} \cdot cm^{-2}$），比典型的 Si/SiO$_2$ 界面（大约 10^{10} $eV^{-1} \cdot cm^{-2}$）大 1000 倍以上[4-6]。因此，由于界面态引起的载流子俘获以及俘获载流子引起的库仑散射的影响，导致了沟道迁移率的降低。

上述高密度界面态限制 MOSFET 的特性是不言而喻的，但是在 MOSFET 中晶面方向和受主密度变化的情况下，界面态对迁移率的影响还没有得到充分的理解。特别是对于工业应用中重要的非极性面上 MOS 界面和具有高浓度体区的 MOSFET 缺乏相关研究。因此，首先需要明确界面态是否是与器件结构（晶面和受主密度）无关的共性问题。另外，为了实现界面态的急剧降低，理解界面态的物理起源是不可缺少的。例如，已知 Si/SiO$_2$ 界面的主要缺陷是 Si 悬挂键（P$_b$ 中心）[7]，这可以通过氢终端钝化[8]。而对于 SiC/SiO$_2$ 界面的缺陷，长期以来一直被认为是由于 SiC 氧化过程中残留的碳原子引起，然而支持这一观点的证据尚不充分。深入了解界面态的起源和生成机制，并在此基础上进行氧化膜工艺的开发至关重要。

笔者等人此前从 SiC MOSFET 迁移率受限原因的研究出发，致力于界面态的产生机制以及调控方法的研究。以下将介绍其中一部分相关研究。

二、理解具有不同晶面和受主密度的 SiC MOSFET 的迁移率限制因素

如前所述，改变晶面和受主密度时，界面态对 MOSFET 迁移率的影响并不十分明确。实际上，已知 SiC MOSFET 的沟道迁移率高度依赖于晶面及受主密度。例如，$(11\bar{2}0)$面（a面）和$(1\bar{1}00)$面（m 面）等非极性面（图 1）与$(1\bar{1}00)$面（Si 面）相比，具有更高的迁移率[9-11]。另外，与晶面（Si、a、m 面）无关，当体区的受主密度（N_A）达到 5×10^{17} cm^{-3} 以上时，MOSFET 的沟道迁移率就会急剧减小[11]。从产业应用的观点来看，非极性面（a、m 面）是在 Si 面衬底上形成的沟槽的侧壁上出现的晶面，可以用于形成能够实现单元小型化的沟槽型 MOSFET 的沟道。另外，具有足够高的体区受主密度（N_A：$10^{17} \sim 10^{18}$ cm^{-3}）对于抑制 MOSFET 的短沟道效应和确保高阈值电压是必要的。因此，理解具有不同晶面和受主密度的 SiC MOSFET 的迁移率限制因素非常重要。

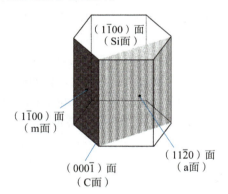

图 1　4H-SiC 的晶体结构和主要晶面（Si、a、m、C 面）

在以前的研究中，研究人员报告了在具有较低受主密度（N_A：10^{16} cm^{-3}）体区的 MOSFET 中，导带底（E_C）附近能量区域的 D_{IT} 值与 MOSFET 的沟道迁移率之间存在相关性[6]。对于这种非常浅的能量区域的 D_{IT}，很难通过通常的 MOS 电容器的电容测量进行定量分析，但可以通过 MOSFET 的极低温亚阈值特性进行评估[6]。因此，本研究对具有不同受主密度和晶面的 MOSFET 的亚阈值特性进行了评估，并对界面态密度进行了定量分析。进而，基于得到的结果，讨论了 MOSFET 迁移率的主要限制因素[5-12]。

实验使用了 n 型 SiC 衬底上生长的 Si 面、a 面和 m 面的低浓度 n 型 SiC 外延层〔施主

密度（N_D）：$(2\sim5)\times10^{15}$ cm^{-3}]。准备了 Si 面 4°偏轴，a、m 面 0°或 4°偏轴的样品。在此，关于 a、m 面的 4°偏轴样品，分别准备了偏向 Si 面方向以及 C 面方向的 2 种样品。通过在室温下注入铝离子（Al$^+$），形成 $N_A = 1\times10^{17}\sim3\times10^{18}$ cm^{-3} 的 p 型体区，通过在 300℃下注入磷离子（P$^+$）（剂量：5×10^{15} cm^{-2}）形成源区和漏区。Si 面样品在 1300℃氧化，a、m 面样品在 1250℃氧化形成栅氧化膜后，在一氧化氮（NO）气氛［10%氮（N$_2$）稀释］下进行 1250℃的氮化处理[13,14]。

图 2 展示了制作的 MOSFET 的有效迁移率随受主掺杂浓度的变化关系。从图中可以看出，不考虑晶面的影响，高掺杂浓度区域（$N_A > 5\times10^{17}$ cm^{-3}）的迁移率呈下降趋势。此外，在相同的掺杂浓度下进行比较时，a 面和 m 面的 MOSFET 显示出比 Si 面 MOSFET 更高的迁移率。需要注意的是，这一趋势在场效应迁移率的峰值方面同样存在。

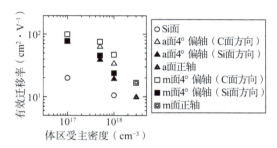

图 2　SiC MOSFET 在室温下的有效迁移率对体区受主密度的依赖性[12]
［迁移率在氧化膜电场 3.5 MVcm^{-1}（$N_A = 1\times10^{17}\sim1\times10^{18}$ cm^{-3}）
或 5.5 MVcm^{-1}（$N_A = 3\times10^{18}$ cm^{-3}）的充分强反型条件下测量。］

然后，通过改变温度，对 MOSFET 的漏极电流-栅极电压（I_D-V_G）特性进行表征，对 10^{-9} A $< I_D < 10^{-8}$ A 电流范围内的亚阈值系数进行了评估。图 3 以 Si 面 MOSFET 的亚阈值系数的温度相关性为例。一般来说，MOSFET 的亚阈值系数（SS）由下式表示[15]：

$$SS = \frac{\mathrm{d}V_G}{\mathrm{d}(\log_{10} I_D)} = \frac{kT}{e}\ln 10\,\frac{C_{\mathrm{ox}} + C_D + \mathrm{e}^2 D_{\mathrm{IT}}}{C_{\mathrm{ox}}} \tag{1}$$

其中，k 为玻尔兹曼常数，T 为绝对温度，e 为电子电荷，C_{ox} 为氧化膜电容，C_D 为半导体电容。在式(1)中，$D_{\mathrm{IT}} = 0$ 时的理论值如图 3 所示，在全温度范围内，实验值大大超过理论值。而且，理论值随着温度降低而接近 0，实验值反而有越低越增加的倾向。理论值和实验值的差起因于式(1)的 D_{IT} 项，因此预测本实验结果反映了导带端 D_{IT} 增加的倾向。另外，在同一温度下进行比较时，受主密度越高，亚阈值系数越高。这表明受主密度越高，导带端附近的界面态密度越高。

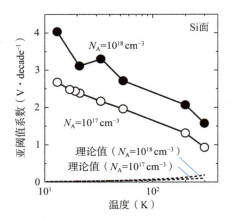

图 3　Si 面 SiC MOSFET（$N_A = 1 \times 10^{17}$，1×10^{18} cm^{-3}）的亚阈值系数的温度依赖性[12]
（也展示了不考虑界面态时的理论值［在式(1)中假设 $D_{IT} = 0$］）

让我们从亚阈值系数和公式(1)出发进一步开展界面态密度评估的尝试。在这种情况下，重要的是要评估的 D_{IT} 的能量范围，即对应于漏极电流（10^{-9} A $< I_D < 10^{-8}$ A）的表面费米能级。一般来说，亚阈值区中的电流［$I_{D(subthreshold)}$］主要为扩散电流，由下式给出[15]：

$$I_{D(subthreshold)} = eD_n \frac{W_{ch}}{L_{ch}}(n_{source} - n_{drain}) \tag{2}$$

其中 D_n 是电子的扩散系数，W_{ch}（L_{ch}）是沟道宽度（长度），n_{source}（n_{drain}）是源极（漏极）端的电子密度。这里，由于极低温下漏极端的电子密度可以忽略不计，因此式(2)可以近似为：

$$I_{D(subthreshold)} \approx eD_n \frac{W_{ch}}{L_{ch}}[n_{source}(E_{Fs}, T)] \tag{3}$$

在式(3)中，明确显示了 n_{source} 是表面费米能级（E_{Fs}）和温度的函数。因此，如果假设亚阈值区的扩散系数（或电子迁移率），就可以确定对应于某个漏极电流的表面费米能级。在极低温下，由于电子的分布函数接近于阶跃函数，因此在亚阈值区，表面费米能级位于导带边缘极近处。由此可知，由于 E_{Fs} 的微小变化，n_{source} 会发生显著变化，从而导致 I_D 也发生显著变化。因此，例如在 13 K 的情况下，无论如何假设迁移率的值（$1 \sim 10$ cm$^2 \cdot$ V$^{-1} \cdot$ s^{-1}），在 10^{-9} A $< I_D < 10^{-8}$ A 的漏极电流范围内，表面费米能级都在导带边缘极近处（$E_C - 0.01$ eV $< E < E_C$）几乎保持恒定[12]。另一方面，表面费米能级离开 E_C 超过 4 kT（0.004 eV），因此在玻尔兹曼近似的条件下得到的式(1)仍然成立。实际上，通过在极低温下测得的亚阈值斜率，定量地计算了导带边缘极近处的 D_{IT}。将 D_{IT} 绘制为受主浓度的函数，结果如图 4 所示。

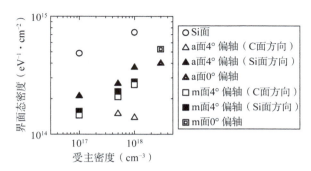

图 4　在极低温下由 SiC MOSFET 的亚阈值系数推导的导带端附近
（$E_C - 0.01\ \text{eV} < E < E_C$）的界面态密度的密度依赖性[12]

如图 4 所示，无论晶面（Si、a、m 面）如何，D_{IT} 都呈现随着受主密度增加而增加的趋势。这一结果可以通过模型进行定性理解，即随着受主密度的增加，半导体表面电场变强，量子限制效应使得导带下端（二维状态密度下端）向存在更高密度 D_{IT} 的高能量侧偏移。

为了讨论 MOSFET 的迁移率限制因素，对在室温下的有效迁移率与 D_{IT} 的相关性进行了评估，结果如图 5 所示。从图中可以看出，尽管界面态密度和迁移率并不一定一一对应，且是无论晶面还是受主密度如何，随着 D_{IT} 的增加，迁移率呈下降趋势。

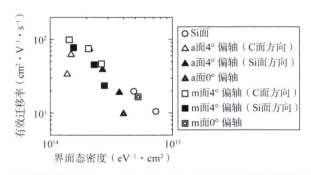

图 5　在导带端附近（$E_C - 0.01\ \text{eV} < E < E_C$）的界面态密度与室温下
SiC MOSFET 的有效迁移率的关系[12]

总之，毫无疑问，导带边缘附近的高密度 D_{IT} 是 MOSFET 沟道迁移率的限制因素。因此，对 SiC MOSFET 而言，界面态是一个不受器件结构（晶面、受主密度）影响的共性问题。要提高 MOSFET 的性能，确立降低界面态的方法至关重要。下面将介绍有关理解界面态起源和减少界面态方法的相关措施。

三、基于氩气热处理的界面碳缺陷检测和减少

（一）基于高纯度氩气热处理的界面碳缺陷分离和检测

SiC 和 Si 之间明显的区别在于碳原子的存在，因此，碳缺陷一直被广泛怀疑是 SiC/SiO$_2$ 界面态的根源[16-18]。在 SiC 的氧化过程中，大部分碳原子以一氧化碳（CO）或二氧化碳（CO$_2$）的形式从体系中脱离，但是一部分碳会偏析到界面并形成缺陷。尽管各个机构尝试检测碳缺陷，但它们的报告并不一致。例如，透射电子显微镜（TEM）结合电子能损失光谱（EELS）的研究指出了界面附近存在碳过剩层[19]，但也有报告称过渡层无法被检测到[20]。X 射线光电子能谱（XPS）分析未检测到与碳缺陷相关的信号[21]，而能量离子散射光谱（MEIS）则报告了陡峭的 SiC/SiO$_2$ 界面[22]。主要问题在于，常规的定量化学分析下限约为主要元素含量的 0.3% 至 1%，因此难以检测界面缺陷。然而，主要元素 0.3% 的缺陷将形成高密度的电子能级，并对器件的电学特性产生重大影响。虽然二次离子质谱（SIMS）法能够精确检测元素，但不适用于主要元素和界面的分析。也就是说，即使在界面残留碳存在的情况下，区分其与 SiC 中的碳原子仍然困难。

在这样的背景下，碳缺陷的检测变得非常困难。为了突破这一状况，笔者等人将目光投向了高纯度氩气（Ar）热处理。如果在氧化后的界面上有碳偏析，那么通过高温 Ar 热处理可以使碳原子扩散到 SiO$_2$ 侧，从而可以检测到这些碳原子（见图 6）。笔者等人实际制备了 SiC/SiO$_2$ 样品，并通过高纯度 Ar 热处理尝试了碳缺陷的分离和检测[23]。

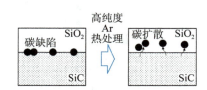

图 6　基于高纯度 Ar 热处理的界面碳缺陷分离及扩散（概念图）

实验中，笔者等人使用在 n 型 SiC（0001）衬底上生长的 n 型 SiC 外延层（N_D：大约 1×10^{16} cm^{-3}），经过 1300℃高温氧化形成表面氧化膜后，进行高纯度 Ar 热处理。此外，Ar 热处理在与氧化炉不同的电阻加热炉中进行，通过预先使用纯化器精制 Ar 气体，降低了含氧浓度［氧分压（p_{O_2}）< 100 ppt］。这是为了在 Ar 热处理中，避免 Ar 气体中所含的氧去除向 SiO$_2$ 侧扩散的碳原子，以明确检测出微量碳元素。之后，进行碳浓度曲线的 SIMS 分析。此时，SIMS 的一次离子为 O$_2^+$，照射能量为 8 keV。通过与注入碳离子的 SiO$_2$ 标准试样比较得到的相对灵敏度系数，可以将碳离子的计数转换为浓度。

图 7 显示了经高纯度 Ar 热处理后的样品与未经后处理的样品（刚氧化后）的碳浓度深

度曲线对比。首先，确认了氧化后不久，氧化膜中的碳浓度接近 SIMS 的检出限（大约 10^{18} cm^{-3}）。与此相对，经 Ar 热处理的试样在氧化膜中检测到了高浓度的碳原子（$> 10^{20}$ cm^{-3}）。因此，通过 Ar 热处理分离碳缺陷，使其扩散到氧化膜中，成功地进行了明确的碳缺陷检测。

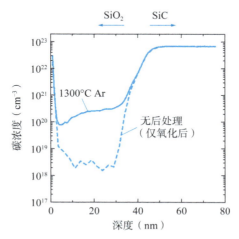

图 7　高纯度 Ar 气氛退火前后的 SiC/SiO$_2$ 结构的碳浓度深度分布的 SIMS 分析结果[22]
（注意，由于分析初期的不稳定性，从 SiO$_2$ 表面到几纳米深度的结果不可靠）

以上实验指出，热氧化形成的 SiC/SiO$_2$ 界面存在高密度的残留碳。因此，下面介绍为减少碳缺陷所采取的措施。

（二）基于低氧分压氩气热处理减少碳缺陷

（一）研究发现，通过高温热处理，SiC/SiO$_2$ 界面的碳缺陷可以被分离，并扩散到 SiO$_2$ 中。然而，如果分解的碳残留在氧化膜中，将导致氧化膜的绝缘性能降低。因此，我们考虑通过在 Ar 气氛中掺入微量氧气的方式，在抑制氧化膜中碳残留的同时，有效地去除界面的碳缺陷。然而，如果在热处理过程中 SiC 继续氧化并生成新的碳缺陷，预计界面缺陷减少效果将减弱。因此，这种方法的关键在于通过将氧气分压设置得足够低，以抑制 SiC 的氧化进程。因此，我们改变氧气分压和热处理温度，研究了界面缺陷减少的效果[24]。

实验使用了 n 型 SiC（0001）衬底上的低浓度 n 型外延层（N_D：大约 10^{16} cm^{-3}）。在 1300℃的热氧化过程中形成表面氧化膜后，在含微量 O$_2$ 的两种 Ar 气氛（Ar + 0.001% O$_2$ 和 Ar + 0.1% O$_2$）中进行了低氧分压的热处理。随后，形成了用于评估界面特性的 Al 栅电极，并制备了 MOS 电容器。

首先，通过 SIMS 分析确认了在低氧分压的高纯度氩气热处理后，氧化膜中无残留碳。

在氧化后、高纯度氩气热处理后，以及低氧分压的氩气热处理后（Ar + 0.001% O₂）SiC/SiO₂ 结构的碳浓度深度分布如图 8 所示。正如前面（一）中所述，通过高纯度的氩气热处理，碳会扩散到氧化膜一侧并残留在膜中。另一方面，在进行低氧分压的氩气（Ar + 0.001% O₂）热处理的样品中，未观察到碳的残留，得到了与氧化后相当的深度分布。这表明在热处理过程中，扩散到氧化膜一侧的碳原子被微量的氧气除去。

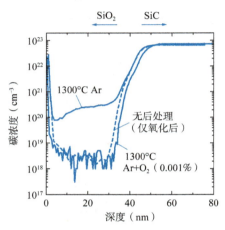

图 8   经过高纯度 Ar 以及低氧分压 Ar 热处理后 SiC/SiO₂ 结构的碳浓度深度分布的 SIMS 分析结果
〔无后处理（仅氧化后）的样品也作为对照呈现。注意，由于分析初期的不稳定性，
从 SiO₂ 表面到几纳米深度的结果不可靠。〕

实际上，对氧化膜绝缘性的研究结果显示，经过纯氩气热处理后，即使在非常低的氧化膜电场（< 0.2 MVcm⁻¹）的区域，仍然存在漏电流。与之相反，低氧分压处理能够抑制低电场漏电流，并且实现了与常规 SiC 热氧化膜相当的绝缘性。由此可见，纯氩气热处理导致氧化膜中产生碳原子残留，从而降低了氧化膜的绝缘性；而低氧分压处理则能够去除碳原子，实现了良好的绝缘性。

由于低氧分压热处理后，可以确认氧化膜具有良好的绝缘性，因此接下来研究了热处理对界面态的降低效果。实际上，通过 MOS 电容的 C-V 特性，使用 High-Low 法评估了 D_{IT} 分布的结果如图 9 所示。从图中可以看出，低氧分压热处理的效果受氧分压和温度的影响。首先，在 0.001% 氧分压的情况下，随着热处理温度的升高，D_{IT} 减小，经过 1500℃的热处理后，D_{IT} 值约为 2×10^{12} cm⁻² · eV⁻¹（$E_C - E_T = 0.2$ eV）。相比之下，当氧分压为 0.1% 时，在 1300℃的热处理中，D_{IT} 减小到约 5×10^{12} cm⁻² · eV⁻¹（$E_C - E_T = 0.2$ eV），但在 1500℃的热处理中增加到约 6×10^{12} cm⁻² · eV⁻¹（$E_C - E_T = 0.2$ eV）。这一结果表明，低氧分压处理对抑制 SiC 的热氧化以及减少碳缺陷的发生是非常重要的。实际上，在 0.001% 氧分压的热处理中，氧化膜厚度几乎没有变化（< 1 nm），而在 0.1% 氧分压下，经过 1500℃的热处理后，氧化膜厚度增加了约 6 nm。

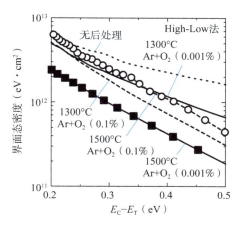

图 9　通过 High-Low 法评估低氧分压 Ar 热处理前后的 SiC/SiO₂ 界面的界面态密度结果

总的来说，低氧分压氧化对于去除碳缺陷是有效的，实际上证明了在高温热处理中通过降低氧分压可以减少界面态。但是，由于本方法需要在含有微氧的气氛中进行高温热处理，因此在某种程度上随着 SiC 氧化的进行，很难避免产生新的碳缺陷。因此，预测通过该方法处理后的界面态仍然停留在 10^{12} cm^{-2} · eV^{-1} 以上（$E_C - E_T = 0.2$ eV）。关于该问题的解决方法，将在第（四）项中进行论述。

四、排除氧化工艺形成高质量 SiC MOS 界面

（一）基于 Si 膜沉积及低温氧化的排除氧化工艺

SiC 的优点之一是可以通过热氧化形成 SiO₂，因此以往的界面形成工艺开发大多是以 SiC 热氧化膜为前提的。但是，第三项所示的实验结果表明，SiC 的热氧化不可避免地生成碳缺陷。在含有微量氧的 Ar 气氛高温热处理中，预想 SiC 在热处理过程中的微幅热氧化也会形成碳缺陷，实际上界面态也停留在 10^{12} cm^{-2} · eV^{-1} 以上（$E_C - E_T = 0.2$ eV）。因此，作者等人致力于开发不氧化 SiC 而形成 SiC/SiO₂ 界面的方法，实际设计了如下工艺：①SiC 表面的 H₂ 刻蚀；②在 SiC 上沉积 Si 膜；③通过 Si 膜的低温氧化形成 SiO₂；④通过 N₂ 热处理向界面导入氮（如图 10 所示）。本方法的要点是，在③的过程中，不氧化任何 SiC，只通过 Si 的低温氧化形成 SiO₂。另外，通过④的 N₂ 热处理，在抑制 SiC 氧化进行的基础上，通过向界面导入氮来终止界面缺陷。通过本工艺开展实验，形成了 SiC/SiO₂ 界面，并对界面特性进行了评估[25]。

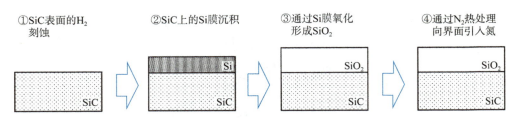

①SiC表面的H₂
刻蚀

②SiC上的Si膜沉积

③通过Si膜氧化
形成SiO₂

④通过N₂热处理
向界面引入氮

图 10　基于 Si 膜沉积和低温氧化的排除 SiC 氧化过程的示意图

实验使用了 n 型 SiC（0001）衬底上的低浓度 n 型外延层（N_D：$10^{15}\sim10^{16}$ cm^{-3}）。通过 1300℃的 H₂ 刻蚀清洁 SiC 表面后，将硅烷（SiH₄）和 H₂ 导入炉内，在 630℃低压气氛（173 Pa）下在 SiC 上沉积 Si 膜。之后，将 Si 膜在 750℃或 950℃下氧化，转化为 SiO₂ 膜，在 1350~1600℃下进行 N₂ 热处理。作为比较，我们还准备了不进行 H₂ 刻蚀、通过通常的 SiC 热氧化（1300℃）制作的 SiC/SiO₂ 样品。以界面特性的评估为目的，制作了具有 Al 栅电极的 MOS 电容器。

图 11 表示的是根据提出的方法得到的典型 MOS 电容器的 C-V 特性。图中还将通常的 SiC 热氧化样品以及理论电容作为比较显示。首先，在通常的 SiC 热氧化样品中，发现高频和准静态 C-V 之间有很大的偏离，还观测到 C-V 特性的拉伸。所有这些都源于 SiC/SiO₂ 界面的高密度界面态。相比之下，基于 Si 沉积的工艺中，高频和准静态 C-V 高精度地一致。此外，C-V 特性的拉伸也得到了抑制，并且除了特性的负偏移方向（由正固定电荷引起）之外，其特性与理论特性相近。

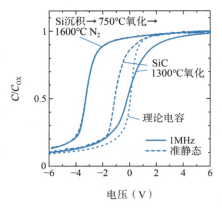

图 11　使用图 10 提出的方法制备的 SiC MOS 电容器的电容-电压特性［除了通常的 SiC 热氧化制备的样品特性之外，还展示了没有界面态情况下的理论特性（假定深度耗尽）作为比较。[15,26]］

对制备的样品使用 High-Low 法评估了 D_{IT} 分布的结果如图 12 所示。从图中可以看出，在沉积了 Si 并通过低温氧化形成 SiO₂ 的样品中，经过 1400℃以上的热处理，D_{IT} 大量减小

［低于 3×10^{10} cm^{-2} · eV^{-1}（$E_C - E_T = 0.2$ eV）］。这比前文提到的低氧分压 Ar 热处理的值小两个数量级。此外，作为参考，与普通 SiC 热氧化膜经过 NO 氮化处理的样品［约 3×10^{11} cm^{-2} · eV^{-1}（$E_C - E_T = 0.2$ eV）］[25]相比，这个值小一个数量级。当 Si 的热氧化温度从 750℃升高到 950℃时，即使进行 N$_2$ 退火，D_{IT}值仍然很高［约 4×10^{11} cm^{-2} · eV^{-1}（$E_C - E_T = 0.2$ eV）］。在 950℃的氧化环境中，预计不仅是 Si，SiC 的氧化也将微弱进行，从而导致新的碳缺陷。由此可见，抑制 SiC 的氧化至极限，防止碳缺陷的发生，对于形成高质量的 SiC/SiO$_2$ 界面是至关重要的。

此外，研究人员还调查了具有良好界面特性的 1600℃下 N$_2$ 氮化样品（图 12）的氧化膜绝缘性。MOS 电容器电流密度的氧化膜电场依赖性如图 13 所示。在足够高的电场（大约 5 MV · cm^{-1}）下观测到 Fowler-Nordheim 隧穿电流[1,27]的上升，已确认 9.8 MV · cm^{-1} 足够发生氧化膜的硬击穿（标准工艺热氧化 + NO 氮化处理为 10.9 MV · cm^{-1}）[25]。

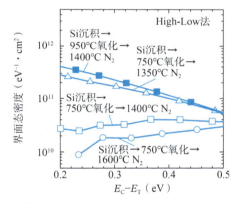

图 12　利用 High-Low 法对 Si 膜沉积和低温氧化形成的 SiC/SiO$_2$ 界面进行界面态密度评估的结果[25]

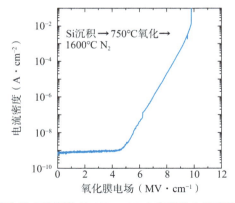

图 13　使用图 10 提出的方法制作的 SiC MOS 电容器的电流密度-氧化膜电场特性[25]

这样，笔者等人利用排除氧化过程的独特方法，开发了一种在保证 SiO_2 膜绝缘性的基础上，大幅降低 SiC/SiO_2 界面态密度（大约 10^{10} $cm^{-2} \cdot eV^{-1}$）的方法。在（二）中，将介绍 Si 膜低温氧化的另一种替代方案，即 SiO_2 膜直接沉积的方法。

（二）SiO_2 的直接沉积方法和 MOSFET 的电学特性评估结果

为了代替（一）中的 Si 沉积 + 低温氧化工艺，笔者等人验证了化学气相沉积（CVD）法直接进行 SiO_2 沉积是否能够得到同等水平的高质量界面。该工艺的步骤如下：①对 SiC 表面进行 H_2 蚀刻；②在 SiC 上沉积 SiO_2；③通过 N_2 或 NO 热处理引入氮到界面（如图 14 所示）。如上所述，本实验还准备了在步骤③中以 NO 代替 N_2 进行热处理的样品。此外，除了使用 MOS 电容进行界面特性评估外，还进行了 MOSFET 沟道迁移率的评估[28,29]。

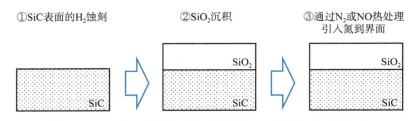

图 14　通过 SiO_2 膜的直接沉积来排除 SiC 氧化过程的示意图

MOS 电容器的制作使用 n 型 SiC（0001）衬底上的低浓度 n 型外延层（N_D：1×10^{15} cm^{-3}），MOSFET 的制作使用 p 型 SiC（0001）衬底上的 p 型外延层（N_A：1×10^{15} cm^{-3}）。MOSFET 的源-漏区是通过 P^+ 离子注入形成的（$[P] = 5 \times 10^{19}$ cm^{-3}）。作为栅氧化膜形成条件，在 1350℃下对 SiC 表面进行氢刻蚀后，在 400℃下通过等离子体 CVD 形成 SiO_2 膜。然后进行 1400℃下的 N_2 热处理或 1250℃下的 NO 热处理（10% N_2 稀释），形成 Al 电极，制备 MOS 电容器和 MOSFET。

结果表明，通过直接沉积 SiO_2 的方法，N_2 氮化得到了与 Si 沉积 + 低温氧化相当的低 D_{IT} 值（4×10^{10} $cm^{-2} \cdot eV^{-1}$ 左右（$E_C - E_T = 0.2$ eV））[28]。另外，本研究还对氢刻蚀工程的重要性进行了探讨。具体来说，在氢刻蚀后刻意对 SiC 进行牺牲氧化，再进行 SiO_2 沉积以及 N_2 氮化处理。在这种情况下，我们发现 D_{IT} 停留在较高的值（1×10^{12} $cm^{-2} \cdot eV^{-1}$ 左右（$E_C - E_T = 0.2$ eV））[28]。这表明通过氢刻蚀工艺预先除去 SiC 表面附近的碳缺陷的重要性。另外，值得一提的是，在本工艺中，NO 热处理代替 N_2 热处理也可以得到同等水平的 D_{IT} 值（6×10^{10} $cm^{-2} \cdot eV^{-1}$（$E_C - E_T = 0.2$ eV）[29]。由于 NO 处理中 SiO_2 膜的厚度增加很小，约为 0.5 nm 左右，因此可以预测在此过程中能够抑制新的碳缺陷的发生。

图 15 显示了使用本工艺制作的 MOSFET 的场效应迁移率对栅极电压的依赖性。提出的方法中，经过 N_2 热处理获得了 85 $cm^2 \cdot V^{-1} \cdot s^{-1}$，经过 NO 热处理获得了 80 $cm^2 \cdot V^{-1} \cdot s^{-1}$ 的较高的场效应迁移率峰值。这些数值与通常经过 N_2 或 NO 热处理的热氧化膜相比，可以看出高出大约一倍。此外，经过 NO 热处理的样品实现了正常工作（阈值电压：0.92 V）。

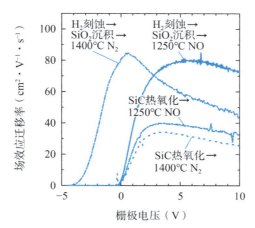

图 15　使用直接沉积 SiO_2 膜的方法（图 14）制备的 SiC MOSFET 的场效应迁移率对栅极电压依赖性（作为比较，还展示了经过常规 SiC 热氧化膜处理并施加 NO 或 N_2 氮化处理的器件的特性）

如上所述，通过排除氧化过程的方法，不仅可以大幅降低导带附近的界面态密度（在约 10^{10} $cm^{-2} \cdot eV^{-1}$ 量级），而且相比传统的标准方法（SiC 热氧化→NO 氮化处理），还能获得大约两倍高的迁移率（80～85 $cm^2 \cdot V^{-1} \cdot s^{-1}$）。

五、总结

我们致力于提高 SiC MOSFET 的性能，通过研究 SiC MOSFET 的迁移率限制因素，着手解明 SiC/SiO_2 界面缺陷的起源，并进行了降低界面缺陷的研究。首先，通过评估 SiC MOSFET 的低温亚阈值特性，准确定量了 SiC 导带边缘附近的界面态密度。结果表明，导带边缘附近的界面态是一个与样品结构（晶面和受主密度）无关的共同问题。界面态的起源首先推测可能来自碳缺陷，但其检测非常困难。为了解决这个问题，我们通过高纯度 Ar 热处理分离了界面碳缺陷，并使其扩散到 SiO_2 侧，从而明确地检测出碳缺陷。通过含微量氧气的 Ar 热处理进一步除去界面碳缺陷，将界面态密度降低到约 2×10^{12} $cm^{-2} \cdot eV^{-1}$（$E_C - E_T = 0.2$ eV）的水平。然而，由于该方法需要在含氧气氛下进行高温热处理，存在 SiC 的进一步氧化和产生新碳缺陷的担忧。因此，我们提出了两种排除氧化过程的绝缘膜形成方法

（通过低温氧化 Si 膜和直接沉积 SiO$_2$ 膜），将界面态密度降低到 $10^{10}\ \mathrm{cm^{-2} \cdot eV^{-1}}$ 量级。实际上，排除氧化过程的方法相较于传统的标准方法（SiC 热氧化→NO 氮化处理），实现了大约两倍的 MOSFET 沟道迁移率。

▌参考文献

[1]　T. Kimoto: Fundamentals of Silicon Carbide Technology, John Wiley & Sons (2014).

[2]　B. J. Baliga: *IEEE Electron Device Lett.*, 10, 455(1989).

[3]　T. Kimoto and H. Watanabe: *Appl. Phys. Express*, 13, 120101(2020).

[4]　N. S. Saks et al.,: *Appl. Phys. Lett.*, 76, 2250(2000).

[5]　T. Kobayashi et al.,: *Appl. Phys. Lett.*, 108, 152108(2016).

[6]　H. Yoshioka et al.,: *AIP Adv.*, 5, 017109(2015).

[7]　Y. Nishi: *Jpn. J. Appl. Phys.*, 10, 52(1971).

[8]　E. Cartier et al.,: *Appl. Phys. Lett.* 63, 1510(1993).

[9]　H. Yano et al.,: *IEEE Electron Device Lett.*, 20, 611(1999).

[10]　J. Senzaki et al.,: *IEEE Electron Device Lett.*, 23, 13(2002).

[11]　S. Nakazawa et al.,: *IEEE Trans. Electron Devices*, 62, 309(2015).

[12]　T. Kobayashi et al.,: *J. Appl. Phys.*, 121, 145703(2017).

[13]　G.Y. Chung et al.,: *Appl. Phys. Lett.*, 76, 1713(2000).

[14]　P. Jamet et al.,: *J. Appl. Phys.*, 90, 5058(2001).

[15]　E. Nicollian: MOS Physics and Technology, John Wiley & Sons (1982).

[16]　V. Afanas'ev et al.,: *J. Appl. Phys.*, 79, 3108(1996).

[17]　R. H. Kikuchi and K. Kita: *Appl. Phys. Lett.*, 105, 032106(2014).

[18]　T. Hosoi et al.,: *Appl. Phys. Lett.*, 109, 182114(2016).

[19]　T. Zheleva et al.,: *Appl. Phys. Lett.*, 93, 022108(2008).

[20]　T. Hatakeyama et al.,: *Mater. Sci. Forum*, 679-680, 330(2011).

[21]　H. Watanabe et al.,: *Appl. Phys. Lett.*, 99, 021907(2011).

[22]　X. Zhu et al.,: *Appl. Phys. Lett.*, 97, 071908(2010).

[23]　T. Kobayashi and T. Kimoto: *Appl. Phys. Lett.*, 111, 062101(2017).

[24]　T. Kobayashi et al.,: *Appl. Phys. Express*, 12, 031001(2019).

[25]　T. Kobayashi et al.,: *Appl. Phys. Express*, 13, 091003(2020).

[26]　H. Yoshioka et al.,: *J. Appl. Phys.*, 111, 014502(2012).

[27] S. M. Sze: Physics of Semiconductor Devices, 3rd Ed., John Wiley & Sons(2007).

[28] K. Tachiki et al.,: *Appl. Phys. Express*, 13, 121002(2020).

[29] K. Tachiki et al.,: *Appl. Phys. Express*, 14, 031001(2021).

第三节　SiC 电学特性的空间分辨测量

一、引言

　　SiC 的电学特性中，电子和空穴这两种载流子复合的寿命（也被称为载流子寿命、少子寿命），是在双极型器件中直接影响导通损耗和开关损耗的重要参数。另一方面，即使是单极型器件，在 MOSFET 这种内含 pn 结二极管的结构中，也会成为影响开关损耗的参数。而且，SiC 中存在通过载流子复合诱发的层错扩张现象，为了避免器件的劣化，必须控制载流子的复合寿命。为了实现这种载流子复合寿命控制，首先必须能够进行准确的载流子寿命测量，并且考虑到近年来日趋复杂的 SiC 器件结构，测量对空间分辨率也有要求。因此，本节将介绍笔者等人一直致力于开发具有高空间分辨率的载流子复合寿命测量装置，以及由此得到的结果。

二、载流子复合寿命测量技术

　　SiC 的载流子复合寿命可以通过多种方法进行测量，特别是微波光电导衰减（μ-PCD）和时间分辨光致发光（TR-PL）的评估方法被广泛使用[1-10]。另一方面，还存在一种利用光学探针进行的时间分辨自由载流子吸收（TR-FCA）的方法[9-13]。TR-FCA 利用了受激自由载流子对带隙以下能量的光吸收的特性。在测量区域照射连续波（CW）的探测激光，同时通过脉冲激光激发载流子，透射光强度会短暂下降。根据透射光强度的恢复时间，可以估算载流子寿命。TR-FCA 的信号强度取决于探测光的波长，但通常比 μ-PCD 和 TR-PL 弱。这是因为其原理是观察高强度透射光中的微弱光强度变化，光学信号的放大较为困难。此外，如果测量样品的双面不是光学镜面，则由于光散射而导致信号强度变弱（幸运的是，SiC 的衬底标准是要求双面镜面的）。因此，存在信噪比差和由于使用光学探针而使位置对准变得麻烦的缺点，相对于其他方法而言使用不便。但是，由于使用光学探针，可以通过使用物镜来限制测量区域，空间分辨率高于其他方法。例如，μ-PCD 的微波探测无法避免空间扩散，即使缩小激发激光的尺寸，但考虑到信噪比，空间分辨率也受到限制，大约是数百毫米。TR-PL 中，通过激光激发放大微弱发光，可以确保一定程度的空间分辨率。但是，由于发光来自载流子的整个扩散范围，因此空间分辨率至少在载流子的扩散长度量级，不如 TR-FCA。因此，基于 TR-FCA 原理，我们开发了实现高空间分辨率载流子复合寿命测量的显微 TR-FCA 装置。

三、高空间分辨率测量（破坏性测量）

图 1 显示了我们开发的显微 TR-FCA 装置的示意图[14]。该装置使用具有高数值孔径（NA）的物镜，以获得高空间分辨率。激发光源采用波长为 355 nm、脉冲宽度为 1 ns 的脉冲激光，其能量高于 SiC 的带隙，而探测光源则采用波长为 405 nm 或 637 nm 的连续波激光。两种波长的探测光源中，405 nm 的短波长适用于高空间分辨率测量，而 637 nm 则适用于基于高载流子吸收系数的高信噪比测量。在这里展示的结果主要侧重于高分辨率测量，因此使用了波长为 405 nm 的探测光源。通过 0.65 的数值孔径（NA）的物镜将这些光聚焦到 SiC 样品表面，实现了约 1 mm 的光斑直径。然而，在激发光的光路中，通过插入光阑和凸透镜，并通过改变光阑口径来有意识地将焦点从样品表面移开，通过扩大激发区域抑制了由于载流子浓度梯度引起的扩散。然后通过样品背面的光电二极管检测由激发载流子引起的对探测光吸收率的变化，从而评估载流子寿命。图 2 显示了显微 TR-FCA 装置的俯视照片。在实际的光学系统中，相较于图 1 的示意图，显微 TR-FCA 安装了更多光学部件，用于调整激光的位置和强度，以及去除其他波长成分。

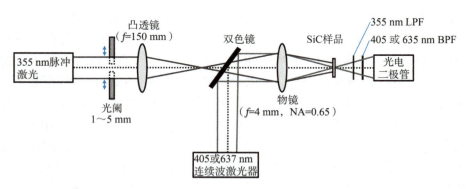

图 1　显微 TR-FCA 装置的示意图

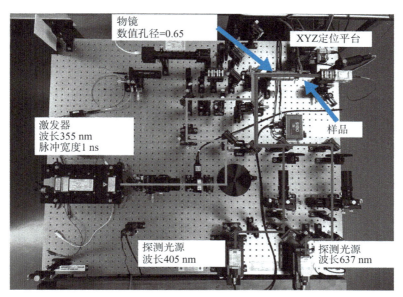

图 2　显微 TR-FCA 装置的俯视照片

作为用于验证显微 TR-FCA 装置空间分辨率的样品，笔者等人采用了图 3 中所示的两种 PiN 二极管结构。其中一个样品是简单的 PiN 二极管结构，而另一个样品内部有特意掺杂钒的层，其厚度为 11 nm，形成具有短载流子寿命的区域。这个短载流子寿命层具有降低 PiN 二极管工作时开关损耗的效果，但在经过二极管制造流程之后，其是否仍然具有短载流子寿命尚未得到确认。

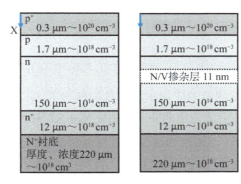

　　a）PiN 结构　　　　b）PiN N/V 掺杂结构

图 3　用于验证空间分辨率的具有 PiN 二极管结构的样品

　　图 4a 通过二次离子质谱法观测了图 3b 样品内部钒的量。结果显示，设计为 11 mm 宽的钒掺杂层得到了确认。图 4b 是由我们开发的装置扫描测量图 3a 和图 3b 样品断面的结果。图中的纵轴是 TR-FCA 信号达到峰值并降至 1/e 大小所需的时间，即 1/e 寿命，对应于载流子寿命。在没有掺入钒的图 3a 样品中，显示了载流子寿命的均匀分布，而在放入钒的图 3b 样品中，显示了在含有钒的层中较小的 1/e 寿命值。因此，我们确认了即使在制造 PiN 二极管结构后，钒掺杂层仍然具有短载流子寿命。此外，从钒掺杂层载流子寿命减小的陡峭程度中，我们还确认了显微 TR-FCA 装置的空间分辨率约为 3 μm。值得注意的是，由于提高了空间分辨率，载流子寿命的绝对值比通常情况下要短，这是由于载流子的扩散导致的。

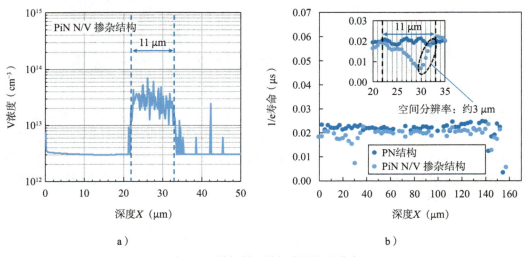

a）

b）

图 4　a）掺钒样品的钒含量深度分布
b）掺钒和无钒样品的载流子寿命深度分布

　　作为显微 TR-FCA 装置测量的应用示例，我们展示了 SiC 超结结构（SJ）中载流子寿命分布的测量结果。图 5a 显示了使用的非 SJ 结构（Non-SJ）和图 5b 中的全 SJ 结构（Full-SJ）的 MOSFET 样品示意图。SJ 结构是通过反复进行 n 型层的外延生长和 Al 离子注入而形成的，可以预测离子注入会在器件内部形成损伤。针对这些 MOSFET 的断面，测量了图中所示的 x 和 y 方向的载流子寿命分布。使用的探测光源为 637 nm。x 方向的分布如图 5c 所示，y 方向的分布如图 6 所示。与 Non-SJ 相比，Full-SJ 的整体载流子寿命较短，这表明在制造 SJ 结构时的离子注入过程缩短了载流子寿命。

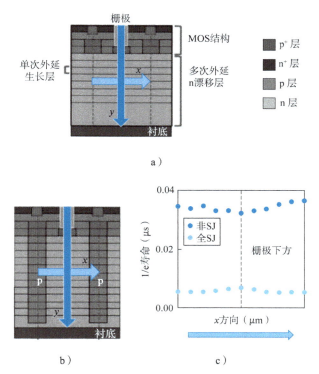

图 5　a）Non-SJ 和 b）Full-SJ 结构 MOSFET 的示意图和 c）x方向的载流子寿命分布

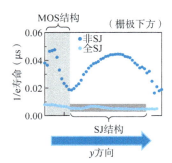

图 6　非 SJ 和全 SJ 在y方向上的载流子寿命分布

正如上述结果所示，利用显微 TR-TCA 装置进行的高空间分辨率测量，能够揭示器件内的载流子寿命分布。

四、无损深度分析测量

上述的显微 TR-FCA 装置的测量是使用样品断面进行的，这是一种破坏性测量，用于观察器件内部。然而，在晶圆和器件制造现场，对非破坏性测量（无损测量）方法的需求仍然很大。无损测量可以在制造线的检验过程中引入，并且通过在同一样本上进行多种无损测量，可以直接确认测量结果之间的关系。因此，我们利用显微 TR-FCA 装置，通过调整激发光和探测光相对于物镜的入射位置，改变样本的入射角度。在这种情况下，将激发光和探测光设置在水平平面上相对入射，使它们交叉，就可获得仅在交叉位置的载流子寿命信息（交叉式测量）。在这种状态下，通过将样本位置沿着物镜方向移动，可以将交叉位置设置在样本内部，从而实现在不破坏样本的情况下对样本内部进行测量。

　　图 7 是交叉式测量的概念图[15,16]。两束光的角度差应尽可能大，以便使样本深度方向的空间分辨率更高。但在笔者等人的物镜中，相对于样品表面的入射最大角度为 34°。然而，由于 SiC 的高折射率，即使在 34° 的角度下入射，SiC 内的入射角度也会变小。其结果是，相对于样品移动量，基于光线交叉区域在深度方向上的扩展，测量位置是移动量 3.3 倍深度位置。因此，空间分辨率比破坏性测量更差。

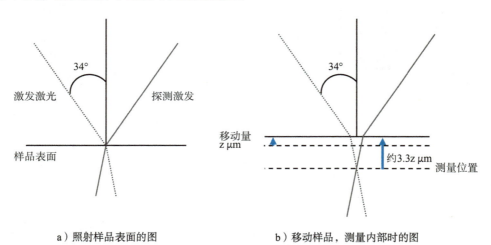

a）照射样品表面的图　　　　　　b）移动样品，测量内部时的图

图 7　交叉式测量的概念图（用两束激光斜向样品照射，通过移动样品将测量的位置向内部移动）

　　图 8a 显示了对在 SiC 衬底上生长的具有 250 μm n 型外延膜的样品进行的交叉式测量图 8b 显示了断面高空间分辨率测量的 TR-FCA 信号分布。横轴表示时间，在交叉式测量和断面测量中，信号随时间减弱。纵轴表示深度，观察到在接近 250 μm 处，无论是哪种测量方式，TR-FCA 信号都在该位置快速衰减。然而，由于交叉式测量仅捕捉到光的交叉区域的信号，因此其信噪比相比于断面测量要差。从这些 TR-FCA 信号中提取的 1/e 寿命随深度的分布如图 9 所示。1/e 寿命的绝对值在交叉式测量和断面测量中有很大差异。这是因为在交叉式测量中，由于激发载流子扩散到测量区域之外，导致来自激发载流子的信号减弱。在交叉式测量和断面测量中都可以确认在衬底附近 1/e 寿命减小。此外，在两种测量结果中，可

以看到在深度约 130 μm 处，1/e 寿命减小。这可能是由于在进行两次外延生长形成 250 μm 厚度时，第一次生长后表面或第二次生长初期形成的缺陷导致的。总之，通过交叉式测量观察到的载流子寿命分布很好地再现了断面测量的结果，证明了非破坏性测量中可以测量载流子寿命分布。考虑到外延膜和衬底上载流子寿命的变化，交叉式测量的空间分辨率大约为 10 μm。

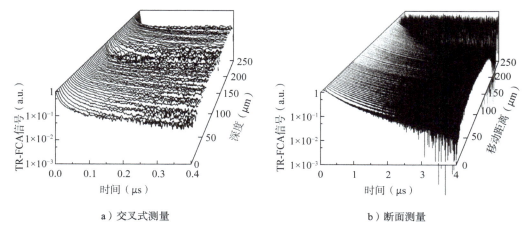

a）交叉式测量　　　　　　　　　　　　b）断面测量

图 8　通过 a）交叉式测量和 b）断面测量对具有 250 μm 厚外延膜的样品的
TR-FCA 信号随深度的分布（通过移动距离表示样品的深度位置）

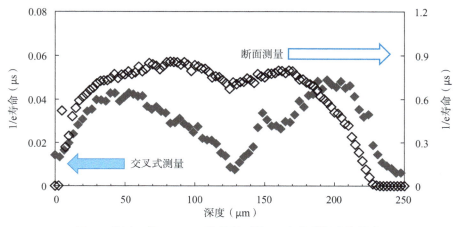

图 9　从图 8 的 TR-FCA 信号得到的 1/e 寿命随深度的分布

另一方面，作为一种非破坏性深度方向载流子寿命测量技术，其他研究小组提出了基于多光子激发的 TR-PL 技术[17]。然而，正如前文所述，在 TR-PL 中，由于包含来自载流子扩散区域的信号，空间分辨率变差。多光子激发 TR-PL 的优点是通过数值分析可以推断载流子寿命的绝对值，但从空间分辨率的观点来看，笔者认为交叉式显微 TR-FCA 测量方法具有优越性。

五、表面复合速度

在考虑载流子寿命的空间分布时，不能忽视表面的影响。这种表面的影响历来通过表面复合速度这个参数进行定量化。表面复合速度可以通过使用多个波长的激发光或测量不同厚度的样品来进行数值计算和分析[3,5,18]。

图 10 显示了我们获得的具有(0001)面的 n 型外延层的表面复合速度以及体材料寿命的温度依赖性。在这里，我们使用了 266 nm 和 355 nm 的激发波长进行 μ-PCD 法的测量。样品经过减薄衬底，通过化学机械抛光（CMP）表面处理，使用了三种不同厚度的自支撑外延层。通过对实验得到的 1/e 寿命与膜厚的关系进行数值拟合，获得了表面复合速度和体材料寿命。Si 面的表面复合速度在 150～800 cm/s 之间，而体材料载流子寿命为 5～8 ms。但是，由于外延生长条件的不同，体材料寿命会有所不同，因此这些值并不是通用的。然而，关于表面复合速度，CMP 是一种常见的表面处理方法，而且表面处理对表面复合速度的影响并不那么大。例如，在用反应离子刻蚀对表面进行刻蚀后，虽然表面复合速度增大，但已确认所有代表性晶面的值均在 3000 cm/s 以下。因此，我们认为，图 10 所示的表面复合速度值完全可以适用于载流子寿命分布的研究。

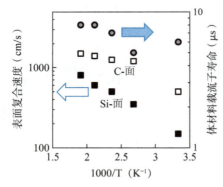

图 10 从(0001)面 n 型外延层得到的表面复合速度和体材料载流子寿命

六、总结

本节以载流子寿命的空间分辨测量为主题，介绍了高空间分辨率和无损测量技术，并对表面复合速度进行了阐述。今后随着 SiC 器件的普及以及各种结构的提出，载流子寿命分布的控制将变得越来越重要。希望本节介绍的技术或数值能够有助于 SiC 器件的普及。

▌参考文献

[1]　T. Miyazawa and H. Tsuchida: *J. Appl. Phys.*, 113, 083714(2013).

[2]　M. Kato et al.,: *Jpn. J. Appl. Phys.*, 46, 5057(2007).

[3]　M. Kato et al.,: *Jpn. J. Appl. Phys.*, 51, 02BP12(2012).

[4]　T. Hayashi et al.,: *Jpn. J. Appl. Phys.*, 53, 111301(2014).

[5]　Y. Mori et al.,: *J. Phys. D: Appl. Phys.*, 47, 335102(2014).

[6]　M. Kato et al.,: *Jpn. J. Appl. Phys.*, 54, 04DP14(2015).

[7]　T. Asada et al.,: *J. Vis. Exp.*, 146, e59007(2019).

[8]　M. Kato et al.,: *J. Appl. Phys.*, 124, 095702(2018).

[9]　P. B. Klein: *J. Appl. Phys.*, 103, 033702(2008).

[10]　L. Subačius et al.,: *Meas. Sci. Technol.*, 26, 125014(2015).

[11]　J. Linnros: *J. Appl. Phys.*, 84, 275(1998).

[12]　J. Linnros: *J. Appl. Phys.*, 84, 284(1998).

[13]　V. Grivickas et al.,: *Appl. Phys. Lett.*, 95, 242110(2009).

[14]　K. Nagaya et al.,: *J. Appl. Phys.*, 128, 105702(2020).

[15]　S. Mae et al.,: *Mater. Sci. Forum*, 924, 269(2018).

[16]　T. Hirayama et al.,: *Rev. Sci. Instrum.*, 91, 123902(2020).

[17]　N. A. Mahadik et al.,: *Appl. Phys. Lett.*, 111, 221904(2017).

[18]　M. Kato et al.,: *J. Appl. Phys.*, 127, 195702(2020).

第四节　SiC 功率半导体器件中电阻主要影响因素分析

一、分析 SiC MOSFET 反型层迁移率的模型和方法

（一）对 SiC MOSFET 迁移率的理解现状

SiC MOSFET（金属-氧化物-半导体场效应晶体管）中，降低沟道电阻成为一项重

要的技术挑战，而其主要限制因素是沟道中电子的迁移率。对于将来沟道电阻降低技术的开发以及器件工作解析模型构建而言，正确理解是不可或缺的。然而，与在Si CMOS 技术中对 Si MOS 反型层沟道行为的深入理解相比，对 SiC MOS 反型层沟道的理解仍然不足。本节中将基于对 Si 的理解，探讨对 SiC MOS 反型层中电子迁移率的理解。

迁移率作为电子在固体中运动的平均速度的指标，由电场加速和电子受到周围散射作用的平衡决定。在 MOSFET 的沟道导电中，实际上决定迁移率的是作用于反型层中电子的各种散射机制。然而，在讨论 SiC MOSFET 反型层中的电子迁移率（以下简称为反型层迁移率）时，需要注意由于 MOS 界面附近存在高密度的俘获中心，因此通过施加栅极电压诱导在界面上的电子中，有相当高比例的电子被俘获并没有对导电产生贡献。换句话说，阻碍沟道中电子导电的不是各种电子散射，而是由于俘获中心导致对导电有贡献的载流子减少，受到其强烈影响的"沟道迁移率"，常常作为沟道特性的指标出现。然而，为了正确理解沟道电阻随着栅极电压和温度的变化，需要了解未被俘获而实际对导电有贡献的电子的散射机制。本节将尝试通过排除俘获中心影响的霍尔效应测量来确定迁移率，并在此基础上确定迁移率的各种散射机制的贡献大小。

（二）MOS 反型层载流子散射机制模型（参考 Si MOS 反型层）

1. 决定反型层迁移率的三种散射机制和马西森定则

在对 Si MOSFET 进行系统理解的基础上，已经建立了关于反型层中的电子可能遭遇的各种散射因子的理论框架并基于此进行了公式化[1]。实验表明，在 Si MOSFET 的散射因子中，特别是①由杂质或缺陷能级带来的库仑散射；②声子散射；③由反型层界面的凹凸引起的界面粗糙度散射，这三个因子的组合对反型层迁移率的影响尤为重要[2]。

如果这些散射机制如图 1a 所示共存并相互独立地发挥作用，那么对电子的总散射概率可以将各个散射因子产生的散射概率简单相加来近似，这被称为马西森（Matthiessen）定则。假设各因子单独存在时得到的反型层迁移率分别表示为库仑散射迁移率（$\mu_{Coulomb}$）、声子散射迁移率（μ_{phonon}）和界面粗糙度散射迁移率（μ_{SR}），则马西森定则可以表达为如下形式。

图 1b 中的虚线分别表示$\mu_{Coulomb}$，μ_{phonon}，μ_{SR}，而式(1)中计算的反型层迁移率（μ）受到最强烈的散射因子的支配。改变栅极电压会导致各种散射的强度变化，使得处于支配地位的散射机制变化。但是请注意，此图的横轴表示根据栅极电压变化的有效垂直电场（稍后解释）。

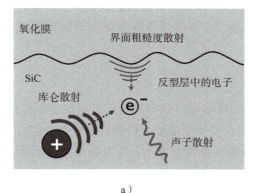
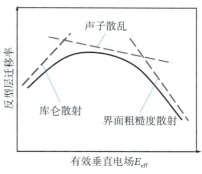

a）　　　　　　　　　　　　　b）

图 1　a）3 个散射因子同时作用于反型层中的电子（概念图）
b）有效垂直电场引起的反型层迁移率变化的模式图（各虚线表示各个散射因子
单独作用时得到的迁移率 μ_{Coulomb}，μ_{phonon} 和 μ_{SR}）

$$\mu^{-1} = \mu_{\text{Coulomb}}^{-1} + \mu_{\text{phonon}}^{-1} + \mu_{\text{SR}}^{-1} \tag{1}$$

在这里，库仑散射是指载流子受到半导体中的杂质电荷、在半导体与栅极绝缘膜之间形成的缺陷能级的俘获电荷等的散射效应，其特点是它受到反型层中的载流子密度（等于表面载流子密度 N_S）的影响，该密度变化会改变散射中心对电荷屏蔽效应的程度[3]。由于电子的运动能量较低时，散射效应较强，因此在低温时更容易观察到库仑散射。而且，散射体的空间位置也很重要。例如，如果散射源位于栅极绝缘膜和半导体界面附近，则对于距离界面较近的电子，散射会更强烈。因此，这导致了对沟道掺杂浓度和对栅极电压的依赖性的特征性倾向，稍后将详细描述。

一方面，声子散射是由反型层中的电子与晶格振动引起的声子之间的相互作用而产生的。与声子相互作用的电子的动量变化应该在散射前后保持一致，但反型层中的电子在空间上被限制在狭窄范围内，由于位置和动量的不确定性，因此电子的动量会有较大的不确定性。这实际上允许了本来不被允许的最终状态，这意味着声子散射会高频发生[4]。因此，栅极电压较高时，反型层在空间上的狭窄使得发生声子散射的倾向更为明显。衡量反型层的厚度的指标是作用于反型层中电子的"有效垂直电场（E_{eff}）"这一参数。当声子散射占主导地位时，反型层中电子的迁移率对于 E_{eff} 是唯一确定的，与载流子浓度或栅极氧化膜厚度无关，这被称为"普适性"。另外，由于晶格振动的温度依赖性与库仑散射不同，声子散射在高温时更容易显现。

另一方面，界面粗糙度散射是指当栅极电压进一步增加、反型层厚度进一步缩小，将电子推入界面附近狭小空间时，界面的凹凸作为摄动势对电子进行散射的效应，其大小与反型层的厚度相关。因此，随着 E_{eff} 的增加，界面粗糙度散射会显现，并且可以近似地用摄动势的平方来表示散射概率，即以E_{eff}^2的函数来表示。这 3 种散射机制的定性理解在 Si MOSFET 的系统研究中已得到定量验证。本节将讨论这些定性理解在 SiC MOSFET 中同样适用的观点。

2. 反型层迁移率的普适性

如前所述，声子散射和界面粗糙度散射的概率可以近似地由反型层厚度指标E_{eff}决定。E_{eff}是指反型层中的电子在垂直于界面的方向上受到的电场，根据高斯定律，它可以通过耗尽层形成的电场和反型层中电子形成的电场的某种和来表示。后者是指反型层中大量电子集团的存在本身对每个电子施加的一种自身电场效应。粗略地说，约一半的贡献来自自身电场的贡献，这是合理的估计。通过将这一贡献的比例表示为η，可以用于表示将电子困在界面中的电场的大小，这就是反映迁移率普适性的"有效垂直电场"[6]，并可以用耗尽层中的电荷密度Q_{dep}和反型层中的电荷密度Q_{inv}（$= qNs$）表示为：

$$E_{eff} = \varepsilon^{-1}(Q_{dep} + \eta Q_{inv}) \tag{2}$$

其中ε是半导体的介电常数。通过利用电容测量等方法确定Q_{dep}和Q_{inv}，求出有效垂直电场，即使是沟道中掺杂浓度和栅极氧化膜厚度不同的器件，或者在添加衬底偏压的情况下，也能够一致地比较耗尽层厚度。实验结果表明，对于反型层中电子的η的大小，与一半左右（η约为 0.5）相比，在室温下（110）Si 和（111）Si 上的 MOSFET 几乎可以准确地表达为$g = 0.33$[2]。更详细的研究显示，η随着E_{eff}的大小有微小的变化，而且在低温下η接近 1[7]，因此没有得到对η的正确解释。另外，在施加应力的情况下，η也会发生变化，这也表明，η与子带结构的相关性也是值得考虑的。关于η的本质尚有很多不明确的地方，因此，对于 SiC MOSFET，关于η值的选择的合理性目前尚无法进行讨论。本节主要假设$g = 0.33$，这是在分析 Si NMOSFET 时经常应用的值。然而，这种选择对后续的讨论影响不大。

3. 霍尔效应测量作为 MOSFET 迁移率评估方法的实用性

在考虑 SiC 反型层中电子的散射机制时，需要注意迁移率的评估方法。本节使用的霍尔效应测量是一种利用在磁场中由洛伦兹力产生的与电流成比例的霍尔电压现象来确定导电载流子速度的方法。在 MOSFET 中，通过在平面沟道上施加垂直方向的磁场，并测量与漏极电流成比例的霍尔电压，可以确定反型层中的载流子迁移率，并同时确定电子密度。通过这种方法确定的迁移率称为霍尔效应迁移率（μ_{Hall}）。本节通过图 2 中示意的霍尔条对其进行评估。测量时使用通道长度L与通道宽度W比值较大的器件，并在与通道方向垂直的方向上设置了用于测量霍尔电压的端子。

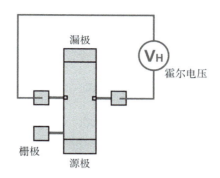

图 2　常用于测量霍尔效应迁移率的霍尔条示意图（在形状为沟道宽度 < 沟道长度的沟道中间设置霍尔电压测量用的端子，在与纸面垂直方向的磁场中通电，就可以测量霍尔电压。）

另一方面，对于 SiC MOSFET 的反型层迁移率评估通常使用有效迁移率或电场效应迁移率等定义，但这些定义在 SiC MOSFET 中往往受到界面附近高密度俘获中心的影响。迁移率的测量是根据沟道导电率随着施加栅极偏压在反型层中引起的载流子密度成比例增加的关系来计算的，但在这些定义的情况下，由于载流子密度由栅极电容决定，因此会包括被诱导到界面并被缺陷俘获的电子。然而，在霍尔效应测量中，通过对运动中的电子施加的洛伦兹力计算载流子密度，可以正确确定实际对沟道导电有贡献的电子的密度。实际上，通常 SiC MOSFET 的 μ_{Hall} 明显大于通过"沟道迁移率"定义的数值，如有效迁移率或电场效应迁移率，因此认为 μ_{Hall} 更适合分析对沟道导电有贡献的电子的运动[8-15]。在类似的观点下，将霍尔效应测量应用于 SiC MOSFET 的迁移率分析的报告很常见，这些报告尝试分析反型层中电子的散射机制，与本节类似。

在这里需要注意的是，有效迁移率 μ_{eff} 和 μ_{Hall} 的数值差异，不仅包括电子俘获的影响，还包括其他物理原因，这通过霍尔因子（μ_{Hall}/μ_{eff}）来表示。这个因子包括两个因素，一个是由于载流子传输特性的各向异性引起的因子，另一个是由于载流子散射概率的能量依赖性引起的因子。特别是后者，即使在电子性质近似为各向同性的系统中也存在，是由统计效应引起的不可避免的因素。

本来，对反型层中的电子的散射对于具有不同动能的各个电子来说应该是不一致的现象，而散射概率就是将这些平均化后表示的。在霍尔效应测量中，不仅是沟道方向的输运，电子的能量分散也会对由洛伦兹力引起的在与沟道垂直方向上的输运产生影响[16]。因此，即使在对没有电子俘获影响的器件进行评价时，也不可忽视 μ_{eff} 和 μ_{Hall} 之间原本就存在的差异。需要注意的是，本节所述的反型层迁移率就是 μ_{Hall}。

二、SiC MOS 反型层迁移率模型的构建

（一）评估反型层中电子散射机制的关注点

反型层迁移率受到各散射因子竞争作用的影响，如式(1)所示。因此，通过改变器件和测量条件，大幅改变三种散射机制的相对强度，并在设定特定散射机制占主导地位的情况下进行分析，可以分离散射机制。为此，第一个观点是，如图 1b 所示，不同散射机制的散射强度随着栅极电压变化而表现出显著的不同。如前所述，由于库仑散射具有随着表面载流子密度 N_S 增大而被屏蔽的性质，因此 $\mu_{Coulomb}$ 被认为与 N_S 的幂成正比[19,20]。另一方面，由于声子散射和界面粗糙度散射与反型层的空间宽广程度有关，因此它们随着有效垂直电场 E_{eff} 的增大而显现。例如，如果假设反型层内的电子只占据基态，则 μ_{phonon} 与 $E_{eff}^{-1/3}$ 成比例[19]。此外，μ_{SR} 在散射概率近似为摄动势平方的模型中，被认为大致与 E_{eff}^{-2} 成正比[5]。

此外，比较沟道区域的受主浓度和测量温度也是重要的。后文将详细讨论，由于库仑散射的强度与受主浓度密切相关，因此在受主浓度较高的器件中可以观察到库仑散射，而将受主浓度极端降低则可以观察到声子散射和界面粗糙度散射。由于不同的散射机制导致散射强度的温度依赖性差异很大，因此也可以通过改变测量温度来改变主导的散射机制，本节在验证主导的散射机制时采用了这种方法。

（二）在 SiC MOS 反型层中提取声子散射迁移率

已有相关报告显示使用霍尔效应测量 SiC MOSFET 的反型层迁移率时，其与 p 型阱区的受主浓度（N_A）有关[12]。图 3 概念性地展示了不同受主浓度对霍尔效应迁移率和有效垂直电场的关系。对于受主浓度低至 1×10^{15} cm^{-3} 的样品，有报告指出，由于 $\mu_{Coulomb}$ 的增大，声子散射变得更为重要[11]。换句话说，随着受主浓度的降低，声子散射的主导地位增强。也就是说，通过进一步降低受主浓度可能可以定量求得 μ_{phonon}。一旦 μ_{phonon} 被定量求出，并作为有效垂直电场的函数确定公式关系，就可以基于马西森则从测得的 μ_{Hall} 中消除声子散射的影响，从而对 $\mu_{Coulomb}$ 和 μ_{SR} 的大小进行分析。

图 4 展示了 SiC MOSFET 反型层中 μ_{Hall} 与受主浓度的关系。通过在 MOSFET 的受主浓度在大范围内变化进行反型层迁移率评估。这里使用在(0001)面（Si 面）上制备的 p 型外延层，栅极氧化膜采用氮氧化膜。测量在室温下进行。如先前的研究所预期的，通过将受主浓度从 4×10^{17} cm^{-3} 降低到 6.6×10^{14} cm^{-3}，可以抑制库仑散射的影响，从而提高反型层迁移率。另一方面，将受主浓度进一步降低到 3.0×10^{14} cm^{-3} 时，反型层迁移率的增大开始趋于饱

和。在受主浓度为 1×10^{14} cm^{-3} 的两个样品中，反型层迁移率的曲线如虚线所示，表明通过将受主浓度降低到 1×10^{14} cm^{-3}，观察到与 μ_{phonon} 相近的值。以虚线代表的声子散射迁移率，如式(3)所示，有效垂直电场的指数为-0.39。由于该值接近理论研究所得声子散射迁移率的有效垂直电场依赖性（-1/3）[19]，因此可以认为使用这种方法评估声子散射迁移率是合理的。

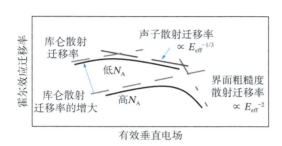

图 3　不同受主浓度下霍尔效应迁移率与有效垂直电场的关系（示意图）

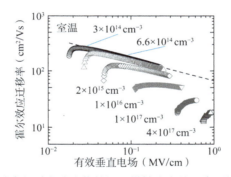

图 4　反型层霍尔效应迁移率的受主浓度依赖性（横轴为有效垂直电场，受主浓度在图中标明。此外，有效垂直电场的计算使用了 $\eta = 0.33$。）

$$\mu_{phonon} = 66.5 \times E_{eff}^{-0.39} \tag{3}$$

当在受主浓度最低的器件中研究反型层迁移率的温度依赖性时，发现在高于室温的区域内，反型层迁移率单调递减，与定性的声子散射的温度依赖性相符[21]。此外，当使用热氧化膜和氮氧化膜作为栅极绝缘膜时，反型层迁移率与前文评估时形成的声子散射迁移率公式相似，因此认为此评估所得到的声子散射迁移率公式反映了热氧化膜/SiC 界面的基本特性。另外，在使用在(0001)面（C 面）上制备的 MOSFET 进行分析时，得到的 μ_{phonon} 与本结果的一致性很好。

（三）SiC MOS 反型层中的库仑散射迁移率和界面粗糙度散射迁移率

排除了声子散射的影响后的霍尔效应迁移率（$\mu_{Hall,w/o\ phonon}$）由 $\mu_{Coulomb}$ 和 μ_{SR} 决定。因此，从测得的 μ_{Hall} 中排除声子散射的影响，并进一步利用库仑散射和界面粗糙度散射的特征，进行分离和评估。首先，已知界面粗糙度散射仅在E_{eff}较高的区域才显现，而在E_{eff}较低的区域其影响较小。E_{eff}随着受主浓度和N_S的增大而升高。当受主浓度不高时，在表面载流子密度较低的区域，可以忽略界面粗糙度散射的影响。

因此，霍尔效应迁移率（$\mu_{Hall,w/o\,phonon}$）在表面载流子密度较低的区域主要受到库仑散射的影响。图 5 展示了在受主浓度适中的器件中，$\mu_{Hall,w/o\,phonon}$与N_S关系的示意图。在这里，通过利用$\mu_{Coulomb}$随N_S的增加而呈幂函数增加的特征，可以在实验中评估$\mu_{Coulomb}$。另一方面，在表面载流子密度较高的区域，由于界面粗糙度散射的影响逐渐显现，$\mu_{Hall,w/o\,phonon}$将比在低N_S区域外推得到的值更低。考虑到这种减少是由界面粗糙度散射效应引起的，基于马西森定则，可以评估界面粗糙度散射迁移率。

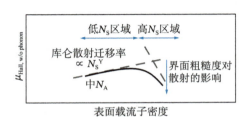

图 5　$\mu_{Hall,w/o\,phonon}$与表面载流子密度的关系示意图

图 6 展示了使用本方法评价中等程度受主浓度 $1 \times 10^{16}\ \mathrm{cm^{-3}}$ 的器件的μ_{Hall}、μ_{phonon}、$\mu_{Coulomb}$、μ_{SR}和E_{eff}的关系。从结果来看，μ_{SR}可以通过式(4)来表示，μ_{SR}与E_{eff}^{-2}成正比。另外，明确了在 250 K 到 348 K 的温度范围内几乎没有温度依赖性[17,18]。

$$\mu_{SR} = 76.7 \times E_{eff}^{-2} \tag{4}$$

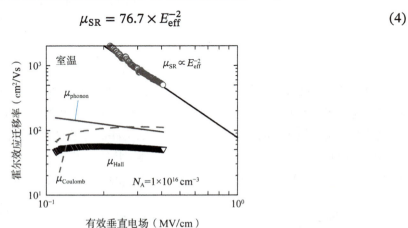

图 6　霍尔效应迁移率、声子散射迁移率、库仑散射迁移率、界面粗糙度散射迁移率与有效垂直电场的关系（计算有效垂直电场时使用$\eta = 0.33$）

此外，基于μ_{phonon}和μ_{SR}的计算公式，使用马西森定则，即使对于高掺杂浓度的器件，也可以评估$\mu_{Coulomb}$。图 7 显示了在受主浓度为 1×10^{16}、1×10^{17} 和 4×10^{17} cm^{-3} 时，库仑散射迁移率与表面载流子密度的关系。随着受主浓度的增大，$\mu_{Coulomb}$减小。当受主浓度不同时，$\mu_{Coulomb}$相对于N_S的指数（γ）分别为 0.2、0.45、0.54，表明随着受主浓度的增大，γ也在增大。

为了进一步理解 SiC MOSFET 中$\mu_{Coulomb}$的特性，在对 MOSFET 的 p 型阱区施加负体偏压（V_B）的条件下评估了μ_{Hall}[17,24]。测量在室温下进行。图 8 显示了施加V_B时N_S与反型层迁移率的关系。该受评估器件的受主浓度为 1×10^{16} cm^{-3}，V_B设置为 0、-2、-4、-8、-16 V。随着V_B反向增大，反型层迁移率单调减小。在此器件中，当V_B为 0 V 时，在低N_S区域μ_{Hall}主要受到库仑散射的影响，在高N_S区域声子散射的影响开始显现，这与前文的分析相符。

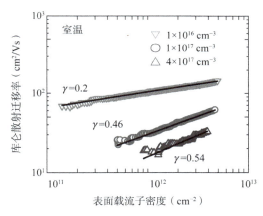
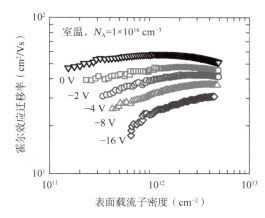

图 7　库仑散射迁移率与表面载流子密度的关系（受主浓度为 1×10^{16}、1×10^{17}、4×10^{17} cm^{-3}）　图 8　施加体电压时霍尔效应迁移率与表面载流子密度的关系（受主浓度为 1×10^{16} cm^{-3}）

为了深入理解这一特征性行为，笔者等人对反型层中电子与氧化膜/SiC 界面之间的距离（Z_{AV}）与库仑散射迁移率的关系进行了分析[24]。在本分析中，考虑到反型层中的电子具有空间分布，将Z_{AV}定义为反型层内的平均电子位置。图 9 表示的是，在各种受主浓度的器件中，改变施加V_B时的μ_{Hall}以及各散射迁移率和Z_{AV}的关系。在受主浓度为 $1 \times 10^{16} \sim 4 \times 10^{17}$ cm^{-3} 的范围内，$\mu_{Coulomb}$与受主浓度和V_B无关，将其绘制在同一曲线上，$\mu_{Coulomb}$随着Z_{AV}的减小而单调下降。这表明，$\mu_{Coulomb}$显示反型层内的电子随着接近氧化膜/SiC 界面而减少，且在氧化膜/SiC 界面附近产生了强烈的库仑散射[24]。出现这种特征的库仑散射的主要原因是什么呢？在 SiC MOSFET 的栅极氧化膜中，对热氧化膜进行氮化处理的氮氧化膜被广泛使用，但已判明无论是否进行氮化处理都不会对$\mu_{Coulomb}$的值产生很大影响[13,22,25]。从氧化膜/SiC 界面俘获电子的界面态密度的观点来看，未进行氮化处理的热氧化膜比氮氧化膜的导带附近的界面态密度高出 6 倍左右。但是，由于两者的 $\mu_{Coulomb}$ 基本相同，因此可以认为界面态密度不是库仑散射的主要原因。另外，由于对同一器件施加 V_B 会显著降低 $\mu_{Coulomb}$，因此电离杂质散射也不是库仑散射的主要因素，认为库仑散射源局限在界面附近的观点是合理的。目前尚不清楚库仑散射的具体原因，需要进行进一步的研究。

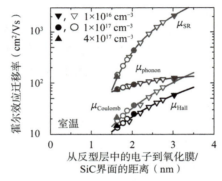

图 9　反型层中电子与氧化膜/SiC 界面的距离与霍尔效应迁移率以及各散射迁移率的关系
（实心符号表示体电压为 0 V 时，空心符号表示施加负体电压时）

（四）各种散射机制对 MOS 反型层载流子的影响程度

按照前述的实验结果，对反型层中的电子进行了各散射机制的定量计算，结果表明，起主导作用的散射机制取决于掺杂浓度。图 10 展示了掺杂浓度分别为 1×10^{16} cm^{-3}、1×10^{17} cm^{-3} 和 4×10^{17} cm^{-3} 的器件分离散射机制的例子。对于 1×10^{16} cm^{-3} 掺杂浓度（较低）的器件，随着反型层中载流子密度的增大，最主要的散射机制从库仑散射转变为声子散射。而对于 1×10^{17} cm^{-3} 掺杂浓度（较高）的器件，在测量范围内最主要的是库仑散射，随着掺杂浓度的增大，库仑散射的主导性增强。此外，对于 4×10^{17} cm^{-3} 掺杂浓度（较高）的器件，尽管界面粗糙度散射的影响相对较大，但在测量范围内仍表现出比 μ_{phonon} 和 $\mu_{Coulomb}$ 更高的值，从而表明界面粗糙度散射的影响相对较小。由于界面粗糙度散射的影响相对于其他散射较小，SiC MOSFET 反型层迁移率的限制因素主要是声子散射和库仑散射。本结果与传统模型[10,26]不同，在高 E_{eff} 侧反型层迁移率的下降主要受到声子散射而非界面粗糙度散射的影响。由于 μ_{phonon} 已被明确认为反映了热氧化膜/SiC 界面的材料特性，因此为了提高反型层迁移率，抑制库仑散射是至关重要的。

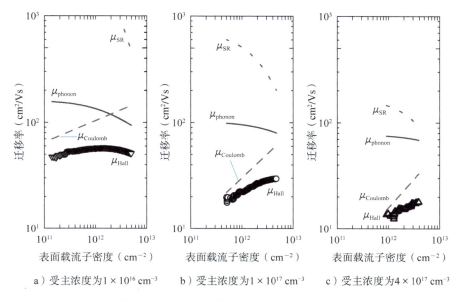

a）受主浓度为 1×10^{16} cm^{-3}　　b）受主浓度为 1×10^{17} cm^{-3}　　c）受主浓度为 4×10^{17} cm^{-3}

图 10　霍尔效应迁移率以及各散射迁移率与表面载流子密度的关系

在此，将这次的分析结果与过去研究中 SiC MOSFET 模型对散射机制的分析结果[8-11,26,27]进行比较（但是，结合以往的报告，在计算 E_{eff} 时设 $\eta = 0.5$）。用本方法通过实验评估得到的 μ_{phonon} 与以往报告的值[26,27]相比为 1/4 以下，判明了至今为止对声子散射的影响被低估了。另外，用本方法得到的 μ_{SR}，比大部分的报告[8-10,26]大，与一部分参考文献[11]基本一致。也就是说，在以往的很多模型中，界面粗糙度散射的影响被高估了。

（五）对于 MOS 反型层载流子的温度依赖性的理解

利用不同温度下迁移率的温度依赖性差异的事实，可以估计在不同掺杂浓度的器件中起主导作用的散射机制。一般来说，随着温度的升高，声子散射增加，而库仑散射减小，因此 μ_{phonon} 和 $\mu_{Coulomb}$ 表现出相反的温度依赖性。由前述可知，SiC MOSFET 的反型层迁移率主要受到声子散射和库仑散射的影响，通过评估反型层迁移率的温度依赖性，可以验证哪种散射机制是主导的。

图 11a 展示了在低掺杂浓度（约 2×10^{14} cm^{-3}）下测得的反型层迁移率的温度依赖性。当温度从 323 K 升至 448 K 时，反型层迁移率单调下降。在高温下，受到声子散射的影响增强，导致反型层迁移率下降。因此，这一结果支持了在低掺杂浓度的器件中，反型层迁移率主要由声子散射起主导作用的前述解释。此外，在 323 K 到 473 K 的温度范围内，E_{eff} 为 0.2 MV/cm 时的反型层迁移率与 $T^{-1.0}$ 成正比。虽然此评估是基于 Si 面的结果，但与 C 面上

的 μ_{phonon} 与 $T^{-0.85}$ 成正比的报告[23]也大体一致。

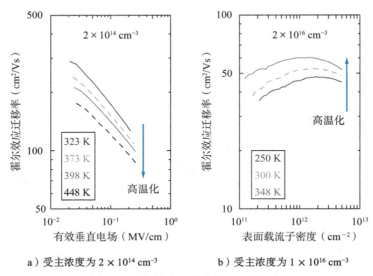

a）受主浓度为 $2 \times 10^{14} \text{ cm}^{-3}$ b）受主浓度为 $1 \times 10^{16} \text{ cm}^{-3}$

图 11 霍尔效应迁移率的温度依赖性

另一方面，图 11b 显示了对受主浓度为中等程度（约 $1 \times 10^{16} \text{ cm}^3$）的器件，反型层迁移率的温度依赖性。温度从 250 K 上升到 348 K 时，反型层迁移率单调增加。这表明，在受主浓度为中等程度的器件中，反型层迁移率主要受库仑散射的影响，温度越高，库仑散射越弱，反型层迁移率就越大，这也与上述分析结果一致。

三、总结

（一）SiC MOSFET 反型层迁移率解析模型的建立

通过对 SiC MOSFET 反型层迁移率的系统分析，笔者等人定量估计了对反型层中电子的散射机制。过去许多关于反型层迁移率的研究主要集中在如何通过抑制界面附近电子俘获的影响来提高电流值，即集中在"沟道迁移率"的提高上。然而，在本节中，笔者等人提取了对沟道导电有贡献的电子，并对这些电子所展现的迁移率进行了考察。结果表明，库仑散射、声子散射和界面粗糙度散射这三种散射机制共存，通过这些独立作用的散射概率的总和来表征电子的迁移率。这一框架与过去在 Si MOSFET 中讨论的框架一致，以此为基础，可以解释 SiC MOSFET 反型层中电子的散射机制。关于在 SiC 中明显存在的库仑散射，已经提到它与传统 Si MOSFET 中经常讨论的散射模型存在不一致之处，需要进一步研究。尽管 SiC 中有这类不同于 Si 的独特现象，但是在定性地理解 SiC MOSFET 反型层中电子的散射时，可以采用在 Si 中获得的模型，而没有理由需要大幅变更。

在本节中，通过沿用这种模型进行系统分析，可以对各种条件下 SiC MOSFET 反型层中电子的各散射因子的影响程度进行定量评估，并获得正确理解。虽然讨论的这些器件的 MOS 界面都是通过标准的氮化处理得到的，但在使用其他各种 MOS 界面形成方法时，也可以通过类似的分析方法进行分析。

（二）SiC MOSFET 反型层迁移率研究的未来发展

包括本节的研究在内，对 SiC MOSFET 反型层中电子散射机制的理解引起了极大的关注，新的解释和讨论已经开始蓬勃发展。例如，基于对声子散射的理论计算，提出了一种以声子散射为主导，特别是在 M 点处的导带底端之间的散射产生影响的模型。此外，对于声子散射迁移率，也有人提出更高预期值的讨论。与此同时，关于 SiC MOSFET 反型层迁移率的浓度依赖性，也已经有与本节介绍的散射机制模型不同的其他模型展示出与实验结果的一致性。在该模型中，考虑了被界面态俘获的电子引起的库仑散射以及氧化膜/SiC 附近中性缺陷的影响，声子散射贡献的影响比本节的推测要小。而且近年来，以本节介绍的实验结果为基础，在市场上销售的半导体器件模拟软件中加入了 SiC MOSFET 的反型层迁移率模型。为了再现实验结果，提出了将库仑散射迁移率模型化的经验公式[30]，本节中的研究对器件模拟技术的提高也有很大的帮助。

参考文献

[1]　T. Ando, A. B. Fowler and F. Stern: *Rev. Modern Phys.*, 54 (2) 437(1982).

[2]　S. Takagi et al.,: *IEEE Trans. Electron Devices* 41, 2357 (1994).

[3]　F. Stern and W. E. Howard: *Phys. Rev.*, 163, 816 (1967).

[4]　P. J. Price: *Annals. Phys.* 133, 217 (1981).

[5]　Y. Matsumoto and Y. Uemura: *Jpn. J. Appl. Phys.* 13, 367 (1974).

[6]　A. G. Sabais and J. T. Cemens: Tech. Dig. of IEEE Int. Electron Devices Meet., p.18 (1979).

[7]　H. Irie et al.,: Tech. Dig. of IEEE Int. Electron Devices Meet., p.459 (2003).

[8]　V. Tilak, K. Matocha and G. Dunne : *IEEE Trans. Electron Devices* 54, 11 (2007).

[9]　S. Dhar et al.,:*J. Appl. Phys.* 108, 054509 (2010).

[10]　H. Naik and T.-S. P. Chow: Mater. Sci. Forum 679-680, 595 (2011).

[11]　V. Uhnevionak et al.,: *IEEE Trans. Electron Devices* 62, 8 (2015).

[12] G. Ortiz et al.,: *Appl. Phys. Lett*, 106, 062104 (2015).

[13] T. Hatakeyama et al.,: *Appl. Phys. Express*, 10, 046601 (2017).

[14] E Fujita et al.,: *AIP Advances* 8, 085305 (2018).

[15] M. Sometani et al.,: *Appl. Phys. Lett*. 115, 132102 (2019).

[16] K. Seeger: "Semiconductor Physics, An Introduction", 9th ed., Chap.4, Springer, (2004).

[17] M. Noguchiet et al.,: Tech. Dig. of IEEE Int. Electron Devices Meet, p 219 (2017).

[18] M Noguchi et al.,: *Jpn. J. Appl. Phys*.58, 031004 (2019).

[19] S. Takagi et al.,: *IEEE Trans. Electron Devices* 41, 2363 (1994).

[20] Y. Nakabayashi et al.,: Ext. Abstr. Int. Conf. Solid State Devices and Materials, p. 44 (2005).

[21] 野口ほか, 第 67 回応用物理学会春季学術講演会, 15p-A201-8 (2020).

[22] M Noguchi et al.,: *Jpn. J. Appl. Phys*, 58, SBBD14 (2019).

[23] T Ohashi, Y. Nakabayashi and R. Iijima: *IEEE Trans. Electron Devices* 65, 2707 (2018).

[24] M. Noguchi et al.,: *Jpn. J. Appl. Phys*. 59, 051006 (2020).

[25] M Nogachi et al.,: as discussed at the 2015 IEEE SISC, 4. 5 (2015).

[26] S. Potbhare, N. Goldsman and G. Pennington: *J. Appl. Phys*. 100, 044515 (2006).

[27] A. Pérez-Tomás et al.,: *J. Appl. Phys*. 100, 114508 (2006).

[28] T. Ohashi, R.IiJima and H. Yano: *Jpn. J. Appl. Phys*. 59 034003 (2020).

[29] H. Tanaka and N Mori: *Jpn. J. Appl. Phys*. 59, 031006 (2020).

[30] K.Naydenov, N. Donato and F. Udrea: *J. Appl. Phys*, 127, 194504 (2020).

第二章

GaN 功率半导体

一、引言

近年来，从节能的角度来看，实现功率器件的高效化，尤其是逆变器和换流器等电力转换器的低功耗化已成为紧迫的问题。最近，特别是随着云化和大数据化，数据中心的节能化、高功能 IT 终端的低功耗化以及移动设备的充电高效化已成为紧迫的问题，迫切需要实现新一代高效率功率器件的应用。目前，已普及的半导体功率器件主要是硅（Si）制成的 MOSFET（金属氧化物半导体场效应晶体管）和 IGBT（绝缘栅双极型晶体管），但其已经接近了材料性能的极限。人们寄望于实现远远超越 Si 功率器件极限的低损耗功率器件，因此引起了对 GaN（氮化镓），SiC（碳化硅）和 Ga_2O_3（氧化镓）等宽禁带半导体功率器件的关注。其中，GaN 基半导体由于其绝缘击穿电场高，以及通过 AlGaN（氮化铝镓）等与 GaN 形成异质结界面诱导的高浓度二维电子气（Two Dimensional Electron Gas，2DEG）的利用，可以实现高耐压、低损耗的器件，因此将其作为节能半导体功率器件备受期待。

对于新材料，除了高效率和高耐压外，还要求低成本。特别是使用 MOCVD（金属有机化学气相沉积）法在相对低成本的 Si 衬底上外延生长的 GaN 具有高电子迁移率，可以实现超低损耗 HEMT（高电子迁移率晶体管）结构的横向器件。利用 GaN 制造的 HEMT 由于其单位面积上的导通电阻小，可以大大减小功率器件的芯片面积，实现低成本化。此外，利用高电子迁移率提高逆变器和换流器的工作频率，可以使电力转换器小型化，而且由于是横向器件，还有更容易实现与控制电路的集成的重要优点。因此，在 Si 衬底上外延生长的 GaN/Si 外延片是民用功率电子领域的理想半导体材料。

由于家用交流电的电压为 200～240 V，在民用功率电子领域的逆变器和换流器中，电路设计上通常要求直流耐压达到 600 V，而外延片则要求在外延方向上能够承受 800 V 以上的电压。

二、GaN 功率器件的优势

表 1 显示的是各种半导体材料的物性值，可以看出宽禁带半导体材料的值与 Si 和 GaAs 有很大差异。已经提出了通过组合这些物性值得到的所谓性能指标，作为表示各个材料是否适合各种应用系统的指标。其中，对于大功率高频器件，表示频率×输出性能的约翰逊优值、表示高功率 FET 的开关损耗的巴利加高频优值等被认为是较好的指标。对于宽禁带半导体材料，由于存在绝缘击穿电场等尚缺乏可靠性的物性值，根据使用的指标不同，数值会略有变化，但与 Si 等相比，宽禁带半导体材料均显示出较大的指数，说明在应用于大功率高频器件时，有望获得非常优异的性能。

表 1　各种半导体材料作为大功率器件的物性值和性能指数

材料	E_g	ε	μ	E_c	v_s	κ	JFM	KFM	BFM	BHFM
	eV		cm²/Vs	10^6 V/cm	10^7 cm/s	W/(cm·K)	$(E_c v_s/\pi)^2$	$\kappa(v_s/\varepsilon)^2$	$\varepsilon\mu E_c^3$	μE_c^3
Si	1.1	11.8	1350	0.3	1.0	1.5	1	1	1	1
GaAs	1.4	12.8	8600	0.4	2.0	0.5	7.1	0.45	15.6	10.8
GaN	3.39	9.0	900	3.3	2.5	1.3	760	1.6	660	77.8
6H-SiC	3.0	9.7	370, 50	2.4	2.0	4.5	260	4.68	110	16.9
4H-SiC	3.26	10	720, 650	2.0	2.0	4.5	180	4.61	130	22.9
金刚石	5.45	5.5	1900	5.6	2.7	20	2540	32.1	4110	470

注：E_g—带隙值，ε—相对介电常数，μ—电子迁移率，E_c—绝缘击穿电场，v_s—电子饱和漂移速度，κ—热导率，JFM—约翰逊优值，KFM—凯斯优值，BFM—巴利加优值，BHFM—巴利加高频优值，a—a 轴方向，c—c 轴方向。

功率器件的性能指数巴利加优值（BFM）定义如下：

$$BFM = \varepsilon\mu E_c^3$$

在具有较大导带带隙的宽禁带半导体中，BFM 指数可以非常大。BFM 指数中，金刚石的数值非常显著，其次是 GaN 和 SiC。

随着宽禁带半导体的出现，预计将来会研发出更理想的器件。在宽禁带半导体器件中，沟道电阻在广泛的电压范围内都将占据较大的比例。在 BFM 指数较大的 GaN 和金刚石中，这种趋势特别明显。对于活性层电阻占比较高的器件，垂直型（vertical）结构具有高电流密度。然而，在沟道电阻占主导地位的上述半导体材料中，横向（horizontal）FET 可以仅控制沟道部分导通，因此具有优势。在 AlGaN/GaN HEMT 中，有可能在范围从几十伏到数千伏的广泛电压范围内实现 1 mΩ·cm² 以下的导通电阻。此外，随着电压降低，所有材料的导通电阻趋于收敛，在数十伏以下的范围内，目前很难确定包括 Si 在内的各种器件的优劣。从几十伏到数千伏的范围内，为了实现具有 0.1 mΩ·cm² 到 1 mΩ·cm² 导通电阻的横向 FET，需要进行有关沟道迁移率、常关型器件控制等方面的研究。

使用 GaN 基半导体材料的电子器件采用 AlGaN/GaN HEMT 结构。AlGaN/GaN HEMT 与传统的 III-V 族半导体（如 GaAs 或 InP）HEMT 的不同点在于：

（1）在高温下能够实现 3.4 eV 的宽带隙（Eg），因此具有高耐压和高温工作的能力。

（2）电子的峰值速度为 2.8×10^7 cm/s，非常高。

（3）由于在异质界面存在极化电荷，因此无须在 AlGaN 势垒层中添加 n 型杂质即可在 AlGaN/GaN 异质界面诱导出二维电子气。

（4）因此，存在着 $1 \sim 2 \times 10^{13}$ cm⁻² 的高浓度二维电子气。这个值比 AlGaAs/GaAs HEMT 高约 1 个数量级。这意味着，制备常开型 HEMT 相对容易，而制备常关型的器件较为困难。

在 AlGaN/GaN HEMT 结构中，由于压电电荷在异质界面上形成大量的二维电子气，因此制备常关型的器件相对困难。然而，目前正试图通过使沟道层薄化以及引入 p-GaN 帽层等方法来解决这个问题。此外，采用 GaN 基半导体的功率器件通常使用散热性能优越的 SiC 材料作为衬底，但在衬底价格和大小方面存在问题。近年来，从价格、大小和散热性等角度考虑生产效率和量产性，基于 Si 衬底的 AlGaN/GaN HEMT 和 LED 的研究正在推进，并备受关注。目前已经实现了将在 Si 衬底上的 AlGaN/GaN HEMT 结构用于智能手机快速充电器的实际应用[2]。

三、GaN 功率器件的发展趋势

（一）Si 衬底上 GaN 层的异质外延生长

使用异质外延生长技术，可以在蓝宝石、SiC 和 Si 衬底上生长 GaN 层。图 1 显示了 GaN 生长时使用的各种衬底的尺寸、成本、热导率、晶格常数差异和热膨胀系数差异。由于蓝宝石晶体和 GaN 基晶体的晶格失配和热膨胀系数差异较大，蓝宝石上的 GaN 基晶体为观察到 $10^9 \sim 10^{10}$ cm⁻² 的高密度位错。为了获得高品质 GaN 基晶体，还研究了利用 SiC 衬底和 GaN 衬底的外延生长，但 GaN 衬底极其昂贵，很难获得大面积衬底。另一方面，大规模集成电路使用的 Si 可以以比蓝宝石低得多的价格获得极高品质的晶体。图 2 显示异质外延生长中晶格常数和热膨胀系数的差异。与蓝宝石和 SiC 衬底相比，Si 衬底上 GaN 层的晶体生长中晶格常数和热膨胀系数的失配率较大，因此需要合适的中间层才能生长出高质量的 GaN 层。Si 衬底不仅容易获得远比蓝宝石衬底大的面积，还具有热传导好、导电性易于控制的特点。

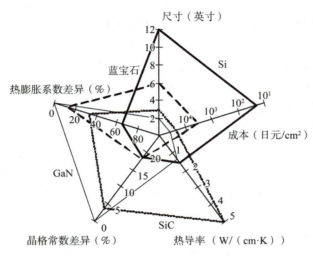

图 1　各衬底的比较

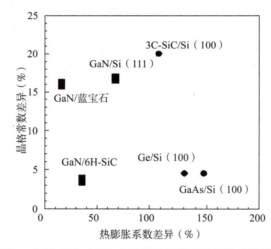

图 2　各异质外延生长中的晶格常数和热膨胀系数差异

　　GaN/Si 的生长技术大致可分为图 3 所示的 2 种方法。图 3a 所示的方法是在 AlN 层和 GaN 层之间插入$Al_xGa_{1-x}N$过渡层，使 Al 组成（x）阶梯状从 1～0 减小，但应力缓和不够充分，不适合外延层的厚膜化和器件的高耐压化[3]。与此相对，名古屋工业大学开发的技术如图 3b 所示，具有高温生长的 AlN 成核层改善表面状态和基于(Al)GaN/AlN 应变超晶格层的应变缓和 2 个特征[1,4]。

a）$Al_xGa_{1-x}N$过渡层　　　　　　　　b）(Al)GaN/AlN 应变超晶格

图 3　GaN/Si 生长技术

1. 通过高温生长的 AlN 成核层改善表面状态

在采用传统技术的 GaN/Si 中，把在 Si 衬底上以约 500℃的低温生长的 AlN 层作为成核层使用。因为 AlN 三维岛状生长，所以 GaN 生长时 Ga 可以接触到 Si 衬底，又因为在 1000℃下生长 GaN，温度较高，所以 Ga 和 Si 会反应，这导致了熔融腐蚀[5,6]。结果是，GaN 生长层表面形成了 V 形坑，导致 GaN 层表面退化的严重问题。这些 V 形坑在 AlN/Si 界面形成，从这里开始产生逆六角锥状的大型坑穿透整个表面。此外，在 V 形坑半径 70 μm 以内的区域，由于局部电场强度分布和化学计量偏差等原因，导致了耐压下降、漏极电流密度降低和阈值电压波动等器件特性的严重影响[7,8]。

为了解决这个问题，本技术如图 3b 所示，通过在 1080℃的高温下生长 AlN 成核层，并通过 AlN 成核层覆盖 Si 衬底表面，抑制了由 Si 和 Ga 反应引起的熔融腐蚀。这样做改善了 GaN 层的表面状况，获得了镜面 GaN 层。

2. 引入(Al)GaN/AlN 应变超晶格层以实现应变缓和

在 GaN/Si 结构中，由于 Si 和 GaN 的热膨胀系数差异较大，因此当从约 1000℃的生长温度冷却到室温时，GaN 层会受到热应力的拉伸作用，导致 GaN/Si 外延片出现明显的凹状弯曲或形成裂缝（产生裂纹），从而使得 GaN 层的厚膜化和高耐压化变得困难。

为了解决这个问题，引入了(Al)GaN/AlN 应变超晶格层技术[1,4,9]。由于晶格常数的大小关系为 Si > GaN > AlN（与热膨胀系数的大小关系相反），因此开发了先形成 AlGaN/AlN

应变超晶格层，然后再生长 GaN 层的方法。即预先向 GaN 层施加与冷却时的张应力相反的压应力，以抵消冷却时的应变。

该技术建立了用于理解 GaN/AlN 应变超晶格层的应力缓和机制的理论模型，并通过调控组成 GaN 薄膜层和 AlN 薄膜层的厚度及其组合来抑制面内的张应力和晶格应变，通过模拟和实验明确了可以形成最小弯曲度且无裂缝的高品质 GaN/Si 外延膜。

图 4 显示了由 GaN(20 nm)/AlN(5 nm)组成的应变超晶格层的总膜厚分别为 2.5 μm、4.0 μm、5.0 μm 时，在其上生长不同厚度 GaN 层的情况下，GaN/Si 外延片的弯曲度模拟结果[10]。另外，图 5 显示了 GaN/Si 外延片的外延层总厚度与（凹型）弯曲度实测值之间的关系。使用这项新技术，可以通过应变超晶格层中的晶格压应变来缓和 GaN 层的张应力，从而解决了传统技术中存在的应力问题，使得 GaN 层原本的特性可以得以发挥。通过选择应变超晶格层的总厚度与外延层的总厚度之比为 0.7～0.8，使得张应力和压应力相互抵消，可以将弯曲度最小化，并实现 GaN 层的厚膜化。当 GaN/AlN 应变超晶格层的总厚度为 5.0 μm（200 层）时，可以在没有裂缝的情况下，在 70 μm 的弯曲度下生长 2.0 μm 的 GaN 层。

因此，通过使用高温生长 AlN 成核层来提高表面平整度并使用应变超晶格层来实现厚膜化，可以制备出高品质、大直径的 GaN/Si 外延片。由于这种生长技术具有应力缓和、外延层的厚膜化和高品质化，以及器件的高耐压化等特点，因此，该技术正逐渐成为标准的生长技术。

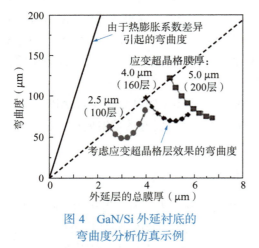

图 4　GaN/Si 外延衬底的
弯曲度分析仿真示例

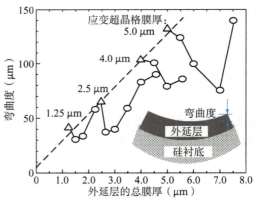

图 5　GaN/Si 外延层的总膜厚和
（凹型）弯曲度实测值的关系

（二）器件工艺和基本特性

利用本技术在 8 in GaN/Si 外延衬底上生长 AlGaN/GaN HEMT 结构，试制功率器件[11,12]。图 6 是材料生长后的表面照片，图 7 是器件的断面结构图。在该器件中，AlGaN/GaN 异质界面上形成的高迁移率（1520 cm^2/Vs）和高密度（1.1×10^{13} cm^{-2}）的二维电子气体作为载流子发挥作用。在这次的试制工艺中，欧姆电极使用 Ti/Al/W，肖特基电极使用 Pd，不使用 Au 基电极（无 Au 工艺）[13]。图 8 和图 9 展示了静态特性和三端关态耐压特性，可以得到 300 mA/mm 的高漏极电流密度、2.5 $m\Omega \cdot cm^2$ 的低导通电阻值以及 1650 V 的高三端关态耐压，实现了节能用功率器件的性能。

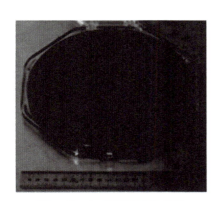

图 6 在 8 in 硅衬底上生长的 AlGaN/GaN HEMT 的表面照片

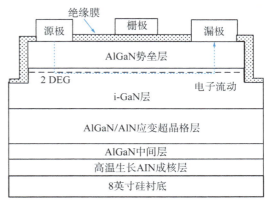

图 7 Si 基 AlGaN/GaN HEMT 的断面结构

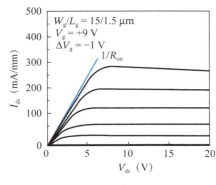

图 8 8 in Si 衬底上 AlGaN/GaN HEMT 的静态特性

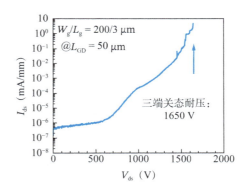

图 9 8 in Si 衬底上 AlGaN/GaN HEMT 的三端关态耐压特性

一般来说，Au 基电极材料不会在 Si-CMOS 生产线上使用，因为它会导致重金属污染。

在这次的试制中，如上所述使用了无 Au 工艺。这意味着不需要为 GaN/Si 功率器件的制造准备新的工艺线，现有的 Si-CMOS 生产线可以得到有效利用，因此在产业上具有很大的优势。

（三）Si 衬底上的垂直型 GaN 功率器件

半导体器件可以根据电流的方向分为横向型器件和垂直型器件两种。图 10 显示了横向和垂直结构的功率器件的耐压与器件面积之间的关系。在横向器件中，电流平行于生长面流动，为了获得高耐压特性，需要增加栅-漏极距离，因此器件面积较大。结果是，从一块晶圆中获得的器件数量受到限制。相反，在垂直型器件中，电流垂直于生长面流动，通过增加生长层的厚度而不增加器件尺寸，可以获得高耐压特性。此外，由于垂直型器件具有布线、封装方便以及面积效率高的优势，对大电流和高耐压操作更有利。

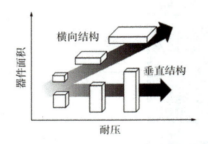

图 10　横向型和垂直型器件的耐压与器件面积的关系

虽然 GaN 垂直型功率器件所需 GaN 体材料衬底的研发正在进行中，但在衬底成本和尺寸方面存在着重大问题[14]。另一方面，Si 衬底不仅具有大尺寸、低成本的特点，而且具有导电性这一材料特性。如果可以利用混合技术，通过在导电型 n^+-Si 衬底上使用导电型缓冲层来实现垂直型 GaN MOSFET，就可以开辟芯片面积缩小、大功率操作、大尺寸、低成本和高效率的新一代节能用电力电子器件领域。

笔者等人制作了如图 11 所示的导电型 n^+-Si 衬底上的垂直型 GaN PN 结二极管的样品[15]。图 12 展示了制作的 n^+-Si 衬底上的垂直型 GaN PN 结二极管的反向特性。过去认为，由于 GaN/Si 垂直型器件存在约 10^8 cm^{-2} 的高密度贯穿位错，因此很难获得高耐压的整流特性。然而，笔者等人实现了反向耐压为 311 V，串联导通电阻为 7.4 mΩ·cm^2，开启电压为 3.4 V 的整流特性。此外，图 13 展示了笔者等人制作的电流狭窄型的垂直型 GaN/Si MOSFET，并确认了其静态特性，如图 14 所示[16]。尽管还有一些需要解决的问题，如降低串联导通电阻和改善反向耐压等，但这些初步结果表明在 GaN/Si 中可以实现纵向导电结构，强烈暗示了新一代 GaN/Si 垂直型功率器件的实现可能性。

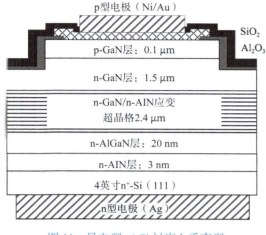

图 11　导电型 n⁺-Si 衬底上垂直型
GaN PN 结二极管的断面结构图

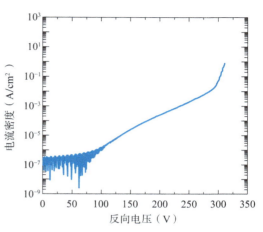

图 12　导电型 n⁺-Si 衬底上垂直型
GaN PN 结二极管的反向特性

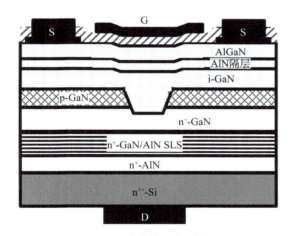

图 13　电流狭窄型的垂直型
GaN/Si MOSFET 断面结构图

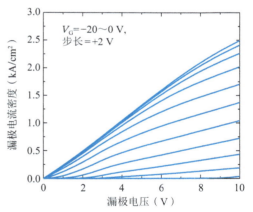

图 14　电流狭窄型的垂直型
GaN/Si MOSFET 的静态特性

参考文献

[1]　江川孝志: 应用物理学会誌, 81(6), 485(2012).

[2]　https://eetimes.itmedia.co.jp/ee/articles/2106/29/news063.html.

[3]　J. W. Johnson et al.,: *IEEE Electron Device Lett*, 25(7), 459(2004).

[4]　T. Egawa: *IEEE International Electron Devices Meeting Tech. Dig*, 613(2012).

[5]　H. Ishikawa et al.,: *J. Crystal Growth*, 189/190, 178(1998).

[6]　J. J. Freedsman et al.,: *Phys. Status Solidi A*, 213(2), 424(2015).

[7]　S. Lawrence et al.,: *IEEE Electron Device Letters*, 30(6), 587(2009).

[8]　S. L. Selvaraj et al.,: *Appl. Phys. Lett.*, 98(25), 252105-1(2011).

[9]　I. B. Rowena et al.,: *EEE Electron Device Lett.*, 32(11), 1534(2011).

[10]　M. Miyoshi et al.,: *Semicond. Sci. Technol.*, 31(10), 105016-1(2016).

[11]　D. Christy et al.,: *Appl. Phys. Express*, 6(2), 026501-1(2013).

[12]　J. J. Freedsman et al.,: *Appl. Phys. Express*, 7, 041003-1(2014).

[13]　T. Yoshida and T. Egawa: *Physica Status Solidi* (*A*), 215(3), 1700825-1(2018).

[14]　T. Oka: *Jpn. J. Appl. Phys.*, 58 SB0805-1(2019).

[15]　S. Mase et al.,: *IEEE Electron Device Lett.*, 38(12), 172(2017).

[16]　D. Biswas et al.,: *Electron. Letters.*, 55(7), 404(2019).

第二节　酸性氨热法制备 GaN 单晶技术

一、引言

现在市场上销售的大多数 GaN 衬底都是用 HVPE（Hydride Vapor Phase Epitaxy）法[1]制造的，通常是在蓝宝石、GaAs 等异质衬底上生长，因此其固有弊端是晶格不匹配导致高密度位错发生和伴随其产生的晶体弯曲。一般认为，高密度位错及其伴随的畸变、弯曲会对器件特性产生影响，因此对位错密度低、无畸变、无弯曲的 GaN 衬底有着强烈需求。另外，在电力电子器件领域，4 in 或 6 in 大尺寸衬底的需求很大，以目前的技术很难供应。为了解决这些问题，许多研究机构和企业开发了各种各样的晶体生长法。有报告称，通过高压氮法[2]、碱性[3]或酸性[4,5]氨热法、Na 助熔剂法[6]，可以实现高品质的 GaN 晶体生长。笔者等人从这些各种各样的晶体生长方法中，判断酸性氨热法具有实现大尺寸化、高品质化、低成本化的巨大潜力，多年来持续进行研究开发[7]。三菱化学开发了独创的酸性氨热法 SCAAT™，成功实现了目前氨热法晶体中最大的 4 in GaN 晶体生长[8]。以更大的尺寸为目标，推进了可以在低压下进行生长的 LPAAT[9,10]技术的开发，并进行了 4 in 晶体生长验证[11]；后续以 6 in 以上的大尺寸晶体批量生产为目标，锐意推进开发中。LPAAT 作为低压酸性氨热技术的通用名称使用，而三菱化学及日本制钢所则使用 SCAAT™-LP 这一称呼作为其商标。

二、基于氨热法的晶体生长

氨热法是分类为溶剂热法的晶体生长法，作为人工水晶的生长方法，是以拥有半个世纪以上实际成果的水热法[12,13]为基础而开发的。人工水晶的生长使用了高 14 m、内径 650 mm 的大型压力容器（高压釜），每批产量可达 2000 kg，已被证实是高量产性和低成本的优良技术。水热法使用水作为溶剂，用于水晶（SiO_2）和氧化锌（ZnO）等氧化物晶体的生长，而氨热法使用氨作为溶剂，可用于氮化物晶体的生长。晶体生长原理很简单，即将原料溶解于高温高压状态的溶剂中，通过温差引起的溶解度差实现再结晶。

与熔体生长不同，溶剂热法生长的驱动力是浓度差，并不需要在生长界面处有温度差，从而可以避免热应力的影响，因此其一大特征就是可以获得较高的晶体质量。另外，不同于 HVPE 等开放系统，其气相法因原料利用效率低下而导致成本问题，氨热法在封闭系统中进行晶体生长，可以提高原料利用率，这对降低成本是有利的。氨热法根据矿化剂的种类分为碱性（碱金属：Na、Li、K）和酸性（卤素：F、Cl、Br、I）两大类。

与碱性氨热法相比，酸性氨热法有两个优点。首先，酸性生长速度较快（碱性：30～50 μm/day，酸性：100～300 μm/day）。其次，酸性所需的压力较低（碱性：300～400 MPa，酸性：100～250 MPa）。这两个特点未来对于量产和晶体的大尺寸化是有利的，这也是我们选择酸性氨热法的主要原因。尽管与碱性法相比压力较低，但相比水热法的温度和压力条件（350～400℃，约 150 MPa），仍然需要更高的温度和压力条件（500～650℃，约 200 MPa）。此外，由于需要具有耐腐蚀性的超临界酸性氨气环境，我们与日本制钢所和三菱化学公司共同开发了一种使用新设计和材料（Ni 基超合金）的高压釜。SCAAT™ 生长所需的压力约为 200 MPa，由于可制造的高压釜的尺寸受限于 Ni 基超合金块的大小，可生长的 GaN 晶体的尺寸最大为 4 in。为了实现更大尺寸的 GaN 晶体，SCAAT™-LP 通过将压力降低到约 100 MPa，使高压釜的大口径化成为可能，目前 6 in 晶体的实现正在开发中。

以下是晶体生长方法的详细说明。典型的高压型氨热法设备的示意图如图 1 所示。在高压釜的顶部放置籽晶（GaN 单晶），在底部放置原料（GaN 多晶），并在中间部分设置用于控制对流的挡板。然后，填充氨气和矿化剂并密封，再通过外部加热器加热到约 600℃，由于氨气的热膨胀，内部压力上升到约 200 MPa。矿化剂起到将原料 GaN 溶解在氨气中的作用，SCAAT™ 中使用的酸性矿化剂具有随温度升高而上升的"正"溶解度曲线如图 2 所示。由于矿化剂的种类和浓度不同，溶解度和梯度也会发生变化，因此正确设置矿化剂的种类和浓度对于实现稳定的生长很重要。在正的溶解度曲线的情况下，通过将下部原料区域的温度设置为高于上部籽晶区域，可以在籽晶上析出相当于溶解度差ΔS的物质。溶解度差ΔS可以通过温度差ΔT来控制。通过上下温差导致的热对流不断进行原料供应，从而实现了连续的晶体生长。虽然生长速度因晶体表面而异，但在酸性氨热法中，N 极性面的生长速度要比 Ga 极性面快 5～10 倍，因此通常从 N 极性面生长区域切割出 c 面衬底。此外，也可以实现对 m 面方向的良好晶体生长。

　　LPAAT 法及其一种形式 SCAAT™-LP 与 SCAAT™ 的不同在于矿化剂不同，而且 GaN 的溶解度行为在晶体生长温度范围内表现为"负"的溶解度曲线斜率。也就是说，图 2 中的溶解度曲线向右下方倾斜，随着温度的升高，GaN 的溶解度降低。因此，图 1 所示的籽晶和原料的位置关系上下对调，上部放置原料，下部放置籽晶。除了籽晶和原料的布局之外，SCAAT™-LP 与 SCAAT™ 有着相似的生长机制，温度差的过饱和度和热对流的原料输送是晶体生长的驱动力。

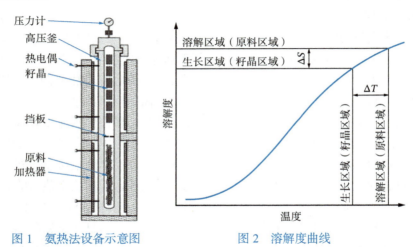

图 1　氨热法设备示意图　　　　　图 2　溶解度曲线

三、晶体质量评估

（一）SCAAT™ GaN 晶体

　　利用 SCAAT™ 生长的大尺寸 m 面 GaN 晶体[8]如图 3 所示。本晶体是在从 SCAAT™ 晶体切出的 m 面籽晶上生长而成的。如图 4 所示，面内的偏向角分布控制在±0.01°以内，晶面平坦，是理想的晶体。通过 X 射线摇摆曲线（XRC）测量的晶体质量评估结果如图 5 所示[8]。半峰宽在(10-12)面反射和(20-20)面反射上都极小，为 6.4 arcsec，接近于晶体学上的完美晶体。要生长这样高品质的块状晶体，需要高品质的籽晶。如图 6 所示，籽晶是从 HVPE 晶体在−c 轴方向生长的区域（横向生长区域）中切出制作而成的[8]。HVPE 籽晶中包含的位错在主晶面的 m 轴方向上几乎全数在生长过程中继续传播，但向正交方向−c 轴方向的传播几乎被完全抑制，因此从该横向生长区域切出的籽晶具有极低的位错密度和层错密度。通过反复横向生长制备了大尺寸低位错籽晶。

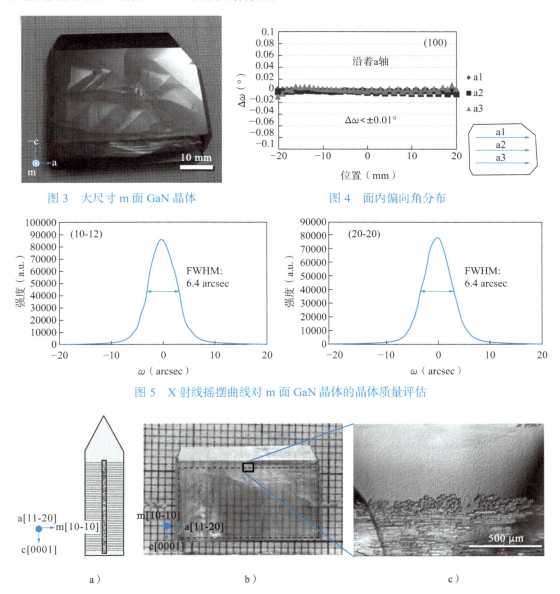

图 3　大尺寸 m 面 GaN 晶体　　　　　　图 4　面内偏向角分布

图 5　X 射线摇摆曲线对 m 面 GaN 晶体的晶体质量评估

图 6　m 面 HVPE 籽晶上的 SCAAT™ 生长的位错传播示意图［位错向 m 轴方向传播，但不向−c 轴方向
（横向生长区域）传播。］b），c）横向生长区和 m 面生长区边界的 as-grown 表面观察
（点状凹坑对应于位错，线状凹坑对应于层错。）

图 7a 展示了用 SCAAT[TM] 生长的 2 in 大小 c 面 GaN 晶体，图 7b 展示了 2 in GaN 衬底[8]。as-grown（无后期处理）晶体的外观被自然面包围，呈现出反映六方晶系的形状，很好地表现了在接近平衡状态的环境下生长的氨热法的特征。

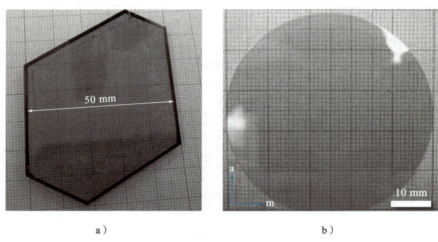

a）　　　　　　　　　　　　b）

图 7　a）c 面 GaN 晶体
b）c 面 2 in GaN 衬底

XRC 测量的晶体质量评估结果如图 8 所示，偏向角分布测量如图 9 所示。XRC 测量的半峰宽为 8.8 arcsec，显示出较好的晶体质量。另外，偏向角分布在 2 in 平面内约为±0.01°，形成了极其平坦的晶面[8]。

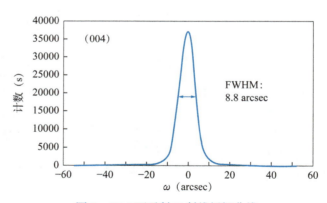

图 8　(004)面反射 X 射线摇摆曲线

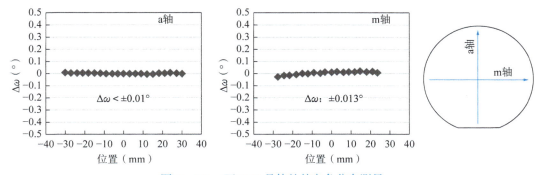

图 9　2 in c 面 GaN 晶体的偏向角分布测量

　　图 10 显示了约 4 in 的 GaN 晶体及其偏向角分布测量结果[8]。即使是大面积也是极其平坦的晶面，充分体现了氨热法特有的低应变生长的特征。SCAAT™ 由于装置尺寸的限制，难以实现更大尺寸，下面介绍的 SCAAT™-LP 是实现大尺寸化的关键。

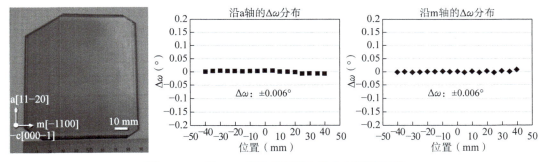

图 10　4 in 的 GaN 晶体及其偏向角分布测量结果

　　通过腐蚀坑评估 c 面 GaN 晶体的位错密度[8]。对 2 in 衬底的 Ga 极性面进行机械化学抛光后，用浓度 89% 的硫酸在 270℃ 的条件下腐蚀 1 小时后，用微分干涉显微镜观察。观察了 5 处 2×2 mm 的区域，平均位错密度为 1.1×10^4 cm^{-2}。该值比一般 HVPE 法生长的 GaN 晶体低 2 个数量级，这也是大面积下晶体晶格弯曲极小的主要原因。

　　接着，为了鉴定位错种类，采用透射电子显微镜（TEM）进行观察。如图 11a 所示，根据大小分为大、中、小 3 种腐蚀凹坑，分别利用弱束暗场（WBDF）法观察腐蚀坑正下方部分。观察结果如图 11b 所示。在大凹坑和中凹坑中，在 g = 0002 和 g = 1-100 时都能观察到位错的对比度，因此判断为螺型和刃型混合位错。另一方面，在小凹坑中，g = 0002 时未观察到位错的对比度，仅在 g = 1-100 时观察到，由此可知为刃位错。

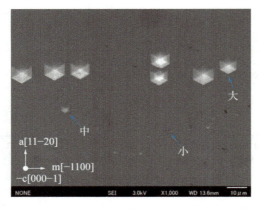

a）

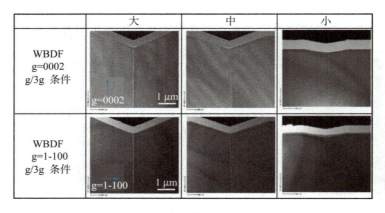

b）

图 11　a）不同尺寸腐蚀凹坑的 SEM 像
b）基于弱束暗场法的位错观察

（二）LPAAT（SCAAT™-LP）GaN 晶体

在用 SCAAT™ 制作的低缺陷籽晶上低压生长的典型晶体如图 12 和图 13 所示。生长的晶体继承籽晶的晶体学质量，如位错密度和晶格方向的平坦性，因此使用高质量籽晶是必不可少的。由图中可以看出，m 面晶体和 c 面晶体都是平坦且着色较浅的高品质块状晶体。通过 XRC 测量对这些晶体进行半峰宽及偏向角分布的评估，结果显示出与使用的籽晶相同的值，因此确认了即使在低压下也能够实现低应变、晶格平坦的晶体生长。这些晶体是在后述的兼容 4 in 的高压釜中生长的。

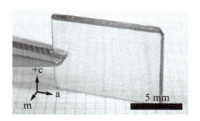

图 12　m 面 GaN 晶体

图 13　c 面 GaN 晶体

　　开发初期使用的是内径 30 mm 以下的小型高压釜，但为了推进晶体的大尺寸化，使用了内径 60 mm 的高压釜。在用 SCAAT™ 生长的长边为 2 in 的 m 面籽晶上进行低压生长证实了在保持高晶体质量的情况下可以实现大尺寸化[14]。图 14 显示的是晶体的外观，图 15 显示的是 XRC 测量以及偏向角分布测量结果。XRC 的半峰宽在 28 arcsec 以下，从偏向角分布换算的曲率半径在 1 km 以上，即得到了几乎没有晶格弯曲的高品质晶体。

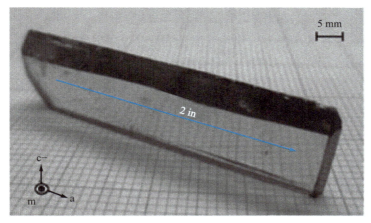

图 14　2 in 的 m 面 GaN 晶体

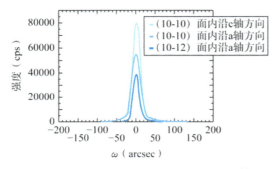

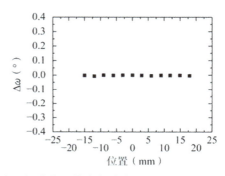

图 15　2 in 长 m 面 GaN 晶体的 X 射线摇摆曲线和偏向角分布

为了获得更大尺寸的晶体，笔者等人开发了兼容 4 in 的高压釜，在日本制钢所室兰制作所内安装并进行晶体生长（如图 16 所示）。图 17 展示了使用该高压釜生长的 4 in 晶体。这个 4 in 晶体是在 c 面 HVPE 籽晶上生长的，笔者等人确认了在整个籽晶表面的均匀生长，证明在大型籽晶上的生长可以顺利进行。

图 16　兼容 4 in 的高压釜　　图 17　4 in GaN 晶体（HVPE 籽晶上）

笔者等人确认了在低压条件下使用高质量的籽晶，可以实现非常高质量的晶体生长。对于使用 SCAAT™ 籽晶的晶体生长，笔者等人不仅仅进行了前述小片籽晶上的验证，还在 2 in 低缺陷 c 面籽晶上进行了长时间的生长，如图 18 所示。生长后得到了厚度约为 3 mm 以上的平坦的 N 极性面，并确认了在 2 in 范围内偏向角分布约 ±0.03° 的极其平坦的晶面。

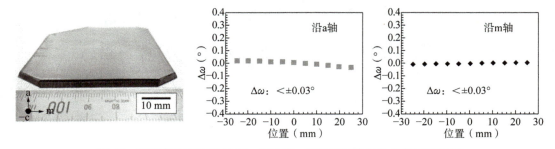

图 18　低压条件下生长的 2 in 低缺陷 c 面籽晶和偏向角分布测量结果

低压条件下生长的 c 面 GaN 晶体的外观和断面 UV 荧光显微图像如图 19a、图 19b 所示。该晶体在弱激发条件下的 PL 光谱如图 19c 所示。在 12 K 时，带边发光强度与深能级的发光相比约高 3 个数量级，即使在室温下，带边发光也占主导地位[15]。

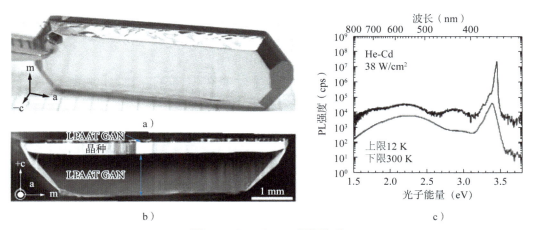

图 19　a）c 面 GaN 晶体外观
b）断面 UV 荧光显微图像
c）断面的 12 K 和 300 K 弱激发条件下的 PL 光谱

四、总结

本节介绍了使用酸性氨热法的 GaN 晶体生长。理论上，在生长界面不产生温度梯度的氨热法在生长中不受热应变的影响，因此得到了高晶体质量。在现行的 SCAAT™ 中，由于生长压力高达约 200 MPa，因此高压釜尺寸受到了制造条件的限制，晶体直径难以达到 4 in 以上的大尺寸。为了解决该高压釜尺寸的问题，正在研究通过低压化实现 4 in 及 6 in 低缺陷 GaN 衬底的量产化。

▌参考文献

[1]　K. Fujito et al.,: *J. Cryst. Growth*, 311, 3011(2009).

[2]　M. Bockowski et al.,: *J. Cryst. Growth*, 310, 3924 (2008).

[3]　R. Dwilinski et al.,: *J. Cryst. Growth*, 311, 3015 (2009).

[4]　Q. Bao et al.,: *Cryst. Eng. Comm.* 15, 5382 (2013).

[5]　D. Ehrentraut et al.,: *Jpn. J. Appl. Phys.* 52, 08JA01 (2013).

[6]　Y. Mori et al.,: *J. Cryst. Growth*, 350, 72 (2012).

[7]　秩父重英:应用物理第 81 卷第 6 号, 502(2012).

[8] Y. Mikawa et al.,: *Proc. of SPIE*, Vol. 11280, 1128002 (2020).

[9] Q. Bao et al.,: *Cryst. Growth Des.* 13, 4158 (2013).

[10] D. Tomida et al.,: *Appl. Phys. Express*, 11, 091002 (2018).

[11] 栗本浩平 他：第 81 回応用物理学会秋季学術講演会 10p-Z02-2 (2020).

[12] A. C. Walker : *J. Am. Ceram. Soc.*, 36, No. 8, 250-256 (1952).

[13] 伴野靖太郎，畑中基秀，三川豊：日本製鋼所技報第 48 号 52(1993).

[14] D. Tomida et al.,: *Appl. Phys. Express*, 13, 055505 (2020).

[15] 嶋鉉平 他：第 68 回応用物理学会春季学術講演会 17p-Z27-13(2021).

第三节　基于 DLTS 法的 GaN 点缺陷评估技术

一、引言

利用宽禁带的氮化镓（GaN）材料制备的器件是在外延层上构建的。最初，蓝宝石被用作衬底，但由于它是异质外延，所以位错密度很高。近年来，开始使用 GaN 作为衬底，位错密度减少了约 3 个数量级。但也可能存在点缺陷，如空位、间隙原子或铁和碳等杂质。这些缺陷会在禁带内形成能级，作为俘获中心或生成/复合中心发挥作用，对器件特性产生重大影响。因此，了解缺陷（以下称为陷阱）的性质，以及确定来源并减少其产生，对于提高器件性能是必不可少的。

关于外延生长的 n-GaN 中的陷阱，以前已经有许多报告[1-4]。通过制作肖特基二极管并对其应用深能级瞬态谱法（DLTS）[5]，积累了有益的数据。相比之下，对 p-GaN 中陷阱的研究似乎仍然较少。其中一个原因是由于制备低电阻的欧姆接触很困难，因此无法获得良好的肖特基二极管。

在本节中，笔者等人使用方波加权函数 DLTS 法[6]，展示了对 p-GaN 陷阱的评估结果。作为被评估器件，笔者等人使用了 n⁺pp⁺结构。在 GaN 衬底上，使用金属有机气相外延法（MOVPE）制备结构，并对 MOVPE 生长的 p-GaN 进行了陷阱评估。

二、p-GaN 的 DLTS[3,4,7-9]

图 1 显示了在水热法气相生长的 n⁺-GaN 衬底上通过 MOVPE 生长制备的 n⁺pp⁺结构。n⁺层的施主为 Si，p 和 p⁺层的受主为 Mg，并进行了 850℃/5 min 的激活退火。掺杂浓度如图 1 所示。p⁺层是为了获得良好的欧姆接触而生长的。通过 IV（电流-电压）测量，可以确认成功形成了良好的接触。此外，CV（电容-电压）测量结果表明耗尽层延伸到了 p 层。通过这个结构，可以对 MOVPE 生长的 p-GaN 中的陷阱进行可信的评估。

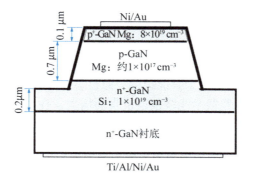

图 1　MOVPE 生长的 GaN 上 n⁺pp⁺结构

图 2 展示了 DLTS 信号。电容的测量频率采用一般 DLTS 测量中使用的 1 MHz。如图 2 所示，结电容在 170 K 以下随温度下降而急剧减小。这是由于 Mg 受主的失活所致，当使用 1 MHz 的电容测量频率时，只有在发生结电容急剧减少的温度以上，才可以获得可靠的 DLTS 信号。观测到标记为 H_c（$E_v + 0.46$ eV，2.1×10^{-15} cm²），H_d（$E_v + 0.88$ eV，7.5×10^{-14} cm²），H_e（$E_v + 1.0$ eV，2.9×10^{-14} cm²），H_f（$E_v + 1.3$ eV，9.3×10^{-15} cm²）的空穴陷阱。括号内依次为能级和空穴俘获截面。H_c、H_e、H_f 的陷阱浓度分别为 1.6×10^{15} cm⁻³，3.7×10^{15} cm⁻³ 和 5.3×10^{15} cm⁻³。主要空穴陷阱为 H_d，浓度大于 10^{16} cm⁻³。通过对多个二极管的测量，推测其浓度为 $(2.2 \sim 3.7) \times 10^{16}$ cm⁻³。

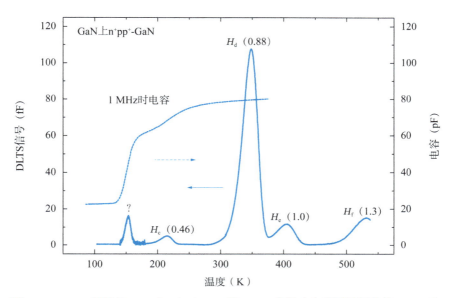

图 2　MOVPE 生长的 GaN 上 n⁺pp⁺-GaN 的 DLTS 信号（电容测量频率为 1 MHz）

　　MOVPE 生长的 p-GaN 中的主要空穴陷阱 H_d 的能级与 MOVPE 生长的 n-GaN 中观察到的 H1 能级[1,2,4]一致。此外，发现 H_d 和 H1 都与碳浓度成正比，特别是通过 SIMS 测定的碳浓度，因此被认定为是与碳相关的缺陷。另一方面，理论计算表明取代氮位置的碳原子（C_N）的受主能级为 E_v + 0.90 eV[10]。由于其能级的一致性，H_d（H1）陷阱被认为与 C_N 相关。然而，受主型缺陷的形成能随着费米能级接近价带而增大，在 p 型中被认为难以形成[10]。通过 MOVPE 生长的 p-GaN 在生长过程中由于 Mg-H 的形成导致费米能级远离价带，考虑到可能存在的残留施主，其费米能级反而可能靠近导带一侧。由此得出结论，这是 C_N 在 MOVPE 生长的 n-GaN 和 p-GaN 中都能够形成的原因。

　　根据理论计算，除了 E_v + 0.90 eV 的受主能级，C_N 还会在浅能级的位置形成 E_v + 0.35 eV 的施主能级[10]。实际上，在图 3 所示的 DLTS 信号中，我们在约 150 K 附近观察到一个信号（以"？"标记），暗示存在浅层能级。然而，由于峰值位于电容随温度下降时急剧减小的温度范围内，信号的可信度较低。因此，为了检测较浅的施主能级，需要将 DLTS 的测量温度范围扩展到低温。为此，必须将电容测量频率设置为较低的频率，而不是 1 MHz，以使得电容的电抗大大增加。因此，我们建立了使用锁定放大器进行低频电容测量的系统，并进行了 DLTS 测量。图 3 展示了电容测量频率为 1 kHz 的 DLTS 信号。如电容温度依赖性所示，随着温度下降，1 kHz 时的电容下降发生在 110 K 处，比 1 MHz 时低 60 K。结果，我们清晰地观察到标记为 H_a（E_v + 0.29 eV，1.2×10^{-14} cm²）和 H_b（E_v + 0.33 eV，6.5×10^{-15} cm²）的两个空穴陷阱。特别是 H_a 浓度随着碳浓度的增大而增大，且 H_a 和 H_d 的浓度之间存在一一对应关系。由此得出结论，C_N 会引入受主能级（H_d）和施主能级，并且空穴陷阱 H_a 对应于 C_N 的施主能级。图 4 显示了这些能级在禁带内的位置。

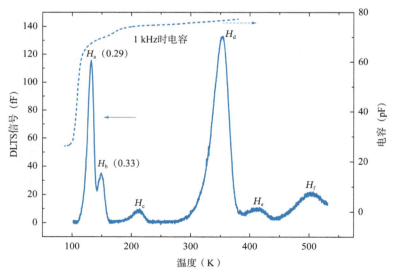

图 3　MOVPE 生长的 GaN 上 n⁺pp⁺-GaN 的 DLTS 信号（电容测量频率为 1 kHz）

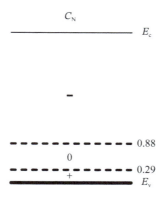

图 4　通过 DLTS 测量获得的取代氮的替位碳原子（C_N）能级

对 GaN 衬底上 n^+pp^+ 结构的 DLTS 测量结果总结如下：

（1）观测到空穴陷阱 H_a（$E_v + 0.29$ eV）、H_b（$E_v + 0.33$ eV）、H_c（$E_v + 0.46$ eV）和 H_d（$E_v + 0.88$ eV）、H_e（$E_v + 1.0$ eV）、H_f（$E_v + 1.3$ eV）。

（2）主要陷阱 H_a 为取代氮位置的替位碳原子（C_N）的施主能级，H_d 为其受主能级。

在 n-GaN 中，C_N 的受主能级可能成为载流子的补偿中心，在 p-GaN 中，C_N 的施主能级可能成为载流子的补偿中心，因此，在 MOVPE 生长中希望尽可能地降低碳浓度。

三、正向电流导通效应

当对 n^+p 结施加正向偏压时，电子被注入 p-GaN 中，发生陷阱对电子的俘获或是在复合中心与空穴的复合。因为电子俘获引起的陷阱带电状态变化，进而引起缺陷的不稳定性，向其他稳定的缺陷结构变化，有时可以观测到原陷阱的消失和新陷阱的产生。另外，复合时，有可能发生被称为复合增强缺陷反应的缺陷生成和消失。在本部分的（一）中介绍了正向电流导通引起的新陷阱生成，（二）中介绍了正向电流导通对主要陷阱 H_d 的影响。

（一）空穴陷阱 HX 的出现[111]

图 5 显示了正向电流通电前后的 DLTS 信号，温度范围为 180～350 K。二极管与第（二）项中使用的相同。在室温下通过施加正向偏压使其导通。

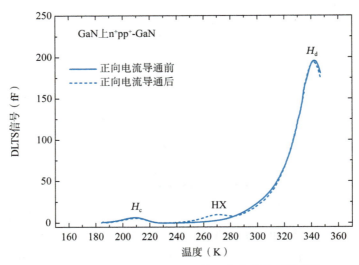

图 5　MOVPE 生长的 GaN 上 n⁺pp⁺-GaN 的正向电流导通前后的 DLTS 信号

　　导通后在 270 K 附近出现了标记为 HX 的陷阱。图 6 显示的是 300 K 恒温 DLTS 信号。电流导通后，在时间常数为 9.7 ms 时可以观测到空穴陷阱 HX。另外，如该图所示，陷阱 HX 在 350 K 下施加 1000 s 零偏压后消失。正向电流导通时出现、零偏压时消失的过程可以反复再现。然而即使在 350 K 下施加反向偏压，HX 陷阱也不会消失。这说明 HX 的恒温 DLTS 信号与用单一时间常数计算的 DLTS 信号一致。HX 的能级为 $E_v + 0.71\ eV$，空穴俘获截面为 $3.5 \times 10^{-13}\ cm^2$。

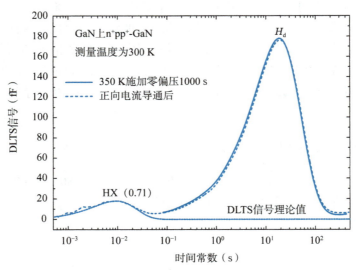

图 6　正向电流导通时出现的 HX 陷阱

空穴陷阱 HX 展现出特殊的浓度随深度的分布，如图 7 所示。图中除了展示空穴陷阱 H_1（对应 C_N）的浓度分布外，还显示了通过 CV 测量得出的离子化受主浓度随深度的分布。以 p 层的厚度为横轴，箭头表示生长方向。空穴陷阱 H_d 和离子化受主浓度显示出平坦的浓度分布，而 HX 则显示出向 n^+（或 p^+）方向急剧减小（或增大）的浓度分布。此外，在深度超过 400 nm 的位置，浓度呈稳定的趋势。

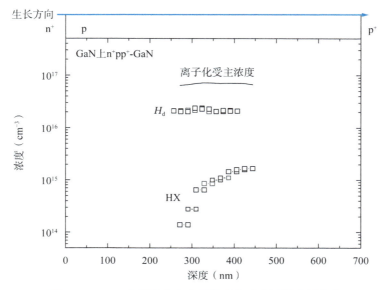

图 7　HX、H_d 陷阱浓度和离子化受主浓度随深度的分布

图 8 显示了通过 CV 测量获得的不同样品的离子化受主浓度（如果没有补偿施主的影响，则对应于 Mg 浓度）以及通过 SIMS 测量获得的不同样品的 HX 陷阱浓度随深度的分布。与低碳浓度（LC：3.4×10^{15} cm^{-3}）相比，高碳浓度（HC：$1.4 \sim 2 \times 10^{16}$ cm^{-3}）的样品中 H_d 浓度较高。另一方面，HX 浓度与碳浓度无关，表明它是与碳无关的缺陷。此外，可以看出在深度超过 400 nm 的位置，HX 陷阱浓度保持平坦。然而，在离子化受主浓度较高的样品中，得到了更加接近界面一侧的 HX 浓度，浓度分布显示出向 n^+ 层方向逐渐降低的趋势。图 8 是在图 7 的基础上，添加了 p 层厚度为 2 μm 的两个样品的结果，HX 陷阱浓度分布表现为与 p 层厚度无关。

图 5～图 8 所用样品的激活退火均为 850℃/5 min。如果同一晶片的激活退火时间长至 40 min～300 min，则无法检测出 HX 阱。

GaN 衬底上的 n^+pp^+ 结构正向电流导通后，DLTS 测量得到的结果总结如下：

（1）正向电流导通后出现空穴陷阱 HX（$E_v + 0.71$ eV）。

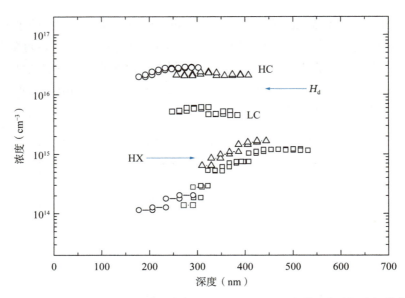

图 8　不同碳浓度、离子化受主浓度 p-GaN 的 HX、H_d 陷阱浓度随深度的分布

* 在电流密度为 12.8 A/cm^2、施加时间为 10 ms 的条件下，在施加温度为 80～300 K 的范围内，生成具有温度依赖性的 HX 阱。

* 在温度为 350 K 时施加零偏压 1000 s，HX 消失。在 300 K 时施加零偏压，30% 左右的 HX 消失。

（2）HX 不是碳相关缺陷。

（3）HX 具有从 n$^+$p 界面开始随深度增加的浓度深度分布。在低碳浓度样品中，在较深的位置（大约 400 nm），HX 浓度与 H_d 浓度相当接近，可能成为不可忽视的陷阱。

（4）另一方面，在热处理温度为 850℃的长时间热处理（40 min～300 min）中，则不能检测出 HX。

可以预测，在正向电流导通的电子俘获和施加零偏压的空穴俘获中，缺陷的稳定状态不同。电子俘获的稳定状态可以通过检测 HX 得到，而在空穴俘获的情况下，在测量的温度范围内（由于能级较深？）有观测不到的可能性。包括确定 HX 陷阱起源在内的一系列问题将是今后的课题。

（二）关于陷阱 H_d 的正向电流导通效果

首先，对用于评估 H_d 的正向电流导通效果的 GaN 衬底上的 n$^+$pp$^+$-GaN 结进行说明。图 9 显示的是通过 H_d 陷阱浓度和 CV 测量求出的离化受主浓度（N_a）的径向分布。对于 2 in 晶圆的 1/4 部分，按照图中箭头的方向，在室温下进行了恒温 DLTS 测量和

CV 测量。所示的两片晶圆的 Mg 浓度不同，但碳浓度相同。Mg 的激活退火温度为 850℃，对 5 min 退火时间和 300 min 长时间退火的样品分别进行了评价。在此不进行关于浓度分布的讨论，在高离化受主浓度样品 b 中，退火 300 min 引起了 H_d 陷阱浓度的下降。由于可以用高离化受主浓度（高 Mg 浓度）样品观测到 H_d 浓度的下降，因此可以设想热处理诱发的缺陷为施主型，有可能与受主型缺陷 C_N 形成复合体，关于这一点将是今后的课题。

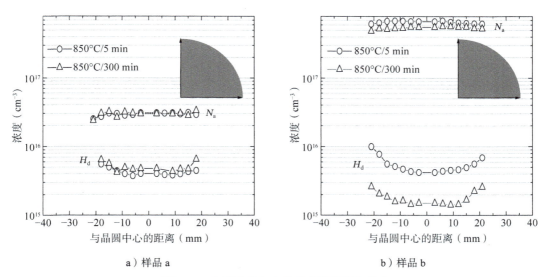

a）样品 a　　　　　　　　　　　b）样品 b

图 9　H_d 陷阱浓度和离化受主浓度径向分布

在氢离子注入样品中也观测到了陷阱 H_d 的减少。图 10 展示了 300 K 恒温 DLTS 信号。氢离子注入前后的样品虽然不相同，但在注入前均显示出典型的 DLTS 信号。在时间常数为 13 ms 时，存在通过注入形成的陷阱的峰值，值得注意的是 C_N 相关陷阱 H_d 的峰值高度的减少。这似乎暗示着通过注入氢离子引入的缺陷与 C_N 形成复合体。同样的减少也在 He 离子注入中被观测到，可以认为，C_N 可能不是与氢形成复合体，而是与注入生成的空位或间隙原子形成复合体。

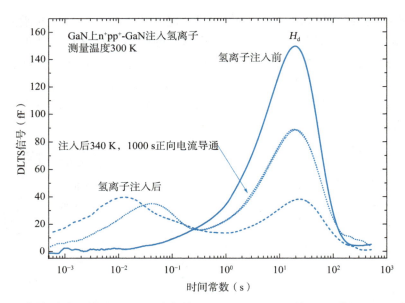

图 10　氢离子注入前后 MOVPE 生长的 GaN 上 n⁺pp⁺-GaN 的 300 K 恒温 DLTS 信号
（也显示了氢离子注入后，以 340 K 正向电流导通 1000 s 后的 DLTS 信号。）

由于长时间热处理或离子注入而减少的 H_d 陷阱，在正向通电后，会有一部分恢复。图 11 显示的是经过 850℃/300 min 热处理的样品在 350 K 时通电时间为 0、2、6 h 的 300 K 恒温 DLTS 信号。测量样品为图 9 样品 b 的 n⁺pp⁺结（高离化受主浓度）。正向电流导通的电流密度为 10.2 A/cm²，在 300 K 下进行。H_d 峰值高度因正向电流导通而增加大约 30%。在通电时间上，6～7 h 后峰值高度达到饱和，时间常数约为 1 h。但是，没有恢复到图 9b 所示的 850℃/5 min 热处理样品的程度。另外，对于 850℃/5 min 处理样品，也观测到 H_d 峰高增加大约 10%。另一方面，在图 9a 所示的低离化受主浓度下，在 5 min 或 300 min 的热处理时间中，都没有观测到正向电流导通引起的 H_d 峰高的变化。上述结果表明，高离化受主浓度样品（大约 10^{18} cm⁻³）中高温热处理产生的缺陷（施主型）与 C_N 形成复合物，其浓度随时间增大。其中一部分因 350 K 正向电流导通而消失，但在此条件下有残留的部分，有形成多种复合体的可能。此外，在低离化受主浓度样品（大约 10^{16} cm⁻³）中没有形成含 C_N 的复合物。

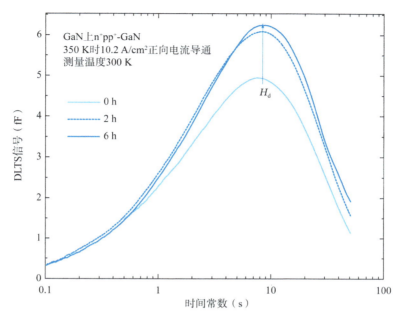

图 11　MOVPE 生长的 GaN 上 n⁺pp⁺-GaN 的正向电流导通引起的H_d陷阱增加

关于氢离子注入样品的正向电流导通效果，在前面所示的图 10 中加入了相应的 DLTS 信号。通电温度为 340 K。因氢离子注入而减少的H_d峰高，由于正向电流导通而增加，接近但没有完全返回到注入前的水平。H_d峰高在氢离子注入后的减少可能是由于注入引入的缺陷，例如 Ga 空位与C_N形成复合体[13]。正向电流导通导致的H_d峰高增加似乎暗示了其解离。同时，氢离子注入后产生的陷阱（时间常数 13 ms），会因正向电流导通而导致时间常数变化和信号减弱。但是，目前尚不清楚这种陷阱的减少与H_d阱的增加是否相关。

对经过长时间热处理和氢离子注入后的正向电流导通的 GaN 衬底上的 n⁺pp⁺-GaN 进行 DLTS 测量的结果总结如下。

（1）在经过长时间热处理的高离化受主浓度（大约 10^{18} cm⁻³）p-GaN 中，可以观测到H_d阱浓度的减小，其中一部分通过正向通电而恢复。暗示了通过热处理生成的缺陷（施主型）和C_N形成复合体、并通过正向电流导通解离的过程。

（2）可以观测到注入氢（或氦）离子后H_d陷阱浓度的减小和正向电流导通引起的增加。暗示了通过注入导入的空位和C_N形成复合体，并通过正向电流导通解离的过程。

正向电流导通引起的陷阱浓度的变化，可以归因于复合增强缺陷反应或者少数载流子俘获引起的缺陷不稳定性等，为了得出结论，有必要对陷阱浓度的变化过程进行更为详细的测量。

四、总结

使用在 GaN 衬底上通过 MOVPE 生长的 n⁺pp⁺结，对 p-GaN 的陷阱进行了评估。陷阱的测量是通过 DLTS 法进行的。

主要空穴陷阱包括标记为 H_a（$E_v + 0.29\ eV$）和 H_d（$E_v + 0.88\ eV$）的陷阱，分别被鉴定为取代氮位置的替位碳原子（C_N）的施主和受主能级。它们的浓度与在 MOVPE 生长过程中混入的碳浓度一一对应。因此，为了降低陷阱浓度，需要降低碳浓度。

进一步研究了正向电流导通的效应。结果表明，通过正向电流导通确认了新陷阱 HX（$E_v + 0.71\ eV$）的生成。此外，观察到了通过正向电流导通引起的陷阱 H_d 的增加。这可能是由于少数载流子（电子）俘获导致的电荷状态变化或复合增强缺陷反应等原因。在与具有 PN 结的器件长时间可靠性测试相关的背景下，预计将进一步对正向通电造成的陷阱或现有陷阱浓度变化进行更深入的评估和机制解释。

参考文献

[1] Y. Tokuda: Proc. Int. Conf. Compound Semiconductor Manufacturing Technology, p. 19(2014).

[2] Y. Tokuda: *ECS Trans*. 75, 39(2016).

[3] T. Narita and Y. Yolnda: "Analytical methods for deep levels in GaN" in Characterization of Defects and Deep levels for GaN Power Devices, edited by T. Narita and T. Kachi (AIP Publishing, Melville, NY, 2020), Chapter 2.

[4] T. Narita and Y. Yokuda: "Deeplevels in GaN" in Characterization of Defects and Deeplevels for GaN Power Devices, edited by T. Narita and T. Kachi (AIP Publishing, Melville, NY, 2020). Chapter 3.

[5] D. V. Lang: *Appl. Pys* 45, 3023(1974).

[6] 宇佐美晶，德田豊: 半導体デバイス工程評価技術，リアライズ社, 505-540(1990).

[7] T. Narita et al.,: *J. Appl. Phys*. 123, 161405(2018).

[8] T. Narita et al.,: *J. Appl. Phys*. 124, 215701(2018).

[9] T Kogiso et al.,: *Jpn. J. Appl. Phys*. 58, SCCB36(2019).

[10] J. L. Lyons et al.,: *Phys. Rev. B* 89, 035204(2014).

[11] 吉田光他: 第 68 回応用物理学会秋季学術講演会, 19p-P06-4(2021).

[12] 德田豊他: 第 68 回応用物理学会春季学術講演会, 19p-P06-3(2021).

[13] M. Matsubara and E. Bellotti: *J. Appl. Phys*. 121, 195701(2017).

第四节　高耐压 GaN 功率器件

一、引言

(一)电流崩塌和场板

GaN 的带隙为 3.4 eV，约是 Si 的 3 倍，因此击穿电场强度大，性能指数（$\varepsilon\mu eE_c^3$）为 Si 的 1130 倍，性能相差悬殊。因此，使用 GaN 的功率器件被寄予厚望。虽然已经开发出了垂直型和横向型 GaN 功率器件，但垂直型器件受限于尚未得到高品质的 GaN 自支撑半导体衬底，且价格非常昂贵，因此距离实用化还需要一些时间。另一方面，横向型是应用 GaN 和 AlGaN 异质界面产生的二维电子气体的 HEMT 结构，已开始面向小型快速充电器的商品化。特别是各厂商已加速了基于 Si 基 GaN 器件的商品化。但是，虽然 GaN 在物性上有望实现高耐压，但 Si 基 GaN 器件的最大额定电压为 650 V 左右。造成这一情况的背景原因一方面是 Si 衬底上 GaN 的生长由于晶格不匹配而会产生大量晶体缺陷，另外一方面是保护 GaN 的绝缘膜与 GaN 的界面会产生缺陷，因此存在着由于栅极上的高电场而引起晶体破坏的问题。

如图 1 所示，GaN 的深能级缺陷和表面造成电子被俘获，陷阱电子造成负偏压状态。因此，沟道层被耗尽，电阻增大，导致电流减小，电流崩塌发生。

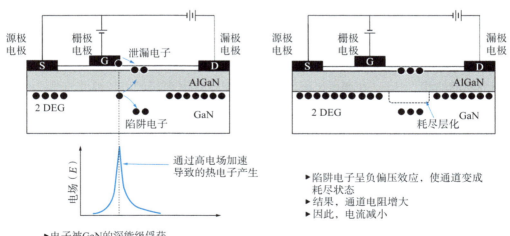

图 1　电流崩塌

因此，为减轻图 1 中所示高电场的影响，引入了场板。图 2 显示了场板的概念图，通过在栅极上形成像屋檐状的电极，以平滑电场强度的尖峰。

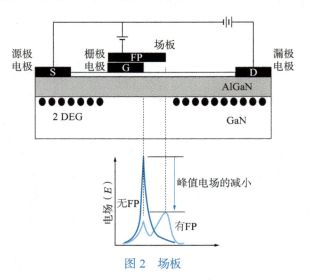

图 2　场板

然而，即使用这种方法使电场强度平滑，也存在极限，这是导致 Si 基 GaN 功率器件无法实现高耐压的重要因素。

（二）PSJ 的原理

Si 的 MOS-FET 中有一种超结 FET（超级结）[1]。图 3 显示的是该超结 FET 的断面图。该 FET 是使电流在半导体衬底的上下流动的垂直型器件，是在 N 型半导体中像桩一样嵌入 P 型半导体的结构。漏极（D）正偏压时，漂移层的上下方向全区域被耗尽，形成了具有平坦电场分布的结构。因此，在栅电极附近，不会得到如图 2 所示的电场强度的尖锐峰值，实现了高耐压。

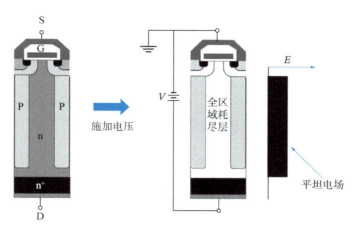

图 3　超结 FET 断面图

　　这种平坦电场的产生方法也适用于 GaN 的极化超结（Polarization Super Junction，PSJ）。通过形成 GaN/AlGaN/GaN 的极化结，在 AlGaN 下部与 GaN 的异质界面上产生二维电子气（2DEG），并在 AlGaN 上部与 GaN 的异质界面上产生二维空穴气（2DHG）。图 4 是能带图和断面图。由于二维电子气和二维空穴气的生成，AlGaN 层内产生了极化电荷。图 5 是在 GaN/AlGaN/GaN 结构中使用阳极电极和阴极电极形成二极管结构的例子。当施加反向偏压时，空穴被释放到阳极电极一侧，而电子被释放到阴极电极一侧。在 AlGaN 层内，正负的极化电荷保留，形成了恒定电场状态。因此，它表现出类似图 3 所示的 Si 超结 FET 的固定电荷，可以期望具有高耐压性。由于这样的结构可以实现类似于超结的功能，因此被称为极化超结[2-6]。

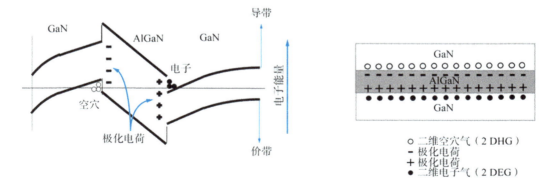

a）GaN/AlGaN/GaN 能带结构　　　　　　b）GaN/AlGaN/GaN 断面结构

图 4　GaN/AlGaN/GaN 双异质结的能带图和断面图

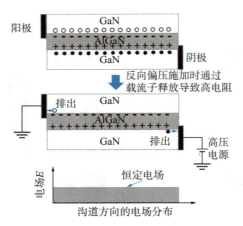

图 5　GaN/AlGaN/GaN 结构的极化超结

二、PSJ 器件

（一）PSJ-FET

图 6 展示了常开型 PSJ-FET 的断面示意图和通过能带计算求得的二维电子气浓度和二维空穴气浓度。由于二维空穴气的进出，栅极电极在 P-GaN 层上形成欧姆接触。漏极和源极电极与二维电子气形成欧姆接触，从漏极流向源极的电子通过二维电子气的区域流动。为了保持 AlGaN 层内极化电荷的正负平衡，需要通过控制 AlGaN 的 Al 组成和厚度来控制二维电子气浓度和二维空穴气浓度，这是这种 PSJ-FET 的关键点。

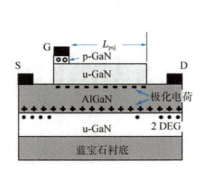
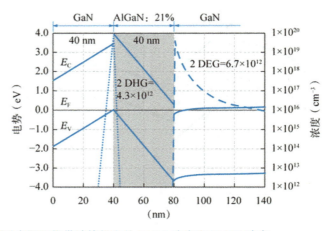

图 6　常开型 PSJ-FET 的断面示意图和能带计算得出的 2DEG 浓度和 2DHG 浓度

图 7 展示了 PSJ-FET 在截止状态下的断面结构，其中空穴被释放到栅极，电子被释放到漏极，由此在上下 u-GaN 层之间的 AlGaN 层内引发极化电荷，形成的电场分布近似于保持恒定电场强度的箱型结构。如图 7 所示，随着 L_{psj} 区域的扩大，在保持电场强度恒定的条件下，可以实现更高的击穿电压。图 8 显示了 PSJ-FET 芯片（芯片尺寸为 $6 \times 4\ mm^2$）和 1.2 kV 规格的常开型器件特性。R_{on} 为 82 mΩ，在栅极电压为 2 V 时，I_d/V_d 特性保持线性，可以通过 30 A 以上的电流。关断时的漏电流也达到了 10^{-7} A 量级。此外，耐压超过了 1300 V。

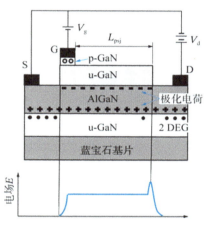

图 7 常开型 PSJ-FET 在关断状态下的电场强度分布

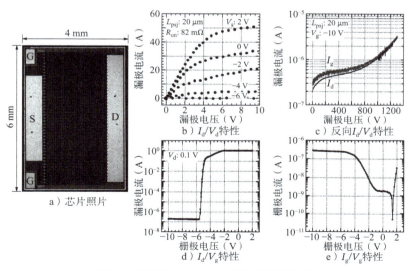

图 8 常开型 PSJ-FET 的芯片及器件特性

另外，将 $4 \times 6\ mm^2$ 的芯片封装成 CSP（Chip Size Package，芯片尺寸封装），并制造了类似图 9 的 800 V/30 A 级别的 IPM（Intelligent Power Module，智能电源模块）。电路为半桥结构。在 1 MHz 的驱动下，能够以 T_r 为 10.3 ns，T_f 为 10.6 ns 的速度进行电流控制。在这种横向 GaN-FET 中，许多用户需求常关型器件。因此，虽然需要两次晶体生长，但笔者等人制造了一种对栅极部分进行了再生长的型号。图 10 是挖掘栅极部分并嵌入 p-GaN 层的型号的断面示意图。

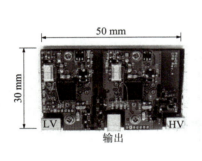

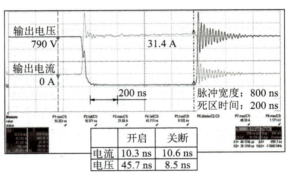

	开启	关断
电流	10.3 ns	10.6 ns
电压	45.7 ns	8.5 ns

a）智能电源模块图片　　　　　　b）1 MHz 脉冲驱动

图 9　800 V/ 30 A 级 IPM

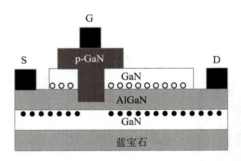

图 10　常关型 PSJ-FET 的断面示意图

图 11 显示了常关型器件的各种特性。R_{on} 为 125 mΩ，比常开型高。这是因为嵌入 p-GaN 的区域二维电子气消失，导致 R_{on} 增大。此外，为形成槽而进行的干法刻蚀导致晶体受到刻蚀损伤，从而使关断时的漏电流增加一个数量级。耐压方面，确认了与常开型一样可以达到 1300 V 以上。图 12 显示了通过延长 L_{psj} 提高耐压的 6.6 kV 规格的常关型器件特性，阈值（电流小于 1 mA 关断时的电压）为 0.8 V 左右，且经确认，其耐压在 6.6 kV 以上[7]。

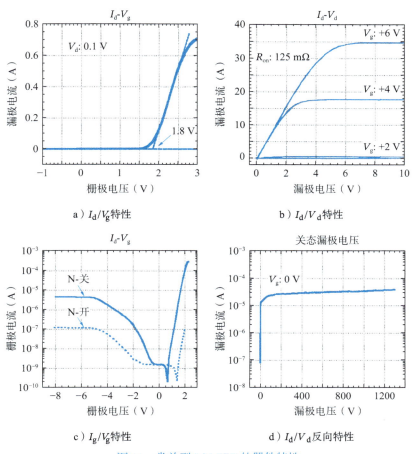

图 11　常关型 PSJ-FET 的器件特性

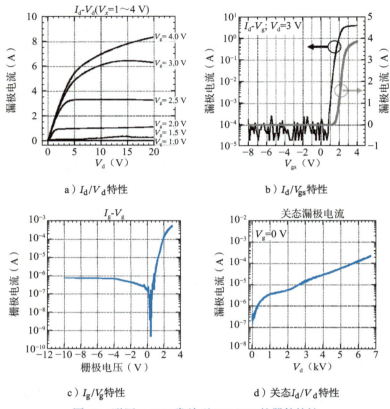

a）I_d/V_d 特性　　　　　　b）I_d/V_{gs} 特性

c）I_g/V_g 特性　　　　　　d）关态 I_d/V_d 特性

图 12　耐压 6.6 kV 常关型 PSJ-FET 的器件特性

（二）PSJ-SBD

图 13 是使用 PSJ 方式的肖特基势垒二极管（SBD）的断面示意图和芯片照片。二极管阳极侧的 p-GaN 有助于释放空穴的接触层，这里是为了获得欧姆接触而蒸镀 Ni/Au 形成的。另外，在用干法刻蚀形成的台面斜面上蒸镀 Ni/Pd/Au，形成肖特基结。这个肖特基结的金属与 p-GaN 的欧姆接触电极相连。

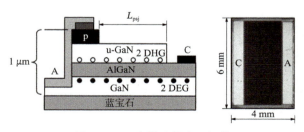

图 13　PSJ 肖特基势垒二极管

另一方面，阴极侧在 AlGaN 层表面蒸镀 Ti/Al/Ni/Au，形成欧姆接触。在二极管正向偏置时，电子从阴极流向阳极，空穴从阳极注入。在反向偏置时，空穴和电子都被从半导体中提取出来，由于空穴的提取导致电子消失，因此可以降低反向时的漏电流。

图 14 显示了 1.2 kV/10 A 规格的二极管特性。V_{th} 约为 0.8 V，R_{on} 为 120 mΩ。反向时的漏电流约为 2～3 μA，耐压超过 1200 V。图 15 是通过双脉冲法测得的反向恢复特性。从图中可以看出，与 Si 基二极管特性或 FRD（快速恢复二极管）相比，PSJ GaN 漏电流 I_r 明显较小。然而，与 SiC 的 SBD 相比，漏电流略大，但趋向于更快地收敛到 0 A。

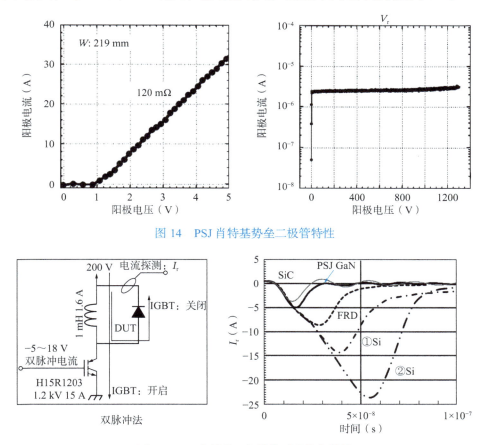

图 14　PSJ 肖特基势垒二极管特性

图 15　PSJ 肖特基二极管的反向恢复特性

图 16 显示了 1.7 kV/10 A 规格的二极管的 25℃ 到 150℃ 的温度特性和 150℃/1400 V 的高温反向偏压试验（采用 TO-247 封装的评估试验）的结果。反向偏置时，温度引起的漏电流变化几乎不存在。另外，关于高温反向偏压试验，投入的 24 个器件全部在经过 1000 小时试验后，不仅没有失效，漏电流也几乎没有变化。另外，图 17 显示了 6.6 kV 规格的二极

管特性，确认了耐压可以承受到 8 kV[8]。在这个 6.6 kV 规格的二极管的反向恢复特性中，虽然与 SiC 的 SBD 的漏电流量基本相同，但还是确认了其能够更快地收敛。

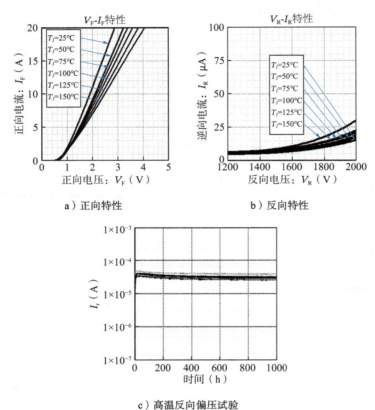

a）正向特性　　　　　　　　b）反向特性

c）高温反向偏压试验

图 16　PSJ 肖特基势垒二极管的温度特性和高温反向偏压试验结果

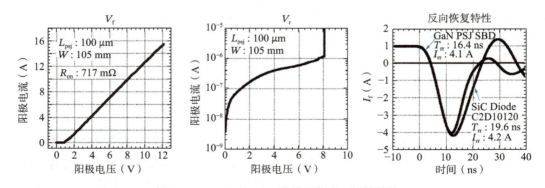

图 17　6.6 kV 耐压 PSJ 肖特基势垒二极管特性

三、PSJ 器件的量产性

（一）关于功率器件衬底的选择

用于 GaN 电子器件的衬底种类和特征总结见表 1[9]。GaN 自支撑衬底被认为是 GaN 垂直型 FET 用的理想衬底。但是，现在大尺寸化、超低缺陷化以及低成本化成为很大的问题，现状是很难做出符合垂直型元件要求的品质。

横向型 FET 的衬底有 SiC、Si 和蓝宝石三种，其中 SiC 衬底的晶体质量较好，但价格过高。尽管目前市场上使用昂贵的 SiC 衬底来制造在 4G 和 5G 基站中使用的高频器件，然而这也只是在有限的市场中使用。剩下的选择是 Si 和蓝宝石，迄今为止，基于 Si 衬底的横向型场效应晶体管（FET）一直是主流。这是因为使用 Si 衬底可以利用传统的 Si 工艺线生产器件，从而降低成本，许多制造商都在这方面进行努力。

表 1　GaN 电子器件的衬底的种类和特征

	器件结构	用途	特征	说明
GaN/SiC	横向型 HEMT	线性放大器	·4G、5G 基站 ·管制雷达	在确立高频功率器件市场方面取得成功。即使是昂贵的 SiC 衬底，也是一项值得投资的优秀产品
GaN/Si	横向型 HEMT	低压开关器件 电阻元件 线性放大器	·与 Si 工艺线兼容 ·以大尺寸衬底实现低成本化	通过低压开关器件在市场上确立地位。通过智能手机等渠道拓展市场，正在努力推动异质外延量产技术
GaN/GaN	垂直型 MIS-FET 垂直型 J-FET	高频高压开关器件	·垂直型器件是 GaN 器件的梦想	在大尺寸、超低缺陷衬底的开发方面目前仍在努力中
GaN/蓝宝石	横向型 HEMT	中低压开关器件	·成熟的技术 ·低外延成本 ·超出实用化讨论的范畴	通过工艺技术的高度提升解决了电流崩塌问题。通过智能手机等渠道拓展市场，通过新结构（PSJ）成功实现高耐压

近来智能手机用的快速充电器确实使用了 GaN 的 FET，大部分使用的是 Si 衬底。但是使用蓝宝石衬底上的 GaN FET 的快速充电器也开始出现。

表 2 显示了蓝宝石衬底上的 GaN 和 Si 衬底上的 GaN 的特征。由于衬底的晶格失配，双方的位错密度都很大，但蓝宝石衬底上的位错密度比 Si 衬底上低一个数量级。另外，由于 Ga 和 Si 会发生反应，在进行晶体生长的连续操作时，还存在必须防止 Si 衬底上的 Ga 污染等问题。而且，在制成器件的情况下，电流也会流到衬底侧，漏电流有可能增大。由于蓝宝石衬底是绝缘体，因此不会产生流过该衬底侧的漏电流。

表 2　蓝宝石衬底上的 GaN 和 Si 衬底上的 GaN 的特征

	GaN/蓝宝石	GaN/Si(111)	说明
位错缺陷浓度	$10^9/cm^2$	$10^9 \sim 10^{10}/cm^2$	大量缺陷
成核层	低温 GaN（大约 30 nm）	高温 AlN（大约 100 nm）	AlN 是为了避免 GaN 和 Si 的接触
600[V]额定电压的缓冲层厚度	GaN，$2 \sim 3$ μm	AlGaN 多层（大约 5 μm）	GaN/Si 外延是技术诀窍的结晶。各公司都在努力
弯曲	凸、同心圆	凹、变形（有控制技术）	GaN/Si 的控制较困难
生长时间	大约 2 μm/h	长时间（$0.5 \sim 1.0$ μm/h）	AlN，AlGaN 生长速度慢
原件耐压	大约 10 kV	大约 1 kV	器件-Si 衬底间的耐压极限
生长的连续操作性	好	通常装置不具备	Si 表面的 Ga 污染

（二）蓝宝石衬底上的器件热阻

有一种说法是蓝宝石衬底因热阻较大，不适合功率器件。图 18 是在 Cu 基板、Cu 散热片上封装蓝宝石衬底上的 GaN 器件,在输入 40 W 的电力时模拟热温度上升的结果。以 1 m/s 和 4 m/s 计算冷却水流速的结果显示，蓝宝石衬底引起的温度上升最高在 7℃左右，相当于只占总热阻的 11%～15%。

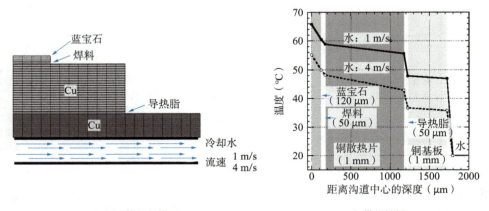

　　a）用于模拟的模型　　　　　　　　　b）模拟结果

图 18　模块和电路板上的封装结构示例（1）

蓝宝石的热阻是 Si 的近 3 倍，见表 3。但是，在功率器件封装时，如图 19 所示，为了与基板（以及散热器）之间绝缘，通过 DBC（Direct Bonding Cu）衬底进行封装。这是因为 Si 衬底具有导电性。但是，由于蓝宝石衬底是绝缘体，因此不需要这种 DBC 衬底。其结果是，整体的热阻与采用 Si 衬底时的热阻相同或降低。而且，由于不需要这种 DBC 衬底，因此可以降低成本。最近，在面向快速充电器的 GaN FET 中，蓝宝石衬底被采用可能就是由于这个原因。总的来说，蓝宝石衬底上的量产性优于 Si 衬底，今后蓝宝石衬底上的 GaN 器件或将成为主流。

表 3　各种衬底的热传导率

衬底种类	Si	蓝宝石	SiC	GaN
热导率〔W/(cm·K)〕	1.5	0.42	4.9	2
热导率与 Si 的比例	1	0.3	3.3	1.3

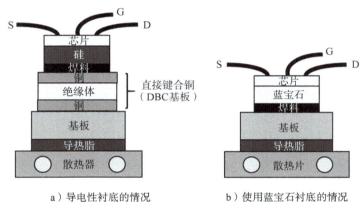

a）导电性衬底的情况　　　　b）使用蓝宝石衬底的情况

图 19　模块和电路板上的封装结构示例（2）

四、总结

本节介绍了蓝宝石衬底上极化超结（PSJ）GaN-FET 和 GaN-SBD 的特性。在 GaN-FET 中，常关型显示出 6.6 kV 的高耐压，另外，对于以 1.2 kV 规格采用 CSP 方式封装的 IPM，确认了 800 V/30 A 级以 1 MHz 进行高速开关。另一方面，GaN-SBD 也实现了 8 kV 以上的高耐压。与 Si 衬底上的 GaN 器件相比，蓝宝石上的极化超结型 GaN 器件的量产性更好，今后有望广泛用于要求高耐压的应用领域。

▌参考文献

[1]　T. Fujihinc: *Jpn. J. Appl. Phys*. 36, 6254(1997).

[2]　A. Nakajima et al.,: *Appl. Phys. Lett*. 89, 193501-1(2006).

[3]　A. Nakajima et al.,: *Appl. Phys. Express*. 3, 121004-1(2020).

[4]　A. Nakajima et al.,: *IEEE Electron Device Lett*. 32,542(2022).

[5]　A. Nakajima et al.,: Proc. Int. Symp. Power Semiconductor Devices and ICs, 2011, pp. 280-283.

[6]　A. Nakajima et al.,: Proc. Int. Symp. Power Semiconductor Devices and ICs, 2012, pp. 265-268.

[7]　八木修一 他: 第 67 回応用物理学会春季学術講演会 講演番号 13p-PA9-15(2020).

[8]　八木修一 他: 第 65 回応用物理学会春季学術講演会 講演番号 17p-P12-1(2018).

[9]　河合弘治, 八木修一, 成井啓修: 第 7 回パワーデバイス用シリコンおよび関連半導体材料に関する研究会(2021).

第三章

金刚石功率半导体

一、金刚石作为 p 型半导体的优势

金刚石相对于其他宽禁带半导体的优越性在于其作为 p 型半导体的性质。表 1 比较了一些 n 型和 p 型半导体的特性。表格中展示了金刚石、SiC 和 GaN 的电子和空穴的体迁移率以及沟道迁移率，还有它们的最小电阻率。从表格中可以清楚地看出，金刚石的特性主要衰现在其作为 p 型半导体的性质上。

另一方面，SiC 和 GaN 的空穴体迁移率较低，而实现 p 型低电阻化也较为困难。对于 Ga_2O_3，关于 p 型半导体本身的报道并不多见。这些空穴迁移率的高低在很大程度上取决于其有效质量的大小，而不能通过减少缺陷和提高晶体质量来提高。这是各个半导体的固有值。通过观察能带结构的 E-k 曲线，可以推测其有效质量与二次微分的倒数成正比。SiC 和 GaN 的价带最大曲率较小，而金刚石的曲率陡峭，因此空穴的有效质量较小。实验证明，金刚石的空穴迁移率可轻松达到 $1500 \sim 2000 \ cm^2 \cdot V^{-1} \cdot s^{-1}$ 的高值[1]。除了窄带隙半导体 Ge 之外，目前没有其他半导体能超过这个高空穴迁移率。通过 p 沟道场效应晶体管（p-FET）得到的沟道迁移率可超过 $100 \ cm^2 \cdot V^{-1} \cdot s^{-1}$ [2]，还有报道表明可以达到 $700 \ cm^2 \cdot V^{-1} \cdot s^{-1}$ [3]。这个值高于 SiC 的电子沟道迁移率。由于金刚石的空穴体迁移率较高，未来它的沟道迁移率有望高于 Si 的电子和空穴沟道迁移率。

表 1 几种半导体中的空穴迁移率、电子迁移率，以及 p 型和 n 型的最小电阻率

	电阻成分	Si	4H-SiC	GaN	Ga_2O_3	金刚石
空穴体迁移率/（cm^2/Vs）	漂移电阻	500	50	$10 \sim 100$	—	1800（3800*）

（续）

	电阻成分	Si	4H-SiC	GaN	Ga₂O₃	金刚石
空穴沟道迁移率/（cm²/Vs）	沟道电阻	150	10	20	—	> 100（700**）
p 型最小电阻率/（Ω·cm）	源-漏-接触电阻	10^{-3}	1	1	—	10^{-3}
电子体迁移率/（cm²/Vs）	漂移电阻	1400	900	1400	300	500
电子沟道迁移率/（cm²/Vs）	沟道电阻	400	100	300（1000**）	100	—
n 型最小电阻率/（Ω·cm）	源-漏-接触电子	10^{-3}	10^{-2}	10^{-2}	10^{-1}	100

在金刚石中，硼作为受主掺杂剂的浓度为 1×10^{22} cm^{-3} 时，可以获得电阻率小于 10^{-3} Ω·cm 的数值。并且，在低温（10 K 以下）下可以实现超导。另一方面，虽然 n 型半导体化正在进行中，但如表 1 所示，电阻率仍然较高，并且尚未形成 n 沟道场效应晶体管（n-FET），未见沟道迁移率的报道。

因此，目前使用金刚石，专注于充分发挥 p 型半导体特性的器件应用是至关重要的。积极利用电子和空穴两种特性的器件如 PN 结二极管，以及结型双极晶体管（BJT），在本节中被排除在外。详细信息可参考文献[4,5]。本节中将介绍使用 p 型半导体的空穴作为单一载流子的单极型器件代表 p-FET 相关的技术。已有的宽禁带半导体中，SiC 和 GaN 都作为 n 沟道场效应晶体管（n-FET）在各个领域得到了应用。尽管金刚石的功率半导体性能参数，如击穿电场和热导率等方面，均是这些材料的 3 到 5 倍，但除非 FET 性能提高 3 倍以上，否则金刚石的应用前景可能不会受到重视。

相反，如果不考虑现有的以 n-FET 为主体的 SiC 和 GaN 所不能实现的情况，那么就没有必要考虑金刚石的应用。这就是本方案中的互补型高压电路。在当前情况下，金刚石是可以与其他宽禁带半导体的 n-FET 结合，形成满足电子电路所需的高功率高速互补型 FET（C-FET）电路的唯一 p 型半导体材料。

二、逆变器电路的普及进展意外地缓慢，原因在于噪声

占据能源消耗 60% 的动力系统的高效率化正在通过逆变器的普及而推进，但在利用大型驱动系统的工厂等生产现场或对噪声敏感的环境（如医院等）中，逆变器的普及率并不高。此外，在铁路和汽车等不可或缺的领域，用于噪声抑制的滤波器占据了很大的比重，大型滤波器成为小型化和轻量化的瓶颈。在大型动力系统中，电磁干扰和浪涌电流会影响周围的控制系统。传统型逆变器的电压输出通过控制矩形脉冲宽度进行调制（Pulse Width

Modulation，PWM），如图 1a 所示。这种矩形波的电压输出升降中，电压变化率 dv/dt 是一个问题，矩形波的电压输出中高调制成分较高，通过浮动电容到电机绕组的对地漏电流增加。漏电流会引起电磁干扰，成为周围设备误动作的原因。此外，由高dv/dt产生的浪涌电压会降低电机的可靠性和寿命。逆变器驱动专用的绝缘，或逆变器到电机的导线长度限制等，阻碍了在工厂和医院等地引入逆变器，使引入传统型逆变器设备的周边设备变得更加庞大。

（一）无噪声和浪涌的正弦波驱动的高速小型逆变器

"电机驱动电源的理想是正弦波电压输出"，通过正弦波滤波器输出正弦波电压，可以从根本上解决噪声和浪涌问题，如图 1a 所示。正弦波滤波器是一个低通滤波器，用于将电机驱动的矩形波 PWM 电压输出信号转换为具有较少残余纹波的平滑正弦波电压。然而，在当前情况下，逆变器的输出在 kHz 的范围内，正弦波滤波器与逆变器具有同等的体积和重量，所以无法成为通用的解决办法。然而，如果是 1 MHz 以上的高频输出，电感会变大，滤波器体积和重量在装置整体中的占比会缩小到 1/100 以下，如图 1b 所示，开关损耗也会大幅减少，冷却结构变得简化，正弦波输出逆变器得到了广泛应用，实现了紧凑且无噪声的电机驱动。

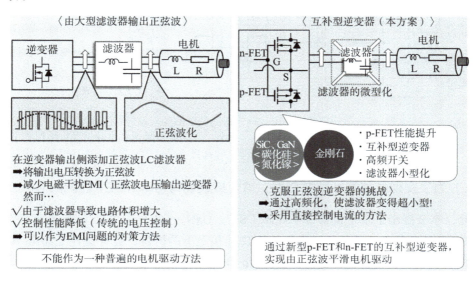

a) 　　　　　　　　　　　　　 b)

图 1 　a）正弦波滤波器的逆变器矩形波转为正弦波输出［在传统频率（kHz）下，滤波器体积较大］
b）由于新型金刚石 p-FET 的开发，互补型逆变器的高频开关［（MHz）使正弦波滤波器超小型化，正弦波电压电源小型化轻量化］

（二）目前的逆变器上下桥臂都是 n-FET，因此无法期望进一步高速化

用于承担逆变器电路中 200 V 以上高压部分的功率半导体目前有 Si IGBT、超结 Si 金属-氧化物-半导体（MOS）FET，以及最近推出的 SiC MOSFET 和 AlGaN/GaN FET。所有这些都是 n-FET，每个 n-FET 的开关频率都超过了 MHz。然而，由于上桥臂和下桥臂都是 n-FET，因此需要避免上下器件同时开启（上下桥臂导通），从而需要死区时间。高压逆变器的频率不会超过 kHz。在每次开关时，需要将上桥臂 n-FET 的栅极电位与 n-FET 的开关相对应，并且需要引入自举（Bootstrap）电路，如图 2 所示。在自举电路中，上桥臂 FET 的栅极驱动电路的升压和降压，通过高耐压二极管，反复进行充电和放电，因此在开关速度上存在极限。电子电路通过电位的上升和下降实现 n-FET、p-FET 或 npn、pnp 晶体管的电压极性改变，以对称方式提供有效的电压管理，但在仅使用 n-FET 的高压电路中，与 CMOS 诞生之前的低压电子电路一样存在很多浪费。因此，对仅使用 n-FET 进行上下桥臂电路的开关而言，由必要的死区时间和自举电路等方面带来的延迟是不可避免的，可以说 1 MHz 以上的高速化是困难的。

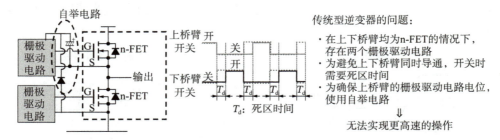

图 2　传统型逆变器高压部分在半桥电路中的开关过程和死区时间
（为了不使上下桥臂同时开启，故插入死区时间。另外，上桥臂栅极驱动电路在源极电位上下波动时会对自举电路的电容充放电。死区时间和自举电路导致逆变器工作延迟）

（三）为了实现高速互补型逆变器，需要接近现有功率 n-FET 性能的 p-FET

因此，本节提出了基于宽禁带半导体（SiC，GaN，金刚石）的互补型逆变器作为高压逆变器的高频化方法。不同于传统的 n-FET 连接上下两桥臂，互补型逆变器由 n-FET 和 p-FET 组成。在源极固定互补逆变器（上级 p-FET，下级 n-FET，如图 3a 所示）中，由于源极电位固定，因此栅极驱动电路的电位恒定，不需要升压降压的自举电路，适用于高速工作。此外，在单栅极驱动互补逆变器（上段 n-FET，下段 p-FET，如图 3b 所示）[6]中，只有一个栅极驱动电路，不需要上下栅极驱动之间的同步，消除了死区时间，实现了高速化。无论哪一种互补型电路，都简化了栅极驱动电路，具有高速逆变器工作的可能性，但迄今为止

还没有开发出这种以高压电路为互补型的高压逆变器。其原因是不存在与 n-FET 具有接近同等性能的高压 p-FET。n-FET 在 GaN 和 SiC 方面的性能令人期待，但是在这些材料中，p-FET 的性能仅为 n-FET 的 1/100 左右。另一方面，在金刚石的 p-FET 中，利用二维空穴气（2 Dimensional Hole Gas，2DHG）作为沟道的器件类型具有高电流驱动特性，远优于 SiC 和 GaN 的 p-FET，性能可与上述这些 n-FET 相比[7]。

　　高压电路中的问题是以变压器和滤波器为代表的电感电路的大型化。即使是 10 kHz 变压器和滤波器也会占据很大的体积和重量。如果将其调至 1 MHz 下运行，其电感将变得非常小，从而实现电力电子学中棘手的变压器和滤波器的超小型化。但是，也有这样的问题：如此高频化有意义吗？因为对于传统的旋转驱动系统来说，10 kHz 就足够了。1 MHz 高频化使电感器超小型化，如图 1b 所示。变压器、过滤器、马达磁转子的小型、轻量化不仅使现有的电力系统的小型化，还可能创造出全新的旋转驱动系统。目前，通过 GaN 的高速运行，100～200 V 输入的适配器已经可以减小到以前的一半以下了。这是通过高频变压器实现小型化的成果。但是，如果是几百伏的话，还不能实现高速化，这是因为只使用了 n-FET。

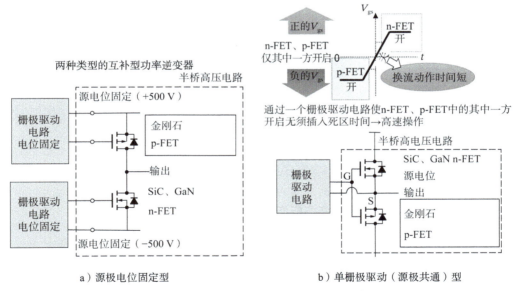

a）源极电位固定型　　　　　　　　　　b）单栅极驱动（源极共通）型

图 3　互补型逆变器电路的半桥高压电路

（四）电子电路中的 n-FET 和 p-FET 在城市车辆移动中对应左转、右转

　　在电子电路中，FET 电路理应由 n-FET 和 p-FET 组成，在 BJT 电路中理应由 npn 和 pnp 组成。其原因是，电位变化为正方向和负方向，电子向高电位、空穴向低电位呈正负对称运动，但从电流的观点来看，电子从高电位向低电位呈单向运动。n-FET 和 p-FET 的区别是，

当栅极电位比源极电位高时，n-FET 导通，p-FET 截止；反之，n-FET 截止，p-FET 导通。因此，可以实现低功耗和高速开关。

在电子电路中，如果只能使用一方，例如只能使用 n-FET 时，简单易懂的比喻就等于"在十字路口只靠直行和左转到达目的地"。在靠左行驶的日本，左转比右转要轻松很多，但如果不能右转的话会很麻烦。只能左转和直行从原理上也能达到目的，但非常浪费时间，如图 4 所示。只有 n-FET，或者只有 npn BJT 的电路就是这样的。进行信号处理的低压驱动电子电路是 n-FET 和 p-FET 混载。也就是说，左转和右转都可以。但是，如果是高压电路（大型车）的话，只有 n-FET 直行和左转。因为没有对应的 p-FET（禁止右转），或者即使有，价格也很高（右转收费）。

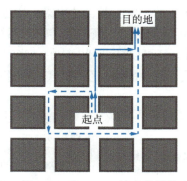

图 4　仅 n-FET 和 p-FET 效率差异的比喻
（假设 n-FET 只能直行和左转，p-FET 只能直行和右转，则两 FET 的 p-FET 既可以左转也可以右转，以最短距离到达目的地。仅 n-FET 也可以到达目的地，但必须移动更多的距离）

三、将 2DHG 应用于沟道层的金刚石 MOSFET

（一）利用 2DHG 层的积累层或反型层

实现金刚石的 p 型导电性的方法之一是使用硼作为受主生成空穴。然而，硼的激活能量高达 0.37 eV，室温下受主的激活率低至硼浓度的 1/100 以下。另一方面，在氢终端（C—H）金刚石表面附近形成的反型层或积累层具有二维空穴气（2DHG）。基于 2DHG 的 p-沟道 FET[7-12]（如图 5 所示）的漏极电流密度在 10～600 K 温度范围内具有非常低的温度依赖性。其电流密度并不逊色于相同尺寸的硅或 SiC。

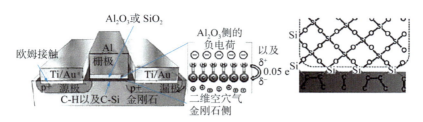

图 5　利用 C—H 界面以及 C—Si 界面形成金刚石 MOSFET［C—H 界面和 C—Si 界面（右）的界面态密度低，MOSFET 的电流驱动能力强。C—H 或 C—Si 偶极子导致价带升高，容易形成二维空穴气（2DHG）。C—Si 界面比 C—H 界面具有更高的密合性和热稳定性，也更容易实现常关型工作，这是利用 C—H 金刚石 2DHG 实现的场效应晶体管在工业应用中的重要发现］

另一方面，硼掺杂沟道的 p-FET[13-17]中，由于硼的高激活能导致温度依赖性较高，难以实用。而且，电流密度比 2DHG 低 1 到 2 个数量级。我们在世界上首次报告了利用 2DHG 的金刚石 MESFET 和 MISFET 在 GHz 频段的高频操作[10,11]。这已经得到了其他研究小组的确认，观察到了 50 GHz 以上的截止频率和 100 GHz 以上的最大振荡频率[12]。在硼掺杂的沟道 FET 中没有确认 GHz 级操作的案例。C—H 金刚石 FET 的优越性在于，作为积累层或反型层，具有高面密度（$10^{12} \sim 10^{13}$ cm^{-2}）的 2DHG 可以通过栅极电压有效地进行调制。C—H 键比 C—O 键和 C—C 键的结合力更强，作为表面终端结构是最稳定的。然而，在氧化性气氛中，C—H 键会变成 C—O 键，因此需要使用某种材料进行钝化。

通过原子层沉积（ALD）法形成的 Al_2O_3 对 C—H 表面的保护提高了 C—H 金刚石的稳定性[18]。通过在 450°C 热处理中除去表面吸附物，然后在清洁表面上使用 ALD 法形成 Al_2O_3。ALD 法 Al_2O_3 膜通常带有负电荷，因此通过它聚集空穴，形成 2DHG 层，这在 MOS 界面上是自然的[19,20]。这是因为有 n 型 Si 上的 Al_2O_3 导致 Si 侧形成 p 型反型层的例子[21]。金刚石的情况与 Al_2O_3/Si 界面类似，由于 Al_2O_3 中的负固定电荷使得价带向上弯曲，可以认为 2DHG 层形成了积累层或反型层[22]。半导体界面是积累层还是反型层取决于金刚石体材料侧的费米能级是比真性费米能级的高还是低，如图 6 所示。换句话说，如果体材料侧的硼浓度高于氮浓度，则表面将形成积累层，如果低于氮浓度，将形成反型层。为了抑制高温时的漏电流[23,24]，通常会在作为受主的硼浓度低于作为施主的氮浓度的条件下制备 FET，因此表面形成反型层的情况较多。

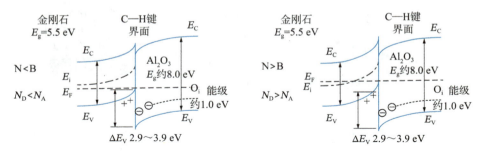

a）金刚石一侧的 N 浓度低于 B 浓度时，为积累层　　b）金刚石一侧的 N 浓度高于 B 浓度时，为反型层

图 6　C—H 金刚石/Al_2O_3 界面

Al_2O_3 栅极绝缘膜厚度为 200 nm 的 MOSFET 在 400℃和冷却到室温下的 I_{DS}-V_{DS} 特性如图 7 所示[24]。在 400℃时的夹断和饱和特性与室温几乎相同。阈值电压为 16 V，为常关型器件。沟道空穴迁移率为最高 150 $cm^2 \cdot V^{-1} \cdot s^{-1}$。

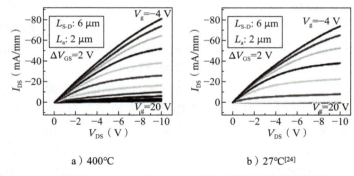

a）400℃　　　　　　　　　　b）27℃[24]

图 7　C—H 金刚石 MOSFET 的 I_{DS}-V_{DS} 特性（栅极绝缘膜厚度为 200 nm）

此外，将终端从 C—H 更改为 C—Si，使用 SiO_2 作为栅极绝缘膜，制造了如图 5 所示的器件。在这种情况下，尽管是阈值超过 5 V 的常关型器件，仍然以高电流密度工作，如图 8 所示，其迁移率为 190 $cm^2/(V \cdot s)$，作为常关型 MOSFET 是一个非常高的值，比 SiC 的常关型 n-MOSFET 还要高。与 C—H 终端不同，C—Si 界面能够继续形成其他化学键，并且已经进行了许多半导体界面的研究，是具有高工业应用价值的金刚石界面。

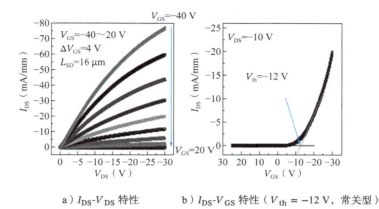

a）I_{DS}-V_{DS} 特性　　　　b）I_{DS}-V_{GS} 特性（$V_{th} = -12$ V，常关型）

图 8　C—Si 金刚石 MOSFET（栅极 SiO_2 厚 230 nm）

（二）在金刚石 MOSFET 的关断状态下提高耐压，在导通状态下提高电流密度

最大击穿电压 V_B 在评估功率器件时很重要，但更重要的是考虑 V_B 施加的区域（长度），即栅与漏之间的距离 L_{GD}。V_B/L_{GD} 作为平均电场被用作横向功率半导体器件的评估标准，但这仅仅是基于电场分布平坦的假设，实际上击穿将发生在偏向栅侧或漏侧的局部高电场区域。在 ALD 法 Al_2O_3 绝缘膜厚为 200 nm 的金刚石 MOSFET 中，如图 9 所示，$L_{GD} = 4 \sim$ 10 μm，$V_B = 1000$ V 时，V_B/L_{GD} 为 1 MV/cm 左右，与 AlGaN/GaN FET 相当。当 $L_{GD} = 10 \sim$ 20 μm 时，V_B 为 1000 V 以上，但 V_B/L_{GD} 减小至 0.8 MV/cm。当 $L_{GD} > 20$ μm 时，$V_B >$ 1600 V。进一步增加 ALD 法 Al_2O_3 膜厚至 400 nm，$L_{GD} = 10 \sim 16$ μm 时，V_B 升至 1100 $\sim$ 1708 V，$V_B/L_{GD} > 1$ MV/cm。电场分布模拟表明，400 nm 厚的绝缘膜相比于 200 nm 的绝缘膜，能够将负电荷层引起的电场减小约 2/3。

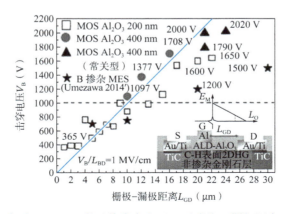

图 9　各种 MOSFET 的绝缘击穿电压 V_B 和栅极－漏极距离 L_{GD}[22]
（记载了 Al_2O_3 膜厚 200 nm、400 nm，以及 B 掺杂层 MESFETs[17]）

将耐压约 1500 V 附近的 V_B/L_{GD} 与其他横向型 FET 进行比较，SiC 横向型 MOSFET 的 V_B/L_{GD} 为 0.8 MV/cm，AlGaN/GaN FET 为 1.0 MV/cm[27]，AlGaN/AlGaN FET 为 1.7 MV/cm[28]，见表 2。关于金刚石，金刚石硼沟道 MESFET 为 0.5 MV/cm[17]，C—H 金刚石 MOSFET 为 1.0 MV/cm[22]，但目前出现了最大击穿电压为 2600 V 的常开型 C—H 金刚石 MOSFET，其 V_B/L_{GD} 为 2.0 MV/cm[29]，可知金刚石还有进步的余地。

表 2　各种宽禁带半导体横向型 FET 在 L_{GD} 上的
最大绝缘破坏电压 $V_{B\,MAX}$、V_B/L_{DG} 以及最大漏电流 $I_{D\,MAX}$

宽禁带横向型场效应晶体管	$V_{B\,MAX}$（V）	L_{GD}（μm）	V_B/L_{DG}（MV/cm）	$I_{D\,MAX}$ 电流密度（mA/mm）
SiC n-FET[26]	1600	20	0.8	90
AlGaN/GaN N-FET[27]	1500	15	1.0	300~600
AlGaN/AlGaN N-FET[28]	1700	10	1.7	200
C—H 金刚石 p-FET[29]	2600	13	2.0	280

（三）常关型动作的高耐压特性

氧终端表面（C—O 表面）的表面态密度高，可以在分立器件领域用于载流子控制，通过控制沟道中的 C—O 键覆盖率，可以调整阈值电压[24]。打开沟道的一部分，利用大气中的紫外线（UV）照射产生的臭氧进行部分氧终端化处理。根据 XPS 结果估算，处理后表面氧覆盖率为 5%~10% 左右，其余为氢终端。

该 MOSFET 的 I_{DS}-V_{DS} 特性、I_{DS}-V_{GS} 特性和绝缘击穿特性如图 10 所示，确认了阈值为 −2.5 V 的常关型动作[25]。最大导通电流密度为 18 mA/mm，为同尺寸的常开型 C—H 金刚石 MOSFET 的 1/5 左右，但是与 JFET[26] 和氧终端 MOSFET[27] 相比较高。而且，绝缘击穿电压为 1790 V[31]。另外，虽然最大导通电流密度降低，但也确认了绝缘击穿电压在 2000 V 以上的 FET。另一方面，对于其他常关型 FET[32-34]，还没有耐压数据的报告。

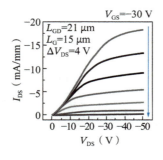
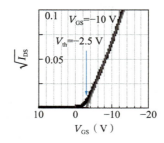

a）I_{DS}-V_{DS} 特性　　　　b）I_{DS}-V_{GS} 特性（V_{th} = −2.5 V，常关型）

图 10　常关型 FET（绝缘膜厚 400 nm，L_{GD} 21 mm）

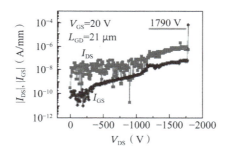

c）I_{DS}-V_{DS} 和 I_{GS}-V_{DS} 的绝缘击穿特性（V_B = 1790 V）[31]

图 10　常关型 FET（绝缘膜厚 400 nm，L_{GD} 21 mm）（续）

（四）垂直型金刚石 FET

在承担高压的漂移层中，需要较长的栅极漏极间距（L_{GD}），在横向型器件中，器件面积规格使得导通电阻无法降低。为了减小导通电阻，漂移层的垂直化是必需的。通过在金刚石沟槽结构的表面覆盖未掺杂的同质外延层（厚度为 200～500 nm），首次在金刚石中得到了基于沟道和漂移层等基本结构的垂直型 FET，如图 11a 和 b 所示[35,36]。为了切断从源极不经沟道和漂移层直接流过漏极区（p⁺衬底电阻率大约 10^{-2} $\Omega \cdot cm$）的空穴漏电流路径，形成了作为深能级施主的高浓度氮掺杂层。

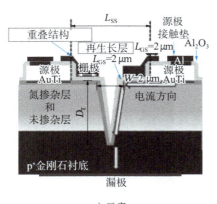

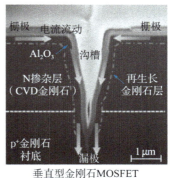

a）示意　　　　　　　　　　　　b）断面 SEM 像

图 11　金刚石垂直型 FET（沟槽宽度 W_T = 2 mm，源与源之间 L_{SS} = 6 mm）

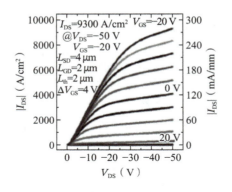

c）I_{DS}-V_{DS} 特性

图 11　金刚石垂直型 FET（沟槽宽度 $W_T = 2\ mm$，源与源之间 $L_{SS} = 6\ mm$）（续）

这样就形成了经过同质外延层和沟槽表面侧的空穴电流路径，可以通过栅极进行控制，获得了与相同大小的横向型器件相当的开/关比以及更高的漏极电流密度。从上方看，得到的活性区域（源到源之间和沟道宽度的面积）的比导通电阻最小为 $3.2\ m\Omega \cdot cm^2$，最大漏极电流密度为 $9300\ A \cdot cm^{-2}$，如图 11c 所示[36]。在相同结构下，金刚石 FET 的最大值为 $12000\ A \cdot cm^{-2}$[36]。

仅通过 2DHG 层获得耐压会导致导通电阻的增加，因此将漂移层设计为硼掺杂的垂直层的结果如图 12a 所示，其中栅极位于上方，但通过沟槽侧壁的 2DHG 层连接到下部，p⁻层（硼密度 $10^{17} \sim 10^{18}\ cm^{-3}$）与在 Si、SiC 或 GaN 中的传统垂直型 FET 基本结构相似。通过断面 TEM 图像可以看出，再生长层是均质的，且形成了无法观测到的界面，说明再生长层形成了高度一致的边界。这表明使用再生长层形成沟道或漂移层是金刚石晶体生长的显著优势。图 13a 展示了 I_{DS}-V_{DS} 特性，图 13b 展示了 I_{DS}-V_{GS} 特性，图 13c 显示了关断状态下的耐压特性（I_{DS}-V_{DS} 特性）。

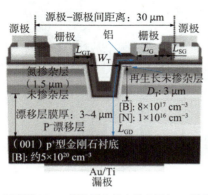

a）示意图 2DHG 层的再生长未掺杂层与 p⁻ 漂移层
接触，p⁻ 漂移层与 p⁺层（漏极）接合示意图

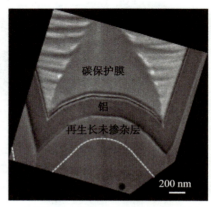

b）断面 TEM 像沟槽的底部。再生长层
没有观测到缺陷

图 12　具有 p⁻ 漂移层的金刚石垂直型 FET[37]

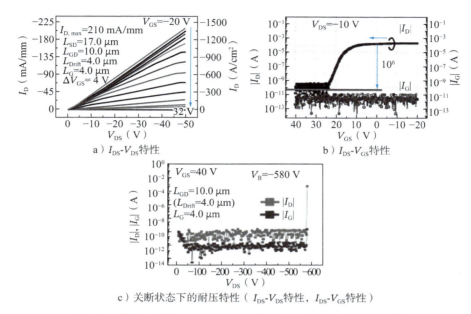

a）$I_{DS}\text{-}V_{DS}$特性

b）$I_{DS}\text{-}V_{GS}$特性

c）关断状态下的耐压特性（$I_{DS}\text{-}V_{DS}$特性，$I_{DS}\text{-}V_{GS}$特性）

图 13　具有 p⁻ 漂移层的金刚石垂直型 FET 的电流电压特性[37]

可获得超过了 200 mA/mm 的相对较高的漏极电流密度，而且击穿电压也达到了 580 V，这是目前金刚石垂直型 FET 中最大的电压[30]。考虑到 p⁻层的厚度为 4 μm，这是一个合理的值。另一方面，通过横向尺寸的微小化，可以减小导通电阻并增加电流密度，这使得金刚石目前在这方面达到了最高值。金刚石的垂直型高密度化刚刚开始，可以充分期待进一步的提高。

四、总结与展望

对于高压电路而言，基于 CMOS 化的效率化、高速化也是非常重要的。其中环境友好的、能够实现正弦波输出的互补型逆变器将会使电力电子发生重大变革。最短的捷径是基于和目前的 GaN 或 SiC 的 n-FET 具有同等性能的金刚石 p-FET，实现 C—FET 结构。

（1）在基于 C—H 表面 2DHG 的金刚石 MOSFET 中，目前正在开发电流驱动性能可以与同尺寸（L_{GD} 约为 20 mm）SiC 或 GaN 的横向 FET 媲美的 2000 V 级耐压的 p-FET。

（2）通过优化 C—H 表面或采用 C—Si 界面进行替代，形成利用 2DHG 层的 MOSFET，且确认其在高漏极电流密度的常关型动作方面具有出色性能。界面上的 C—Si 键在耐热性上优于 C—H 键，从功率 MOSFET 的栅绝缘层可靠性角度出发，可以使用 SiO_2。这样一来，由于金刚石表面覆盖了传统半导体技术中最成熟的 Si 材料，因此可以利用各种器件加工技术，这对于金刚石器件的发展具有重大优势。

（3）基于沟槽侧壁再生长层的 2DHG 层，可以实现功率 FET 所必须的垂直型 FET。金刚石的 2DHG 出现在任何晶面方向的表面上，不受沟槽加工形状的影响，这在实际应用中是一个重要的优点。通过沟槽栅技术，首次在金刚石中得到了垂直型 FET 结构。

参考文献

[1] T. Teraji: Chemical vapor deposition of homoepitaxial diamond films, *Physica Status Solidi*(a) 203 3324-57(2006).

[2] J. Liu et al.,: Appl. Phys. Lett. 110, 203502(2017).

[3] Y. Sasama et al.,: APL Materials 6 111105(2018).

[4] M. Suzuki et al.,: physica status solidi(a) 203 3128(2006).

[5] H. Kato et al.,: Diamond and related materials 27 19(2012).

[6] K. Okuda et al.,: *Proc. Eur. Conf. Power Electron. Appl.*, Sep. 2016, pp. 1-10.

[7] H. Kawarada et al.,: *Sci. Rep.*, 7, 42368/1-8(2017).

[8] H. Kawarada, M. Aoki and I. Itoh: *Appl. Phys. Lett.*, 65, 1563(1994).; H. Kawarada: *Surf. Sci. Rep.*, 26, 205(1996).

[9] P. Gluche et al.,: *IEEE Electron Device Lett.* 18, 547(1997).

[10] H. Taniuchi et al.,: *IEEE Electron Device Lett.* 22, 390(2001).

[11] H. Matsudaira et al.,: *IEEE Electron Device Lett.* 25, 480(2004).

[12] K. Ueda et al.,: *IEEE Electron Device Lett.* 27, 570(2006).

[13] A Vescan et al.,: *IEEE Electron Device Lett.*, 18, 222(1997).

[14] K. Ueda and M. Kasu: *Jpn. J. Appl. Pys.* 49, 04DF16/1-4(2010).

[15] T. Iwasaki et al.,: *IEEE Electron Device. Lett.*, 34, 1175(2013).

[16] T. Iwasaki et al.,: *IEEE Electron Device Lett.* 35, 241(2014).

[17] H. Umezawa, T. Matsumoto and S. Shikata: *IEEE Elec. Dev. Lett*, 35, 1112(2014).

[18] D. Kueck et al.,: *Diam. Relat. Mater.* 19, 166(2010).

[19] A. Hiraiwa et al.,: *J. Appl. Phys.* 112, 124504(2012).

[20] A. Daicho et al.,: *J. Appl. Phys.* 115, 223711(2014).

[21] B. Hoex et al.,: *J. Appl. Phys.* 104, 113703(2008).

[22] H. Kawarada: *J. phys.* D.(2022)(in press).

[23] H. Kawarada, H. Tsuboi et al.,: *Appl. Phys. Lett.*,105, 013510(2014).

[24] H. Kawarada et al.,: IEEE IEDM p.279(2014).

[25] H. Kawarada et al.,: ISPSD, p.483(2016).

[26] M. Noborio, J. Suda and T. Kimoto: *IEEE Elec. Dev. Lett*, 30, 831(2009).

[27] B. Lu and T. Palacios: *IEEE Electron Device Lett.* 31, 951-953(2010).

[28] T. Nanjo et al.,: *IEEE Trans Electron Devices* 60, 1046(2013).

[29] N. C. Saha et al.,: *IEEE Elec. Dev. Lett*, 42, 903(2021).

[30] J. Tsunoda et al.,: *IEEE Electron Device Lett.* 43(2022)(in press).

[31] Y. Kitabayashi et al.,: *IEEE Electron Device Lett.*, 38, 363(2017).

[32] T. Suwa et al.,: *IEEE Electron Device Lett.* 37, 209(2016).

[33] T. Matsumoto et al.,: *Sci. Rep.*, 6, 31585(2016).

[34] J. W. Liu et al.,: *Appl. Phys. Lett.* 103, 092905(2013).

[35] N. Oi et al.,: *Sci. Rep.* 8, 10660/1-10(2017).

[36] M. lwataki et al.,: *IEEE Electron Device Lett.* 41, 111(2020).

第二节　金刚石异质外延晶体生长及其在金刚石 FET 中的应用

一、引言

预计金刚石将在功率器件特性方面超越 SiC 和 GaN[1,2]。

金刚石具有非常优异的物性值，甚至与其他半导体如硅（Si）、碳化硅（SiC）、氮化镓（GaN）相比也是如此。例如，其高击穿电场强度大于 10 MV/cm，热导率为固体材料中最高的 22 W/(cm·K)[3]。其载流子迁移率，电子为 4500 cm²/(V·s)，空穴为 3800 cm²/(V·s)[4]。嘉数等人报告了其最大振荡频率 f_{max} = 120 GHz[5]以及 1 GHz 时的高频输出功率密度分别为 2.1 W/mm²[6]和 145 MW/cm²[7]。因此，金刚石电子器件在手机基站、广播地面站等对高频大功率要求的系统中有着广泛的应用前景。

然而，金刚石电子器件面临的最大挑战之一是大直径的金刚石晶圆。到目前为止，可获得的最大金刚石单晶是通过高温高压法生长的，其尺寸大约为 4×4 mm²[8,9]，远远不能满足半导体器件制造商开展研发所需的 2 in 直径。可以考虑将单晶衬底横向并排生长，通过横向生长实现一体化的拼接生长方法。然而，在并排的衬底边界处，由于衬底的微小晶向差异而导致的高密度缺陷的产生[10-13]是不可避免的。

二、目前的异质外延金刚石生长研究

另一方面，长期以来一直在研究在不同材料的衬底晶体上生长金刚石的异质外延生长

方法。作为衬底的材料包括 Si[14]，SiC[15-17]，TiC[18]，Ni[19]，Pt[20]，Co[21]，以及 Ir[22,23]。在这些材料中，难点在于异质衬底表面上的金刚石成核生长，而 Ir 衬底被发现具有最高的成核密度，大于 1×10^8 cm^2，被认为是最优选择。然而，由于单晶 Ir 衬底并不常见，因此采用了将 Ir 缓冲层沉积在其他衬底表面上的结构，例如 Ir/MgO[22-24]，Ir/YSZ（钇稳定化的氧化锆）/Si[25-28]，Ir/STO（钛酸钡）/Si[29,30]等。会田等人使用 Ir/MgO 衬底获得了 X 射线 (004) 摇摆曲线（XRC）的半峰宽为 252 s 的晶体。此外，他们采用 ELO（外延层过度生长）技术，通过减小发生在衬底界面的贯穿位错密度，进一步利用按照格子排列的微针状结构，成功实现了金刚石厚膜与衬底之间的无裂纹自然剥离，并取得了大直径金刚石异质外延膜的成功。另一方面，通过使用 Ir/YSZ/Si 衬底，Schreck 等人报告了生长 92 mm 直径异质外延金刚石，(004) 面的 XRC 半峰宽为 230 s，(311) 面的 XRC 半峰宽为 432 s[27]，刻蚀坑密度为 4×10^7 cm^{-2}[27,28]。在他们的技术中，必须在表面侧的金刚石层和衬底侧的 Ir/Si 衬底上控制附加 YSZ 缓冲层引起的畸变，很难获得良好的重复性。

三、蓝宝石衬底上的异质外延金刚石生长

对此，笔者等人在 Ir/蓝宝石衬底上进行了异质金刚石生长的研究。蓝宝石（α-Al$_2$O$_3$）衬底广泛用于氮化物半导体的衬底，具有高品质、低成本的特点，可获得最大直径为 8 in 的晶圆。此外，蓝宝石的热膨胀系数（a 轴方向为 4.2×10^{-6} K^{-1}，c 轴方向为 5.3×10^{-6} K^{-1}）低于 MgO 衬底（12.8×10^{-6} K^{-1}），接近金刚石（1.5×10^{-6} K^{-1}）。在过去，Dai 等人和 Tang 等人报告了在 Ir(001)/蓝宝石 (11$\bar{2}$0) 衬底上的金刚石 (001) 生长[32-34]，Samoto 等人报告了在各种面方向和倾斜角的蓝宝石衬底上的金刚石生长结果[35]。

图 1 显示了异质外延金刚石的制备过程。首先，在 (11$\bar{2}$0) 面方向，即 A 面上，通过溅射法在蓝宝石衬底上沉积 Ir 缓冲层，如图 1a 所示。然后，通过偏压增强成核（BEN）法在 Ir 缓冲层上进行金刚石成核如图 1b 所示。BEN 法是一种在衬底上施加负偏压并通过正偏压等离子体来加速正离子化的甲基（CH$_3$）在电场中进入 Ir 表面，促进金刚石成核的方法。接下来，在经过 BEN 处理的 Ir 缓冲层上使用微波等离子体 CVD 法生长第一层金刚石，如图 1c 所示。原料是 CH$_4$ 气体和 H$_2$ 气体。然后，在第一层金刚石上蒸发 Ni 膜，并形成格子排列的针状结构，即所谓的微针状结构，如图 1d 所示[24]。在这里，Ni 膜以 2 μm 直径，10 μm 间距的图案形成开口。将样品置于约 1000℃ 衬底温度下的 H$_2$ 气氛中，C 原子扩散到 Ni 膜中并与气相中的氢反应生成甲烷（CH$_4$），这是一种以 Ni 膜为掩膜的选择性刻蚀机制。金刚石微针的直径为 2 μm，高度为 50 μm，间距为 10 μm。接下来，在微针上使用微波等离子体 CVD 法生长第二层金刚石厚膜，如图 1e 所示，原料是 CH$_4$ 气体和 H$_2$ 气体。第二层金刚石层的厚度在 800~1000 μm 之间。微针能够通过高热膨胀系数差异来缓和 Ir/

蓝宝石衬底和金刚石厚膜之间的应变，使金刚石厚膜能够在不破裂的情况下生长。然后，在生长后的冷却过程中，由于金刚石与蓝宝石之间的热收缩差异，微针层破裂，从而金刚石厚膜自然剥离出 Ir/蓝宝石衬底，如图 1f 所示。最后，通过机械抛光金刚石厚膜表面，使表面达到原子级的平坦度，如图 1g 所示。最终得到 500～600 μm 厚度的金刚石自支撑膜。

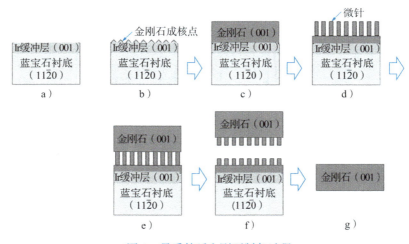

图 1　异质外延金刚石制备过程

图 2 显示的是金刚石/Ir/(11$\bar{2}$0)蓝宝石层结构的 X 射线衍射（XRD）结果。被测量样品的结构如图 1c 所示。金刚石层的生长时间为 600 s，金刚石的估计膜厚为 200 nm。

图 2a 显示的是 XRD $2\theta/\omega$ 扫描结果，可以确认蓝宝石 (11$\bar{2}$0) 衍射（$2\theta = 37.836°$）、Ir(002) 衍射（$2\theta = 47.334°$）、蓝宝石 (22$\bar{4}$0)衍射（$2\theta = 80.757°$）、Ir(004) 衍射（$2\theta = 106.687°$）、金刚石 (004) 衍射（$2\theta = 119.28°$）、蓝宝石 (33$\bar{6}$0) 衍射（$2\theta = 152.524°$）的各峰。由此可知，金刚石 (001) 层和 Ir(001) 缓冲层在蓝宝石 (11$\bar{2}$0) 衬底上外延生长。

图 2b 展示了同一试样的金刚石膜 Ir 缓冲层和蓝宝石单晶衬底的 XRC ϕ 扫描结果。ϕ 角度在 3 次扫描中均保持一致。由于从蓝宝石 (11$\bar{2}$0) 衬底观察到的蓝宝石 {3$\bar{3}$00} 衍射峰（$\omega = 4.079°$，$\chi = 30.000°$）在 ϕ 约为 0°（360°）和 180°处出现，由此可知，蓝宝石 (11$\bar{2}$0) 衬底的 [1$\bar{1}$00] 和 [$\bar{1}$100] 方向位于 ϕ 约为 0°（360°）和 180°处。另外，Ir 缓冲层（$\omega = 20.336°$）的 Ir{111} 衍射峰在 ϕ 约为 0°、90°、180°、270°时出现。该结果中峰值出现的 ϕ 角度对应于 Ir(001) 缓冲层的 [$\bar{1}$10]、[$\bar{1}\bar{1}$0]、[1$\bar{1}$0]、[110] 方向。另外，来自金刚石层的 {111} 衍射峰（$\omega = 21.965°$）出现在 ϕ 约为 0°、90°、180°、270°，各 ϕ 角度对应于金刚石 (001) 层的[$\bar{1}$10]、[$\bar{1}\bar{1}$0]、[1$\bar{1}$0]、[110] 方向。

由上可知，金刚石/Ir/蓝宝石的外延关系为金刚石 (001)[110]//Ir(001)[110]//蓝宝石 (11$\bar{2}$0)[0001]，如图 2c 所示。

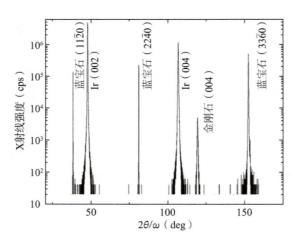

a）2θ/ω 扫描结果

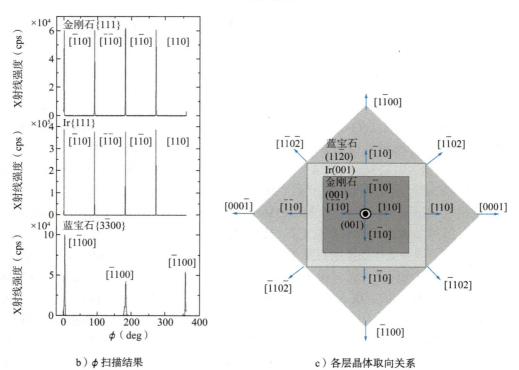

b）φ扫描结果　　　　　　　　　　c）各层晶体取向关系

图 2　金刚石/Ir/(1120)蓝宝石层结构的 X 射线衍射结果

　　图 3 是 (001) 异质外延金刚石自支撑膜（厚度 600 μm）的 (004) 衍射和 (311) 衍射的 X 射线摇摆曲线。对称反射的 (004) 衍射的 XRC 半峰宽表示倾斜分量（方位角方向的晶粒尺寸），非对称反射的 (311) 衍射表示扭曲分量（面内方向的晶粒尺寸）。(004) 衍射峰、(311)

衍射峰的 XRC 半峰宽分别为 113.4 s、234.0 s。这些值小于会田、金等人研究的金刚石/Ir/MgO 的 (004) 衍射峰 XRC 半峰宽（252 s）[24]，是异质外延金刚石中最小的值。这些较小的 XRC 半峰宽几乎可以在整个样品中得到。另外，(311) 衍射峰看起来像 3 个分离的峰，暗示存在面内方向角度稍有偏差的区域。另外，金刚石 {111} 衍射峰出现在 [±1±10] 方向的 4 个方向上。这是由于金刚石立方晶系的 4 重对称性，表明没有出现孪晶。

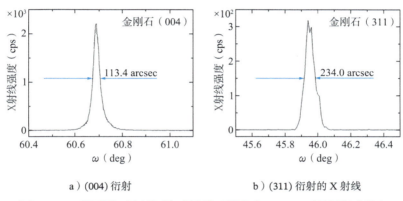

a）(004) 衍射　　　　　　　　　b）(311) 衍射的 X 射线

图 3　(001) 异质外延金刚石自支撑膜（厚度为 600 μm 时的摇摆曲线）

笔者等人测量了 (001) 异质外延金刚石自支撑膜的金刚石 (004) X 射线摇摆曲线的峰角度 ω 随样品表面位置 x 的变化。在 $x = -4.0$ mm 处，峰角度 ω 为 59.444°，而在 $x = 4.0$ mm 处为 59.950°。由此结果可知，金刚石自支撑膜的晶体呈现向上凸起的弓形，其曲率半径为 90.6 cm。这是由于金刚石成长后的冷却过程中，蓝宝石衬底的热收缩大于金刚石，导致了残余应变。然而，这个曲率半径比会田和金报道的金刚石/Ir/MgO 曲率半径为 20 cm 的情况有所改善。

图 4 显示了 (001) 异质外延金刚石自支撑膜的透射电子显微镜（TEM）断面观察的暗场图像。可以看到沿着生长方向的 [001] 方向有两个贯穿位错。在图 4a 的 $g = 040$ 衍射条件下，可以确认两者的对比度，但在图 4b 的 $g = 004$ 衍射条件下，两者的对比度消失。由此可知，根据 $b \cdot g$ 不可见判据，两个贯穿位错的 Burgers（b）矢量可以确定为 $b = a/2[\pm1\pm10]$。这里 a 是金刚石的晶格常数。此外，由于 b 矢量与贯穿位错的传播方向 $t = [001]$ 垂直，因此确定了位错的类型为刃位错。

接下来，笔者等人进行了 (001) 异质外延金刚石自支撑膜的平面 TEM 观察。衍射矢量为 $g = 2\bar{2}0$，在这个条件下可以观察到所有位错。在观察范围内，观察到了 11 个贯穿位错，由此可以得知贯穿位错密度为 1.4×10^7 cm^{-2}。这个数值与通过断面 TEM 图像（如图 4a、图 4b 所示）得到的密度相当。同时，也有报告显示腐蚀实验得到的腐蚀坑密度也是相当的。Stehl、Schreck 等在他们的论文中提到腐蚀坑密度为 4×10^7 cm^{-2}[28]，本节的值比报告值要低，在异质外延金刚石中是全球最小的。

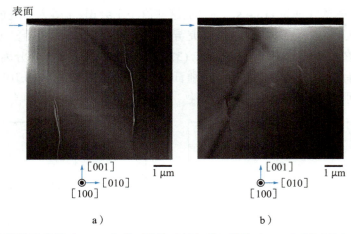

图 4　自支撑膜异质外延 (001) 金刚石膜的透射电子显微镜（TEM）断面观察的暗场图像

四、在倾斜蓝宝石衬底上使用台阶流模式的异质外延金刚石生长

在前一项中，笔者等人在 (11$\bar{2}$0)，即 A 面方向的蓝宝石衬底上进行了异质结构的金刚石外延生长，这里考虑到在倾斜方向上残留应力会得到缓和，将在倾斜（偏轴）衬底上进行异质金刚石生长[31]。事实上，笔者等人发现采用这种方法，可以在没有使用微针结构的情况下，在室温下获得大尺寸的金刚石晶圆而不出现裂纹。

图 5 显示了制备过程。首先，准备了从 (11$\bar{2}$0) 面方向倾斜 0°～7° 的蓝宝石衬底，如图 5a 所示，在其上方形成了 Ir 缓冲层，通过偏压增强成核（BEN）[36]进行了金刚石成核，如图 5b 所示，然后使用微波等离子体 CVD 法生长了金刚石层，如图 5c 所示。除了没有微针工艺之外，其余过程与图 1 相似。

通过金刚石/Ir/(11$\bar{2}$0) 蓝宝石层结构的 X 射线衍射（XRD）结果，笔者等人确认了蓝宝石衬底、Ir 缓冲层和金刚石层的外延方向关系与前一段的金刚石/Ir/蓝宝石的外延关系相同，即金刚石 (001)[110]//Ir(001)[110]//蓝宝石 (11$\bar{2}$0)[0001]。

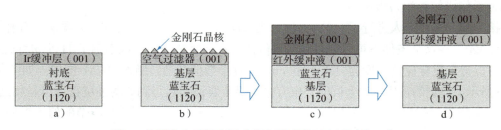

图 5　使用蓝宝石梯度衬底制备异质外延金刚石的工艺

图 6 显示了 XRC 的半峰宽（FWHM）随蓝宝石衬底倾斜角度的变化情况，其中包括从 ($1\bar{1}2$0) 面方向倾斜到[0001]c 方向和 [$1\bar{1}$00] m 方向的情况。在不使用微针工艺的情况下，没有倾斜（0°）时 XRC 的 (004) 衍射峰 FWHM 为 325～363 s，(311) 衍射峰 FWHM 为 655 s，而当 [0001]、[$1\bar{1}$00] 倾斜方向的倾斜角度增加时，FWHM 减小，表明晶体质量提高。在 [$1\bar{1}$00] m 方向上，当倾斜角度 α 为 7°时，(004) 衍射峰 FWHM 为 98.35 s，(311) 衍射峰为 175.3 s，晶体质量比使用微针工艺的情况更好。

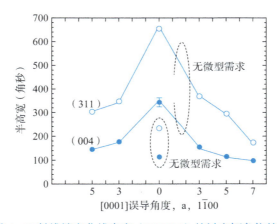

图 6　X 射线锁定曲线半宽（FWHM）的衬底倾角依赖性

图 7a 显示了 (004) 衍射，图 7b 为 (311) 衍射的 X 射线摇摆曲线，其值分别为 (004) 衍射为 98.35 s，(311) 衍射为 175.3 s。虽然图中没有显示，但从异质外延金刚石的 X 射线极点测量中，金刚石 {111} 衍射峰在[±1±10]4 个方向上出现了。由此确认了金刚石的立方晶系的 4 重对称性，以及其没有孪晶存在。

图 8 展示了结晶弯曲度的测量结果。样品是 7°倾斜衬底上的金刚石 (001) 异质外延薄膜。XRC 峰角度相对于位置增加，这表明该金刚石自支撑膜的晶体在上表面呈凸起的弓形，其曲率半径在倾斜方向的 [$1\bar{1}$00] m 方向上是 99.64 cm，弯曲度较小。有趣的是，在垂直于倾斜方向的 [0001] c 方向上，曲率半径为 260.21 cm，表明晶体弯曲度更小。换言之，表明了由于衬底表面的倾斜，残留应力在倾斜方向上得到缓和这一现象的发生。

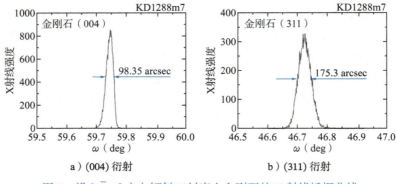

a）(004) 衍射   b）(311) 衍射

图 7　沿 [1$\bar{1}$00] 方向倾斜 7°衬底上金刚石的 X 射线摇摆曲线

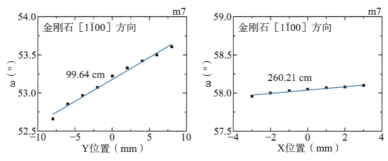

图 8　沿 [1$\bar{1}$00] 方向倾斜 7°衬底上金刚石的 X 射线摇摆曲线峰角度的位置依赖性-晶体弯曲度

　　图 9 展示了使用该技术实现的直径 2 in 的异质外延金刚石。通过使用这项技术，即使不使用微针工艺，也可以获得这样大尺寸的异质外延金刚石。作为量产技术，这是目前世界上最大的金刚石晶圆。

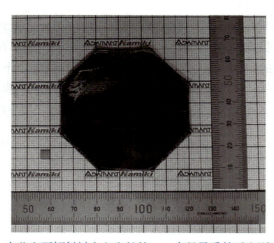

图 9　在蓝宝石倾斜衬底上生长的 2 in 直径异质外延金刚石晶圆

五、异质外延金刚石上的金刚石 FET 制作

如图 10 和图 11 所示，在之前所述的异质外延金刚石上制备金刚石 FET[37]。在 (001) 面异质外延金刚石上用 NO_2 p 型掺杂形成空穴沟道，制备源极、漏极的 Au 电极，然后刻蚀栅极部位的 Au 膜，用 ALD 形成 Al_2O_3 栅极绝缘膜，然后制备栅极 Au 电极，再沉积 100 nm 厚的 Al_2O_3 钝化膜。

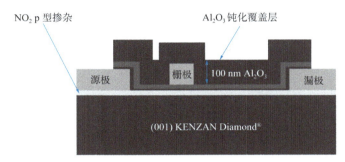

图 10　KENZAN Diamond® 上制作的金刚石场效应晶体管

如图 12a 的 DC 输出特性所示，对于栅极长 $L_G = 1.5$ μm，栅极源极间 $L_{GS} = 1.2$ μm，栅极漏极间 $L_{GD} = 12.3$ μm 的器件，在 $V_{GS} = -7$ V 时，最大漏极电流密度 $I_{D,max}$ 为 288 mA/mm 的高值，导通电阻为 $R_{on} = 120$ Ω·mm 的低值。

如图 12b 所示，其关态耐压 $V_{ds,off}$ 在钝化膜沉积前为 1289 V，钝化膜沉积后为 2508 V，显示了在金刚石 FET 中目前有报道的最高电压。该器件的比导通电阻 $R_{on,spec} = 13.74$ mΩ·cm^2，可驱动输出功率的巴利加优值为 344.7 MW/cm^2 这一金刚石器件的世界最高值。该 FET 结果显示了 KENZAN Diamond® 晶体的高品质。

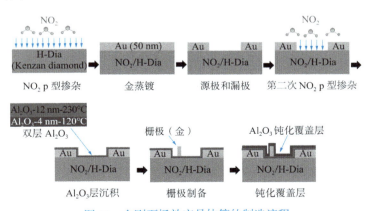

图 11　金刚石场效应晶体管的制造流程

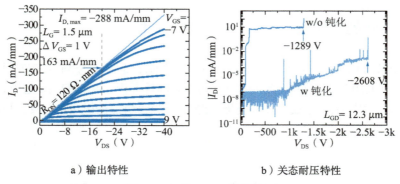

a）输出特性　　　　　　　b）关态耐压特性

图 12　金刚石 FET 的特性图

六、总结

在 (11$\bar{2}$0)（a-plane）蓝宝石衬底上生长的 1 in (001) 金刚石层，其 XRC (004) 衍射峰半峰宽为 113.4 s，(311) 衍射峰为 234.0 s。贯穿位错密度为 1.4×10^7 cm^{-2}，通过异质外延金刚石的 X 射线极点图，确认了其单晶性。外延方向关系为，金刚石 (001)[110]//Ir(001)[110]//蓝宝石 (11$\bar{2}$0)[0001]。晶体的曲率半径为 90.6 cm，呈上凸形状。

接下来，使用倾斜的蓝宝石衬底进行金刚石的异质外延生长，发现即使省略微针工艺，金刚石层也能从衬底上自然剥离，成功制备了直径 2 in 的金刚石晶圆。

基于上述材料制作的金刚石场效应晶体管（FET），达到了世界最高的输出功率，巴利加优值为 345 MW/cm^2，证明了金刚石作为半导体器件材料十分有用。

参考文献

[1]　R. J. Trew, J. B. Yan, and P. M. Mock: *Froc. IEEE*, 79, 598(1991).

[2]　A. Denisenko and E. Kohn: *Diamond Rel. Mater*, 14, 491(2005).

[3]　Y. Yamamato et al.,: *Diamond Relat. Maker*, 6, 1057(1997).

[4]　J. Isberg et al.,: *Science*, 297, 1670(2002).

[5]　K. Ueda et al.,: *IEEE Electron Dev. Lett.*, 27, 570(2006).

[6]　M. Kasu et al.,: *Electron. Lett.*, 41, 1249(2005).

[7]　N.C. Saha et al.,: *IEEE Electron Dev. Lett.*, 41, 1066(2020).

[8]　F. P. Bundy et al.,: *Nature*, 176, 51(1955).

[9]　H. Sumiya and S. Satoh: *Diamond Relat. Mater.*, 5, 1359(1996).

[10]　M. W. Geis et al.,: *Diamond Relat. Mater.*, 4, 76(1994).

[11]　G. Janssen and L. J. Giling: *Diamond Relat. Mater.*, 4, 1025(1995).

[12]　C. Findeling-Dufour, A. Gicquel, and R. Chiron: *Diamond Relat. Mater.*, 7, 986(1998).

[13]　H. Yamada et al.,: *Diamond Relat. Mater.*, 24, 29(2012).

[14]　C. L. Jia, K. Urban, and X. Jiang: *Phys. Rev.* B, 52, 5164(1995).

[15]　X. Jiang and C.-P. Klages: *Phys. Status Solidi* A, 154, 175(1996).

[16]　H. Kawarada et al.,: *J. Appl. Phys.*, 81, 3490(1997).

[17]　J. Yaita et al.,: *Jpn. J. Appl. Phys.*, 54, 04DH13(2015).

[18]　S. D. Wolter et al.,: *Appl. Phys. Lett.*, 66, 2810(1995).

[19]　W. Zhu, P. C. Yang, and J. T. Glass: *Appl. Phys. Lett.*, 63, 1640(1993).

[20]　T. Tachibana et al.,: *Diamond Relat. Mater.*, 5, 197(1996).

[21]　W. Liu et al.,: *J. Appl. Phys.*, 78, 1291(1995).

[22]　K. Ohtsuka et al.,: *Jpn. J. Appl. Phys.*, 35, L1072(1996).

[23]　K. Ohtsuka et al.,: *Jpn. J. Appl. Phys.*, 36, L1214(1997).

[24]　H. Aida et al.,: *Appl. Phys. Express* 9, 035504(2016).

[25]　S. Gsell et al.,: *Appl. Phys. Lett.*, 84, 4541(2004).

[26]　M. Fischer et al.,: *Diamond Relat. Mater.*, 17, 1035(2008).

[27]　M. Schreck et al.,: *Sci. Rep.*, 7, 44462(2017).

[28]　C. Stehl et al.,: *Appl. Phys. Lett.*, 103, 151905(2013).

[29]　T. Bauer et al.,: *Diamond Relat. Mater.*, 14, 314(2005).

[30]　K. H. Lee et al.,: *Diamond Relat. Mater.*, 66, 67(2016).

[31]　S.-W. Kim et al.,: *Appl. Phys. Lett.*, 117, 202102(2020).

[32]　Z. Dai et al.,: *Appl. Phys. Lett.*, 82, 3847(2003).

[33]　Z. Dai, C. Bednarski-Meinke, and B. Golding: *Diamond Relat. Mater.*, 13, 552(2004).

[34]　Y.-H. Tang and B. Golding: *Appl. Phys. Lett.*, 108,052101(2016).

[35]　A. Samoto et al.,: *Diamond Relat. Mater.*, 17, 1039(2008).

[36]　S. Yugo et al.,: *Appl. Phys. Lett.*, 58, 1036(1991).

[37]　N. C. Saha et al.,: *IEEE Electron Dev. Lett.*, 42, 903(2021).

第三节 使用金刚石半导体的耐高温器件制造和性能提高

一、引言

金刚石具有宽带隙（大约 5.5 eV）、高绝缘击穿电压（大于 10 MV/cm）、高迁移率［大约 4500 cm²/(V·s)］、高热导率［22 W/(cm·K)］等特性，因此有望成为新一代功率器件材料[1-3]。另外，除了宽带隙和高热传导性之外，其化学稳定性也很好，这表明基于金刚石的耐高温器件也有望具有优异的特性。图 1 是根据带隙值估算各种半导体的工作温度上限，及其与高温器件用途[2]相对应的结果。主要的高温器件用途在图 1 的右侧描述。作为可工作和不可工作区域的边界线，以半导体材料的带隙为基础，以半导体中本征载流子浓度在 10^{15} cm⁻³ 以下的线以及 PN 结的漏电流为 10^{-3} A/cm² 的线构成的区域为大致边界区域，推定了工作温度的上限。由此，带隙为 1 eV 左右的 Si、GaAs 的工作温度上限为 200℃左右，数 eV 左右的 SiC、GaN 为 600℃左右，而金刚石则有望在远高于 1000℃的高温下工作。作为目前热门话题的氧化镓也有较大的带隙（大约 4.9 eV），有望在 1000℃左右的范围下工作。

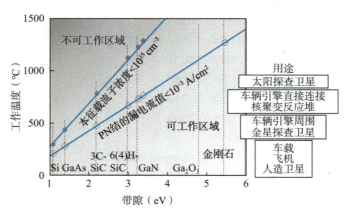

图 1　各种半导体的带隙、工作温度上限和使用用途
用途的记载位置与工作温度（纵轴）相对应

由于金刚石的带隙比氧化镓大，因此金刚石的工作温度上限高出数百℃左右。这样，由于金刚石可以在远高于 1000℃的温度下工作，因此可以覆盖图 1 所示的所有高温用途，显示出金刚石作为高温器件的极高潜力。另外，由于这些工作温度上限仅根据带隙值推测，因此，在实际器件中，由于各种因素，工作温度将低于该值。

此外，根据图 1，考虑到金刚石可能作为高温器件参与竞争的温度领域和用途，如①在比 Si 和 GaAs 的工作温度更高的 200～400°C 范围内作为车载功率器件的应用，或者②在相当高的温度（600～1000°C左右）下的特殊用途，如直接用于汽车发动机或太阳探测卫星上的器件用途等。关于①，作为耐高温功率器件，虽然在该温度范围需要与 SiC 和 GaN 竞争，但由于可以预见金刚石的主要掺杂剂硼的高温激活[4]，另外，有报告显示具有实用水平导电性的氢终端导电层由于表面钝化，能够稳定工作在数百摄氏度左右[5,6]，因此认为这是一个一分有前景的领域。关于氢终端金刚石的高温工作和功率特性，在本书的其他章节中将有详细论述，本节不再赘述。关于②，虽然是特殊用途，但由于是金刚石半导体独领风骚的温度范围，因此认为应该积极地进行器件研发。下面介绍笔者等人在①和②温度范围内关于金刚石器件特性的研发成果。

二、耐高温金刚石肖特基二极管的制造[7,8]

从上述观点出发，以金刚石器件的高温工作为目标的研发正在盛行[7-15]。特别是制作高温肖特基二极管的报告很多，这是因为在实现 n 型掺杂较为困难的金刚石中，p 型肖特基二极管的制作比 PN 结二极管的制作容易。虽然通过磷掺杂可以进行 n 型掺杂，但很难获得激活能非常高（大约 0.57 eV）的高电导率[16]。因此，笔者等人也着眼于硼（B）掺杂 p 型金刚石半导体，制作了肖特基二极管，通过改变肖特基电极的材料种类和提高肖特基/金刚石界面的质量，成功实现了在非常高温（大约 750°C）下的工作。

硼（B）掺杂金刚石半导体是通过微波等离子体 CVD 法在金刚石Ib（100）衬底上同质外延生长而制作的[7]。关于金刚石薄膜的晶体生长在其他章节有介绍，因此这里不做详细介绍。在目前的生长条件下，硼浓度约为 10^{17} cm^{-3}，室温迁移率为 1000 cm²/(V·s) 的低 B 掺杂金刚石半导体薄膜制备的重复性良好。另外，金刚石薄膜的表面平坦性也良好，根据原子力显微镜图像计算出的表面粗糙度（Ra）为 0.5 nm 左右。在这些金刚石半导体薄膜上对各种金属电极（Ag、Ni、Cu）进行制膜和微加工，制成肖特基二极管，并对高温下的电学特性进行了研究[7,8]。此外，肖特基电极面积为 3～5×100 μm²，欧姆电极是通过将 Ni/Ti 电极在 600°C 下烧结形成的。从肖特基电极的功函数（ϕ_M）来看（Ag：4.26 eV，Cu：4.65 eV，Ni：5.15 eV[17]），功函数小的 Ag 和 Cu 电极肖特基势垒高度较高，有望在更高温度下的工作。后面将要展示的实验结果也得到了相同结论，因此接下来将重点介绍 Ag 和 Cu 肖特基二极管的电学特性。

图 2a～c 展示了 Ag、Cu、Ni 肖特基二极管的电流-电压特性与温度的依赖关系。所有肖特基二极管在室温到一定程度的高温范围内均表现出整流性。Ag 和 Cu 肖特基二极管的整流比最大可达 5 位数，Ni 肖特基二极管也观察到约 3 位数左右的整流比。由于 Ag 和 Cu 的功函数较小，与 Ni 的功函数之间存在差异，如果将整流比降至 1 位数以下的温度视为工

作上限操作温度，那么对于 Ag 电极来说约为 750℃，对于 Cu 电极约为 700℃，而对于 Ni 电极约为 500℃。此外，随着温度的升高，各个肖特基二极管的正向电流增加，但根据最大正向电流值（@ + 6 V）的温度依赖性计算的活化能（E_a）约为 0.4 eV，与金刚石中硼杂质的 E_a（$E_a = 0.37$ eV）基本相等。由此可见，正向电流随温度升高的增加可以通过金刚石中硼的高温激活来解释。通过正向电流的热电子发射（TE）模型拟合，得到了肖特基势垒高度（ϕ_B）和理想因子（n）的值。

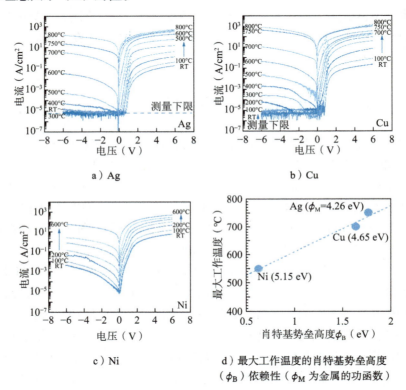

a）Ag

b）Cu

c）Ni

d）最大工作温度的肖特基势垒高度（ϕ_B）依赖性（ϕ_M 为金属的功函数）

图 2　肖特基二极管电流-电压特性的温度依赖性［室温（R.T.）大约 800℃，虚线为热电子发射模型对正向电流的拟合结果］

Cu 肖特基二极管在 700℃以下的温度范围内，ϕ_B 为 1.50 ± 0.20 eV，n 为 1.5～1.9；Ag 二极管在 700℃以下的温度范围内，ϕ_B 为 1.65 ± 0.20 eV，n 为 1.2～1.6；Ni 二极管在 500℃以下的温度范围内，ϕ_B 为 0.61 ± 0.12 eV，n 为 1.5～2.5。对于 Ag 和 Cu 肖特基二极管，n 值与理想值（1.0）相差不大，意味着从室温到约 700℃的高温范围内，正向电流行为可以用 TE 模型来描述。此外，二极管的 ϕ_B 随着肖特基电极 ϕ_M 的减小而增加。结果表明，随着 ϕ_B 的增加，二极管的工作温度上限随之增加，如图 2d 所示。这些结果表明，为了提高 p 型金刚石肖特基二极管的工作温度上限，需要选择 ϕ_M 较低的金属作为肖特基电极，从而实现较

高的 ϕ_B。

Ag 和 Cu 肖特基二极管均表现出在约 700～750℃的高温范围内工作的能力，但两者的高温稳定性存在显著差异。对于 Cu 肖特基二极管，在室温到 700℃的温度范围内，反向电流（漏电流）保持恒定，几乎没有变化。然而，对于 Ag 肖特基二极管，从 600℃左右开始，反向电流开始增加，到 700℃时比室温大两个数量级左右。Ag 二极管的这种反向漏电流增加可能源自 Ag 肖特基电极的高温劣化（例如氧化等）。这些结果表明，Cu 肖特基二极管在高温稳定性方面优于 Ag 肖特基二极管。此外，由于 Cu 的抗氧化性更好，熔点更高，材料成本更低，因此判断 Cu 更适合用作高温设备的肖特基电极。下一项将限定在 Cu 肖特基二极管方面，详细介绍金刚石耐高温功率肖特基二极管的制备和特性评估结果。

三、耐高温金刚石功率器件的制造[18]

如前项所示，Cu 金刚石肖特基二极管具有优异的耐高温特性。因此，笔者等人考虑到金刚石的耐高温功率器件应用，对 Cu 肖特基二极管在高温下的功率特性进行了评估。与前项相同，在硼轻掺杂金刚石半导体（[B] = ～10^{17} cm^{-3}，1000 cm^2/Vs@R.T.）上形成 3～5 × 100 μm^2 的 Cu 肖特基电极，制备了 Cu 肖特基二极管。此外，肖特基-欧姆电极间隔为 5～10 μm。从室温到 700℃的测量温度下，可以得到与图 2b 相同的整流特性，最大可以看到 5 位数左右的整流比。图 3 是研究 Cu 二极管电流-电压特性在高温下（400～600℃）的稳定性的结果。将 Cu 二极管在 400～600℃下保持 10～30 小时，研究了 n 值、肖特基势垒高度（ϕ_B）和 6 V 时反向电流值（J_R @6 V）随时间的变化。每经过一定的高温保持时间，测量电流-电压特性，计算 n 值、ϕ_B 等。保持在 400℃的情况下，30 小时内 n 值、ϕ_B 几乎都没有变化，如图 3a 所示。另一方面，保持在 600℃时，随着保持时间的增加，反向电流增加，室温测量下 4 位数左右的整流比在保持 10 小时后下降到 2 位数左右，如图 3b 所示。另外，关于 J_R 的高温保持时间依赖性，如图 3b 插入图所示，与保持在 400～500℃时几乎没有随时间变化相比，保持在 600～700℃时随着保持时间的增加，J_R 急剧增加。这些结果表明，Cu 肖特基二极管的劣化是从 600℃附近开始的。综合考虑上述结果，尽管 Cu 肖特基二极管的最高工作温度为 700℃，但考虑高温稳定性等因素，常规使用温度应保持在 400～500℃以下。

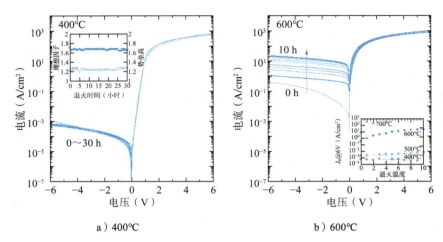

a）400℃　　　　　　　　b）600℃

图 3　Cu 二极管高温下电流-电压特性［a）400℃，b）600℃］的时间变化［插入图 a 显示出
二极管的 n 值和势垒高度的 400℃保持时间依赖性，插入图 b 显示出反向电流值（J_R @6 V）
在各种温度（400～700℃）下的保持时间依赖性］

　　基于上述结果以及第 1 项所述的耐高温金刚石器件的使用用途和温度考虑，笔者等人
对 Cu 二极管的功率特性在 400℃以下进行了评估。图 4 显示了 Cu 肖特基二极管在 400℃
和室温时反向电流的偏压依赖性。对于正向电流值，如图 2b 所示，在室温下，6 V 偏压时
约为 10^{-1} A/cm²，400℃时约为 10^2 A/cm²。在 400℃下，对反向电流进行了详细的评估和分
析，结果发现随着偏压的增加，反向电流逐渐增加，在 600 V 左右达到约 10 A/cm²，如图 4a
所示。随后，在 620 V 左右，反向电流增加速度加快，并在 713 V 处达到绝缘击穿。根据这
些结果，估计 Cu 肖特基二极管的绝缘击穿电压（V_{BR}）为 713 V。由于肖特基-欧姆间距为
7 μm，因此绝缘击穿电场约为 1.0 MV/cm。此外，从正向电流估算得到的导通电阻值（R_{ON}）
为 83.4 mΩ·cm²。然而，在室温下，V_{BR} 和 R_{ON} 分别为 952 V 和 13.3 Ω·cm²，如图 4b 所
示。在室温下，尽管耐压能力较高，但由于硼杂质的活性降低，R_{ON} 显著增加。这些 V_{BR} 和
R_{ON} 值是首次报道的金刚石肖特基二极管在 400℃下的值，与金刚石肖特基二极管在大约
250℃时的最高值（V_{BR} = 840 V 和 R_{ON} = 9.4 mΩ·cm²[14,19]）相当，并且与 6H-SiC 的理论
极限值（大约 1 mΩ·cm²@1000 V[20]）相匹敌。然而，这些值与金刚石半导体的理论极限值
（大约 0.03 mΩ·cm²@1000 V）相去甚远。尽管原因不明确，但我们认为这可能与 Cu 二极
管的绝缘击穿电压比金刚石材料的理论值（大约 10 MV/cm²[21]）小一个量级有关。此外，
我们制造的金刚石中尽管相对较少但仍存在电活性的晶体缺陷，可能对功率特性、特别是
V_{BR} 的降低产生了影响。因此，今后有必要通过改进晶体生长技术来降低晶体缺陷密度，改
善功率特性。

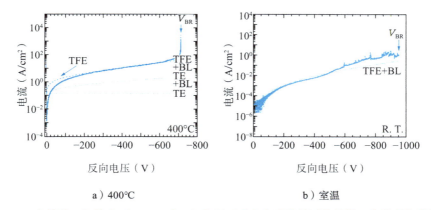

a）400℃　　　　　　　　　　　b）室温

图 4　Cu 肖特基二极管在 a）400℃和 b）室温下反向电流的偏压依赖性。虚线是各种模型
（TE，TE + BL，TFE，TFE + BL）的拟合结果，V_{BR} 是绝缘击穿电压

此外，为了查明反向漏电流的起源并加以抑制，研究人员对 400℃下的反向电流-电压特性进行了详细分析。使用的四个模型是热电子发射模型（TE），热电子发射和势垒高度降低的组合模型（TE + BL），热场发射模型（TFE），热场发射和势垒高度降低的组合模型（TFE + BL）[22-28]。这些模型都是经常用于分析肖特基二极管反向漏电流的模型。反向电流（J_R）由以下公式描述（各物理常数的符号见参考文献[22]-[28]）。

$$J_R = A^\cdot T^2 \exp\left(\frac{-q\phi_B}{kT}\right) \tag{TE}$$

$$J_R = A^\cdot T^2 \exp\left[-\frac{q}{kT}\left(\phi_B - \left(\frac{qE}{4\pi\varepsilon_s}\right)^{1/2}\right)\right] \tag{TE + BL}$$

$$J_R = A^\cdot T^2 \sqrt{q\pi E_\infty}/kT \times \left[V + \frac{\phi_B}{\cosh^2(E_\infty/kT)}\right]^{1/2} \times$$
$$\exp(-q\phi_B/(E_\infty \coth(E_\infty/kT)))\exp(qV/(E_\infty/kT - \tanh(E_\infty/kT))) \tag{TFE}$$

$$J_R = \frac{A^\cdot TqhE}{k}\sqrt{\frac{\pi}{2mkT}}\exp\left[-\frac{q}{kT} \times \left(V_{bn} - \sqrt{qE/4\pi\varepsilon_s} - \frac{q(hE)^2}{24m(kT)^2}\right)\right] \tag{TFE + BL}$$

另外，TFE 模型中使用的 E_∞ 是依赖于隧穿通过三角型势垒概率的能量，表示为：
$\frac{q\hbar}{4\pi}\left(\frac{N}{m^*\varepsilon_0\varepsilon_s}\right)^{1/2}$。[24]

图 4a 中展示了使用这些公式对实验数据进行拟合的结果（假定 $\phi_B = 1.13$ eV。在这种情况下得到了最佳拟合结果）。对于 TE 或 TE + BL 模型的拟合，实验数据与 J_R 行为的偏差较大，无法解释 J_R 在肖特基势垒处的隧穿电流，而肖特基势垒隧穿电流的 TFE 或 TFE + BL 模型的拟合结果与实验数据相符，并且 TFE + BL 模型在低偏压区域的拟合度更高。需要注意的是，在 TFE 模型中，E_∞ 被估计为 400℃时为 1.5 meV，相应于载流子浓度约为 3 ×

10^{16} cm^{-3}（其中，$m^* = 0.908$ m$_0$[27]，$\varepsilon_s = 5.7$）。由这个 E_∞ 值估算得到的载流子浓度与笔者等人的金刚石薄膜 B 掺杂浓度（大约 10^{17} cm^{-3}）一致，被认为是合理的值。由这些结果可知，笔者等人制造的 Cu 肖特基二极管在高温下的 J_R 能够很好地用 TFE + BL 模型描述。通常，宽禁带半导体（如 GaN 等）的 J_R 较高，通常使用考虑到隧穿电流的 TFE 相关模型来描述，因此可以认为这里采用 TFE + BL 模型是合理的。

另一方面，对于室温下的 J_R，同样使用 TFE + BL 模型进行拟合，得到 ϕ_B 为 0.76 eV 的曲线与实验数据相符，如图 4b 所示。然而，这个 0.76 eV 的 ϕ_B 值仅为从正向电流得到的 ϕ_B 值（大约 1.5 eV）的一半左右，因此需要进一步改进拟合模型。此外，如前所述，400℃ 时的 J_R 行为能够很好地用 TFE + BL 模型解释，但 ϕ_B 为 1.13 eV，比根据正向电流特性估算的值低约 0.3 eV。理论上，根据正向和逆向电流得到的 ϕ_B 值应该相同。这些结果表明，即使使用 TFE + BL 模型，也不能完全解释 J_R 行为，因此需要考虑其他降低 ϕ_B 的因素，例如边缘效应等，这是未来的研究方向。

四、耐高温金刚石晶体管的制造[29]

上述结果是关于耐高温肖特基二极管的，在此简单地介绍笔者等人制作的耐高温金刚石场效应晶体管（FET）。笔者等人使用硼（B）离子注入层制备了耐高温金刚石 FET[29]。使用 B 注入层作为沟道层，其原因是考虑到与 CVD 中的原位掺杂相比，掺杂层厚度更容易控制，并且笔者等人提出了新的高温高压退火法作为离子注入层的激活方法[30]。结果显示，金刚石在相稳定的高压下（大约 6 GPa）使用高温退火，与通常的真空退火等相比，可以提高 1～2 位数的掺杂激活率。使用该方法制备了 B 离子注入层作为沟道层的肖特基栅 FET（Al 肖特基栅极，栅长度和宽度分别为 5 μm 和 100 μm），并进行了高温特性评估。

图 5 是 Al 栅金刚石 FET 的结构图，以及从室温到 550℃下测量的漏极电流-电压特性的栅极电压（V_g）依赖性。从室温到大约 500℃，可以观测到 V_g 引起的电流调制和漏极电流夹断等，表明 FET 正常工作。另外，观测到了随着 V_g 的增加电流降低的耗尽型行为。漏极电流随着测量温度的升高而增大，如下所示，可以通过高温下 B 的激活进行说明。从 $V_g = 0$ V，$V_D = -20$ V 时漏极电流值的温度依赖性求出注入层内 B 的活化能（E_a）约为 0.17 eV，与根据 B 注入层的电导率-温度曲线求出的 E_a（大约 0.1 eV）基本一致。另外，室温至 500℃时晶体管特有的漏极电压-电流特性出现，550℃时出现明显的栅极漏电流，600℃以上则无法对漏极电流进行栅极调制。这些结果表明所制备的 B 注入金刚石场效应晶体管的最大工作温度约为 500℃。另外，在对 FET 施加足够高的栅极电压（$V_g = 100$ V），使漏极电流值非常低的情况下进行耐压测量时，FET 的耐压为 530 V（大约 1.1 MV/cm）[29]。这与前项 Cu 肖特基二极管得到的绝缘击穿电压（大约 1 MV/cm）基本相同，可以认为是一个合理的耐压值。

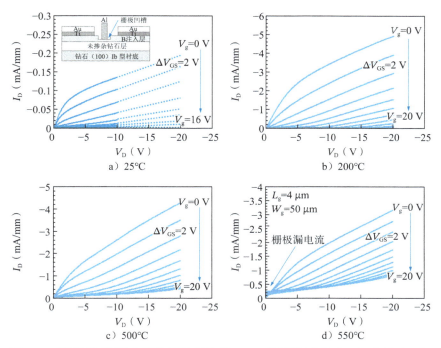

图 5　Al 栅金刚石场效应晶体管从室温到 550℃下的漏极电流（I_D）-电压（V_D）
特性（左上插入图为晶体管结构）

　　另外，研究人员还对晶体管的栅极（Al 肖特基栅极）电流-电压特性进行了研究，发现随着测量温度的升高，反向电流值不断增大，在 600℃时，整流比小于 1，整流性消失[29]。Al 栅极整流性消失的温度被认为决定了场效应晶体管的上限工作温度。另外，高温下反向电流的急剧增加，可能来源于离子注入层内的注入损伤。实际上，在前项所示的 Cu 肖特基二极管中，这种反向电流的急剧增加没有发生，直到大约 700℃，整流性比大于 1。因此，可以认为，通过使用 CVD 原位掺杂控制厚度的 B 掺杂层作为沟道层制作 Cu 肖特基栅场效应晶体管，可以进一步提高上限温度。为了进一步提高金刚石场效应晶体管的工作温度，笔者等人将继续进行研究。

五、总结

　　本节介绍了笔者等人制作的耐高温金刚石器件（肖特基二极管以及 FET）。成功地进行了肖特基二极管在大约 750℃下、FET 在大约 500℃下的高温工作。对高温下（大约 400℃）肖特基二极管的功率特性进行了研究，得出 R_{ON} 为 83.4 mΩ·cm^2，V_{BR} 为 713 V（大约 1.0 MV/cm）。虽然仍有改进的余地，但已经得到了接近 6H-SiC 理论极限（大约 1 mΩ·

cm^2@1000 V）的数值，从而证实了金刚石半导体作为耐高温功率器件具有很高的潜力。但是，金刚石作为耐高温（功率）器件的潜力尚未完全发挥，因此认为必须开发能够降低金刚石中的晶体缺陷和在高温下稳定工作的掺杂技术。近年来，发现了氢终端钝化[5,6]等在高温下能够实现大电流，因此可以认为，将来解决掺杂问题后，可以开发出实用水平的耐高温器件。笔者等人也打算继续在这方面进行研究，取得与实用水平的耐高温器件制作相关的结果。

参考文献

[1]　J. Isberg: *Science* 297(2002), 1670.

[2]　M.R. Werner and W. R. Wolfgang: *IEEE Trans., Ind. Electron*, 48, 249(2001).

[3]　A. Veskan et al.,: *Dia. Relat. Mater.* 7, 581(1998).

[4]　T. H. Borst and O. Weis: *Diamond Relat. Mater.* 4, 948(1995).

[5]　A. Daicho et al.,: *J. Appl. Phys.* 115, 223711(2013).

[6]　H. Kawarada et al.,: *Appl. Phys. Lett.*, 105, 013510(2014).

[7]　K. Ueda et al.,: *Dia. Relate. Mater.* 38, 41(2013).

[8]　K. Ueda, K. Kawamoto and H. Asano: *Jpn. J. Appl. Phys.* 53, 04EP05(2014).

[9]　G. S. Gildenblat et al.,: *IEEE Electron. Device Lett.* 9, 371(1990).

[10]　Y. Chen, M. Ogura and H. Okushi: *Appl. Phys. Lett.* 82, 4367(2003).

[11]　T. Teraji, Y. Koide and T. Ito: *Phys. Status Solidi*(RRL) 3, 211(2009).

[12]　H. Umezawa et al.,: *Diamond Relat. Mater.* 24, 201(2012).

[13]　S. Kone et al.,: *Diamond Relat. Mater.* 27-28, 23(2012).

[14]　K. Ikeda et al.,: *Appl. Phys. Express* 2, 011202(2009).

[15]　M. Malakoutian et al.,: *J. Electron Dev. Soc.* 8, 614(2020).

[16]　S. Koizumi and M. Suzuki: *Physica Status Solidi*(c) 203, 3358(2006).

[17]　H. B. Michaelson: *J. Appl. Phys.* 48, 4729(1977).

[18]　K. Ueda, K. Kawamoto and H. Asano: *Dia. Relate. Mater.* 57, 28(2015).

[19]　H. Umezawa, Y. Kato and S. Shikata: *Appl. Phys. Express* 6, 011302(2013).

[20]　C. Raynaud et al.,: *Dia. Relat. Mater.* 19, 1(2010).

[21]　C. A. Clain and R. Desalbo: *Appl. Phys. Lett.* 63, 1895(1993).

[22]　S. M. Sze: Physics of Semiconductor Devices, 2nd ed. Wiley, NewYork, 1981.

[23]　A. Veskan et al.,: *Diam. Relat. Mater.* 4, 661(1995).

[24] Z. J. Horváth: *J. Appl. Phys.* 64, 6780-6784(1988).

[25] S. Oyama. T. Hashizume and H. Hasegawa: *Appl. Surf. Sci.* 190, 3222(2002).

[25] T. Hatakeyama and T. Shinohe: *Mater. Sci. Forum* 389-393, 1169(2002).

[27] P.-N. Volpe et al.,: *Appl. Phys. Lett.* 94, 092102(2009).

[23] H. Umezawa et al.,: *Appl. Phys. Lett.* 90, 073506(2007).

[29] K. Ueda and M. Kasu: *Jpn. J. Appl. Phys.* 49, 04DF16(2010).

[30] K. Ueda, M. Kasu and T. Makimoto: *Appl. Phys. Lett.* 90, 22102(2007).

第四节 通过 NO_2 吸附和 Al_2O_3 钝化改善金刚石 FET 的热稳定性和大电流工作

一、引言

作为宽禁带半导体的金刚石具有一系列出色的物理特性，如极高的绝缘击穿电场（约为 10 MV/cm）和物质中最高的热导率［22 W/(cm·K)］。因此，金刚石晶体管和肖特基势垒二极管等器件被期望应用于高功率和高效率的功率设备[1-3]。目前制造的金刚石晶体管可以分为以下几种类型：①利用杂质掺杂层作为沟道的晶体管[4-6]，②利用反型层作为沟道的晶体管[7]，③利用在金刚石表面附近由氢终端引起的二维空穴气作为沟道的晶体管[8-10]。本节将重点介绍利用二维空穴气作为沟道的金刚石场效应晶体管（FET），并阐述通过 NO_2 吸附和 Al_2O_3 钝化的组合改善其热稳定性和实现大电流工作的原理[11,12]。

二、通过 NO_2 吸附和 Al_2O_3 钝化实现高密度二维空穴气的热稳定化

在含有氢等离子体的环境中，将不掺杂或低浓度硼掺杂的金刚石表面的碳原子进行氢终端处理，会在氢终端表面附近形成高空穴密度（约 1×10^{13} cm^{-2}）的二维空穴气[13,14]。与其他半导体材料的氢终端表面不同，金刚石表面不会形成自然氧化膜，因此氢终端表面和二维空穴气可以在常温和大气中稳定存在。关于二维空穴气形成的机制仍在争论中，但目前认为大气中的分子在氢终端表面吸附时会生成空穴[15-18]。

NTT 在利用这种二维空穴气作为沟道的金刚石 FET 方面取得了一系列成就，报告了金刚石 FET 在最大振荡频率（f_{max}，120 GHz）[19]和微波频段（1 GHz）的高功率密度（P_{out}，2.1 W/mm）等方面全球最高的性能[20]。此外，评估了大气中存在的各种分子与空穴密度的关系，并揭示了 NO_2、NO、O_3 和 SO_2 的吸附会显著增加空穴密度。根据第一性原理计算，

这 4 种吸附分子的 LUMO（Lowest Unoccupied Molecular Orbital，最低未占用分子轨道）能级和 SOMO（Single Occupied Molecular Orbital，单占据分子轨道）能级位于金刚石的价带上端附近，因此在金刚石表面形成的二维空穴气，据信是由于金刚石价带电子向吸附分子的 LUMO 或 SOMO 能级迁移引起的，如图 1 所示[15]。

此外，发现在高浓度的 NO_2 气氛中吸附 NO_2 到氢终端表面，相较于大气中可以获得数倍的空穴密度（$2 \times 10^{13} \sim 1 \times 10^{14}$ cm^{-2}）[21-23]。然而，在高浓度的 NO_2 气氛下增加了空穴密度的氢终端表面，当恢复到大气中时，随着时间的推移，NO_2 会从表面解离，空穴密度会降低到吸附高浓度 NO_2 之前的状态（大约 1×10^{13} cm^{-2}）。在真空环境或高温环境中，含有 NO_2 的吸附分子从金刚石表面解离更加迅速，空穴密度减少了数个数量级。因此，为了抑制 NO_2 从氢终端表面的解离，实现二维空穴气的热稳定，采用 Al_2O_3 对吸附了高浓度 NO_2 的金刚石表面进行了钝化[11,12,24]。

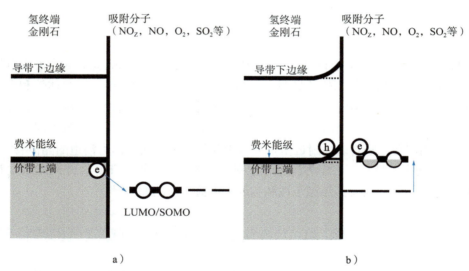

图 1　a）金刚石价带上端和吸附分子 LUMO/SOMO 能级的位置关系
b）电子向吸附分子 LUMO/SOMO 能级的转移和二维空穴气的形成

NO_2 在氢终端金刚石表面的吸附过程包含以下步骤：首先采用氢等离子体对金刚石进行氢终端表面处理，随后将经处理的金刚石表面暴露于含 2%NO_2 的氮气氛围中。然后立即通过原子层沉积（ALD）法形成膜厚为 8～16 nm 的 Al_2O_3 钝化膜。在进行 NO_2 吸附和 Al_2O_3 钝化的氢终端金刚石 (001) 材料上，二维空穴气的空穴密度和迁移率的温度依赖性如图 2 所示。二维空穴气的空穴密度与载流子迁移率是通过 van der Pauw 法进行霍尔效应测量得到的。在室温至 400℃ 的往复测量中，加热时测量的结果与冷却时测量的结果基本一致，能够维持约 2×10^{13} cm^{-2} 的高空穴密度。可以认为，高温加热时迁移率的减少是声子散射引起的。因此，通过 Al_2O_3 钝化，能够得到即使在真空 400℃的热循环下也不会劣化的热稳定二维空穴气。室温下的方阻约为 5 kΩ/sq。[25]

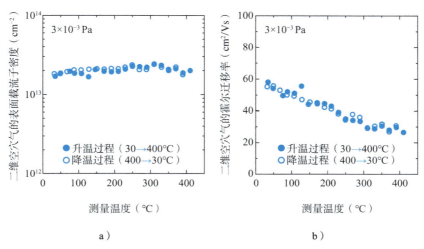

图 2　二维空穴气表面载流子密度与迁移率的温度依赖性

三、实现金刚石 FET 在高温环境下的稳定工作

对于伴随大功率工作的功率器件，由于功率损耗产生的发热影响较大，因此要求在高温环境中稳定工作。在 NTT 中，利用上述 NO_2 吸附和 Al_2O_3 钝化组合的金刚石 FET，实现了高温环境中的稳定工作[11]。FET 结构如图 3 所示。漏极和源极两电极间的氢终端表面暴露于 NO_2 后，用 ALD 法形成 Al_2O_3 钝化膜，最后在 Al_2O_3 钝化膜上通过剥离工艺形成 Al 栅极。Al_2O_3 钝化膜除了具有抑制 NO_2 从氢终端表面脱离的作用外，还作为栅极绝缘膜发挥作用。根据电容-电压（CV）测量评估，Al_2O_3 钝化膜的相对介电常数为 7.4。用上述工艺制作的金刚石场效应晶体管的典型小信号高频特性和输入输出功率特性如图 4 所示。小信号高频特性中的电流增益截止频率（f_T）和 f_{max} 分别为 35 GHz 和 70 GHz，1 GHz 的输入输出功率特性中的 P_{out} 为 2 W/mm，均展示了良好的高频特性。

图 5a 是具有 Al_2O_3 钝化膜的金刚石 FET 在真空中加热到 200℃时和其前后室温下的漏极电流-漏极电压（I_{DS}-V_{DS}）特性。栅极长度（L_G）为 0.4 μm，Al_2O_3 钝化膜的膜厚为 8 nm，在金刚石(001)单晶衬底上制作。加热前的最大漏极电流（I_{DSmax}）为 −200 mA/mm。加热到 200℃时 I_{DSmax} 减少到 −180 mA/mm，降温至室温后 I_{DSmax} 恢复到加热前的初始值（−200 mA/mm）。这样，I_{DS}-V_{DS} 特性在 200℃加热前后没有变化，在真空中从室温到 200℃的热循环中得到了稳定的 I_{DS}-V_{DS} 特性。图 5b 是 V_{DS} = −5 V 时的漏极电流-栅极电压（I_{DS}-V_{GS}）特性。阈值电压

（V_{th}）在200℃加热时和加热前后室温下没有变化，由此可知二维空穴气的空穴密度得以维持。这是因为 Al_2O_3 钝化膜抑制了 NO_2 的脱离。200℃加热时 I_{DS} 的减少是由于声子散射引起的迁移率降低导致的。

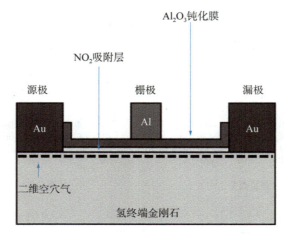

图 3　利用 NO_2 吸附和 Al_2O_3 钝化的金刚石 FET 示意图

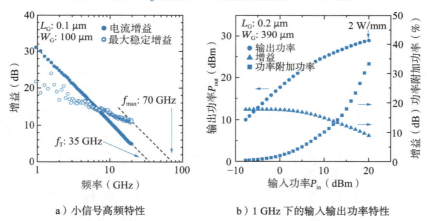

a）小信号高频特性　　　　　b）1 GHz 下的输入输出功率特性

图 4　具有 Al_2O_3 钝化膜的金刚石 FET 的 a）小信号高频特性和
b）1 GHz 下的输入输出功率特性

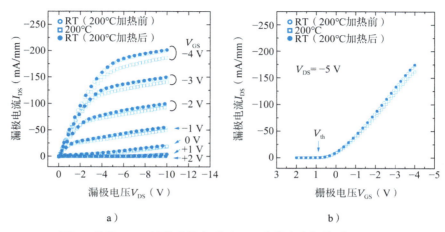

图 5 具有 Al$_2$O$_3$ 钝化膜的金刚石 FET 在真空中加热到 200℃和
前后室温下的 a）I_{DS}-V_{DS} 特性和 b）I_{DS}-V_{GS} 特性

图 6 显示了真空中 200℃加热时 I_{DS} 和栅漏电流（I_G）随时间的变化。长时间加热后 I_{DS} 并未减少，表明 Al$_2$O$_3$ 钝化膜能够长期抑制 NO$_2$ 的解离。此外，栅漏电流在加热过程中也是稳定的，没有观察到变化。这表明在金刚石表面和 Al$_2$O$_3$ 钝化膜之间，或者与 NO$_2$ 之间，并没有发生氧化或非晶化等反应，且经过钝化的金刚石表面在结构上是稳定的。因此，Al$_2$O$_3$ 钝化使得在真空高温环境中，氢终端表面和 NO$_2$ 吸附层的稳定变得可能，实现了具有热稳定二维空穴气的金刚石场效应晶体管（FET）[11]。

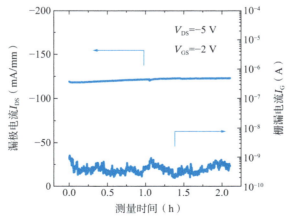

图 6 真空中加热到 200℃时 I_{DS} 和 I_G 随时间的变化

四、在多晶金刚石衬底上实现超过−1 A/mm 的大电流 FET

氢终端金刚石的二维空穴气不仅可以形成在单晶金刚石表面，也可以在多晶金刚石表面形成。在制造金刚石器件时，通常使用与其他面取向相比具有更大面积的单晶金刚石 (001) 衬底，因为这种衬底更容易获得。但是在多晶金刚石中，(110) 面是主导的，与单晶金刚石 (001) 衬底相比，二维空穴气的空穴密度更高，可以形成更低电阻的二维空穴气沟道。这被认为是由于金刚石表面 C—H 键的密度差异引起的。此外，市售的单晶金刚石衬底尺寸通常小于 1 in，而市售多晶金刚石衬底尺寸已经超过 4 in。因此，多晶金刚石衬底在利用二维空穴气的金刚石场效应晶体管（FET）应用上是有用的。

因此，利用 NO_2 吸附和 Al_2O_3 钝化的金刚石 FET 可以在 (110) 多晶金刚石衬底上制备。图 7a 表示 I_{DSmax} 的 L_G 依赖性。Al_2O_3 钝化膜的膜厚为 16 nm。与没有 Al_2O_3 钝化膜的氢终端金刚石 FET 相比，具有 Al_2O_3 钝化膜的 NO_2 吸附氢终端金刚石 FET 得到了高出 2 倍以上的 I_{DSmax}。该高 I_{DSmax} 由于 Al_2O_3 钝化膜而得以维持通过吸附高浓度 NO_2 而增大的空穴密度。对于栅极长度为 0.4 μm 的金刚石 FET，得到了−1.35 A/mm 的 I_{DSmax}，如图 7b 所示[12]。−1.35 A/mm 是迄今为止金刚石 FET 中的最高漏极电流值，与 AlGaN/GaN 高电子迁移率晶体管（High electron mobility transistor，HEMT）相当。以栅极宽度（W_G）归一化的导通电阻（$R_{on} \cdot W_G$）为 5 Ω·mm，是迄今为止金刚石 FET 中最低的。

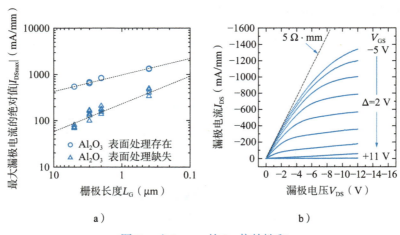

a）   b）

图 7 a）I_{DSmax} 的 L_G 依赖性和
b）L_G 为 0.4 μm 时金刚石 FET 的 I_{DS}-V_{DS} 特性

图 8 展示了 $R_{on} \cdot W_G$ 与 L_G 的依赖关系。栅极-源极间距和栅极-漏极间距均为 1 μm，V_{DS} 为−0.1 V，$V_{GS} - V_{th}$ 为−16 V。金刚石 FET 的 $R_{on} \cdot W_G$ 由串联的三个电阻确定（两个

寄生电阻 $R_p \cdot W_G$，即栅极-源极和栅极-漏极寄生电阻，以及栅极电极正下方的沟道电阻 $R_{ch} \cdot W_G$（见图 8 插图）。由于图 8 中绘制的器件栅极-源极间距以及栅极-漏极间距相同，因此无论 L_G 如何取值，两个寄生电阻 $R_p \cdot W_G$ 的值都是相同的。因此，$R_{on} \cdot W_G$ 的 L_G 依赖性可以用以下公式描述。

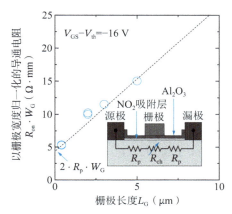

图 8　$R_{on} \cdot W_G$ 与 L_G 的依赖关系

$$R_{on} \cdot W_G = R_{ch} \cdot W_G + 2 \cdot R_P \cdot W_G \tag{1}$$

$$= \frac{1}{\mu_{eff+} \cdot C_{ox} \cdot |V_{GS} - V_{th}|} \cdot L_G + 2 \cdot R_p \cdot W_G \tag{2}$$

膜厚为 16 nm 的 Al_2O_3 钝化膜的栅氧化膜电容（C_{ox}）通过 CV 测试测得为 0.33 μF/cm²。通过公式(2)的拟合，可以估算场效应晶体管（FET）在工作时的有效迁移率（μ_{eff}）为 110 cm²/(V·s)。L_G 在 2 mm 以下的范围内，由于导通电阻中寄生电阻起主导作用，因此为了进一步增加金刚石 FET 的漏极电流（I_{DS}），未来研究的关键在于降低栅极-源极和栅极-漏极之间的寄生电阻。

五、总结

本节基于 NO_2 吸附和 Al_2O_3 钝化，开发了氢终端金刚石表面附近二维空穴气的稳定化以及空穴密度控制技术。通过该技术，可以同时提高金刚石场效应晶体管的热稳定性和最大漏极电流，向功率器件的应用迈进了一大步。为了进一步降低金刚石 FET 的导通电阻，实现大电流化，今后，实现二维空穴气的高迁移率化等以降低沟道电阻及寄生电阻非常重要。

参考文献

[1] 平間一行，川原田洋：次世代パワー半導体，エヌ・ティー・エス，251-263(2008).

[2] H. Umezawa: *Mater. Sci. Semicond. Process.*, 78, 147(2018).

[3] J. Y. Tsao et al.,: *Adv. Electron. Mater.*, 4, 1600501(2018).

[4] T. Iwasaki et al.,: *IEEE Electron Device Lett.*, 35, 241(2014).

[5] H. Umezawa, T. Matsumoto and S. Shikata: *IEEE Electron Device Lett.*, 35, 1112(2014).

[6] H. Kato et al.,: *Diamond Relat. Mater.*, 34, 41(2013).

[7] T. Matsumoto et al.,: *Sci Rep.*, 6, 31585(2016).

[8] J. Tsunoda et al.,: *Carbon*, 176, 349(2021).

[9] S. A. O. Russell et al.,: *IEEE Electron Device Lett.*, 33, 1471(2012).

[10] M. Kasu et al.,: *Appl. Phys. Exp.*, 14, 051004(2021).

[11] K. Hirama et al.,: *IEEE Electron Device Lett.*, 33, 1111(2012).

[12] K. Hirama et al.,: *Jpn. J. Appl. Phys.*, 51, 090112(2012).

[13] M. I. Landstrass and K. V. Ravi: *Appl. Phys. Lett.*, 55, 975(1989).

[14] H. Kawarada: *Surf. Sci. Rep.*, 26, 163(1996).

[15] Y. Takagi, K. Shiraishi and M. Kasu: *Surf. Sci.*, 609, 203(2013).

[16] L. Ley et al.,: *Physica* B, 376, 262(2006).

[17] M. Iida et al.,: *Jpn. J. Appl. Plys.*, 44, 842(2005).

[18] K. Hirama et al.,: *Appl. Phys. Lett.*, 92, 112107(2008).

[19] K. Ueda et al.,: *IEEE Electron Device Lett.*, 27, 570(2006).

[20] M. Kasu et al.,: *Electron. Lett.*, 41, 1249(2005).

[21] M. Kubovic and M. Kasu: *Appl. Phys. Exp.*, 2, 086502(2009).

[22] M. Kubovic and M. Kasu: *Jpn. J. Appl. Phys.*, 49, 110208(2010).

[23] H. Sato and M. Kasu: *Diamond Relat. Mater.*, 24, 99(2012).

[24] M. Kasu, H. Sato and K. Hirama: *Appl. Phys. Exp.*, 5, 025701(2012).

[25] M. Kasu: *Jpn. J. Appl. Phys.*, 56 01AA01(2017).

第四章

Ga$_2$O$_3$（氧化镓）功率半导体

第一节 β 型氧化镓功率器件开发

一、引言

氧化镓（Gallium oxide，Ga$_2$O$_3$）由于其非常大的带隙能量，因此在高压和高功率器件中具有很高的半导体材料适应性。事实上，计算用于表示半导体在功率器件应用中的材料潜力的巴利加优值（Baliga's figure of merit）时，Ga$_2$O$_3$ 的值是硅（Silicon，Si）的 1000 倍以上，大约是代表性的宽禁带半导体碳化硅（Silicon carbide，SiC）和氮化镓（Gallium nitride，GaN）的数倍，因此对这种材料的高潜力寄予厚望。此外，它还具有可以使用熔融法制备单晶块的优点，这在 Si、蓝宝石等晶圆制造中得到应用。这一优点意味着可以通过相对廉价的工艺制造大尺寸和高质量的晶圆，因此对实现产业化是一个关键点。主要由于这两个特征，Ga$_2$O$_3$ 备受瞩目，成为继 SiC 和 GaN 之后的新一代功率器件半导体候选材料，并且目前该材料和器件的开发正蓬勃发展。

本节主要介绍 Ga$_2$O$_3$ 的物性，然后重点介绍了我们小组在 Ga$_2$O$_3$ 晶体管和肖特基势垒二极管开发方面的工作，同时也介绍其他机构的研究成果。

二、对功率器件应用至关重要的 Ga$_2$O$_3$ 物性

Ga$_2$O$_3$ 是Ⅲ族氧化物半导体的一种，以其晶体多型性而闻名[1]。最稳定的晶相是具有单斜晶系结构的 β-Ga$_2$O$_3$。其他晶相对应于亚稳定结构，主要通过异质外延在异质材料衬底上进行低温生长获得。本节将重点放在 β-Ga$_2$O$_3$ 这种最稳定结构上，这是我们小组研究的对象。

β-Ga_2O_3 的带隙能量为 4.5 eV，明显高于 SiC、GaN 的 3.3～3.4 eV[2]。这 1 eV 以上的差异导致了 β-Ga_2O_3 的绝缘击穿电场理论预测值超过 8 MV/cm[3]。值得注意的是，实际测量中也报道了超过 7 MV/cm 的数值[4]。另一方面，室温下电子迁移率被认为最大约为 200 cm^2/(V·s)[5]。这是由于其单斜晶系的晶体结构缺乏对称性，处于能量范围较广的纵光学声子模式中，约为 40 meV 的能量会有效地限制室温迁移率，成为主要的散射因子。相对介电常数约为 10，与其他主要半导体相当。通过计算这三个物性参数，可以得出 β-Ga_2O_3 作为功率器件半导体的基本性能指标，即巴利加优值，如前所述达到了非常大的值。这是因为该指数与迁移率和相对介电常数只是简单的线性关系，而与绝缘击穿电场的关系却是与其三次方成正比例。

除了晶相，Ga_2O_3 作为材料存在两个问题。一个问题是在 n 型 Ga_2O_3 中，通过施主杂质掺杂可以在 10^{15}～10^{20} cm^{-3} 的广泛范围内控制电子浓度。然而，仍然没有实现具有良好的空穴导电性的 p 型 Ga_2O_3，而且未来实现的希望也很渺茫。这是因为获得空穴导电性因为以下三点而存在困难：

（1）锌（Zn）、镁（Mg）、氮（N）等受主杂质在 Ga_2O_3 中形成激活能大于 1 eV 的能级，因此在室温下的激活率非常小[6,7]。

（2）由于价带结构是由强结合的 O 2p 轨道形成的，带边几乎是没有能量变化的平坦形状，因此导致空穴有效质量非常大[8-10]。

（3）除了前述的大有效质量外，理论上空穴在 Ga_2O_3 中被局部俘获，因此在低电场或扩散情况下无法有效传导[11]。

还有一个问题是由于 Ga_2O_3 是氧化物半导体，其热导率较低，因此在高功率运行时由于自发热而导致性能下降。实际上，与 Si、SiC、GaN 相比，Ga_2O_3 的热导率要小一个数量级以上[12,13]。

三、Ga_2O_3 晶体管

（一）横向型 FET

1. MESFET

笔者的团队在 2011 年率先实现了单晶 Ga_2O_3 晶体管的验证[14]。所制作的晶体管采用了图 1 中所示的金属-半导体场效应晶体管（MESFET）结构。正如图 2 中的直流漏极电流-电压（I_d-V_d）输出特性所示，通过栅极电压（V_g）实现了 I_d 的调制，并且夹断特性也非常良好。此外，关态电压（V_{br}）为 250 V，I_d 的开关比达到了 4 位数。这一 MESFET 的报告成为全球 Ga_2O_3 研究与开发的开端。

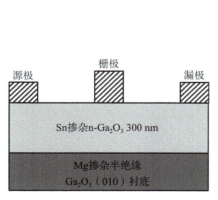

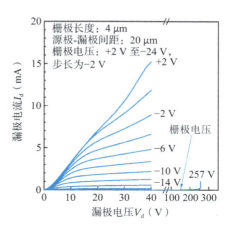

图 1　Ga₂O₃ MESFET 的断面结构示意图　图 2　Ga₂O₃ MESFET 的直流 I_d-V_d 输出特性

2. 耗尽型 MOSFET

Ga₂O₃ MESFET 存在着源极/漏极电极的欧姆接触电阻较高的问题。为解决这个问题，笔者团队开发了 Si 离子注入掺杂技术[15]。在经过 900～1000℃ 的退火处理后，注入 Ga₂O₃ 中的 Si 可以高效（60%以上）地激活。因此，通过在接触区域下方选择性注入 Si 并掺杂至高浓度（5×10^{19} cm⁻³），成功地将接触特性电阻改善至 1×10^{-5}Ω·cm² 以下。

随后，除了 Si 离子注入掺杂外，笔者团队还引入了通过原子层沉积法形成的 Al₂O₃ 栅极绝缘膜到上述的 MESFET，从而制作了耗尽型 Ga₂O₃ MOSFET[16]。图 3 展示了其断面结构示意图。n-Ga₂O₃ 沟道、n⁺-Ga₂O₃ 源漏区域分别由通过分子束外延（MBE）生长的无掺杂 Ga₂O₃ 层经离子注入掺杂形成，使得其 Si 浓度分别达到 3×10^{17} cm⁻³ 和 5×10^{19} cm⁻³。

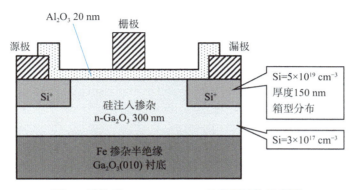

图 3　耗尽型 Ga₂O₃MOSFET 的断面结构示意图

图 4 展示了制作的 Ga_2O_3 MOSFET 的直流 I_d-V_d 输出特性。可以看出，与 MESFET 器件相比，正向线性特性和饱和特性均得到了显著改善。这是由于源极/漏极电极的欧姆接触电阻降低的效果。最大的 I_d 为 65 mA/mm，相比 MESFET 增加了两倍以上。此外，V_{br} 也显示了显著的改善，达到了 400 V，而 I_d 开关比则随着漏电流的显著降低，达到了 10 个数量级以上。另外，笔者团队还确认了该器件在高达 300℃的温度下仍然具有稳定的性能。

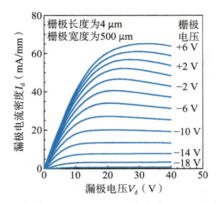

图 4　显示了 Ga_2O_3 MOSFET 的直流 I_d-V_d 输出特性

这种耗尽型 Ga_2O_3 MOSFET 的结构后来成为世界各地进行的许多横向型 Ga_2O_3 FET 开发的基本结构。

3. 场板 MOSFET

场板是半导体器件中经常用来增大 V_{br} 的终端结构之一。在横向型 FET 结构中，主要用于缓和集中在栅极漏极端的电场。

笔者团队制作了一种在耗尽型 Ga_2O_3 MOSFET 中引入栅极连接型场板的结构，并评估了其器件特性（如图 5 所示）[17]。结果是，由于场板的效应，V_{br} 增加到 750 V。需要注意的是，最大的 I_d 和其他正向特性没有变化。其他机构持续进行了场板 Ga_2O_3 MOSFET 的器件开发，目前已经报告了 $V_{br} > 2$ kV 等卓越的特性[18-20]。

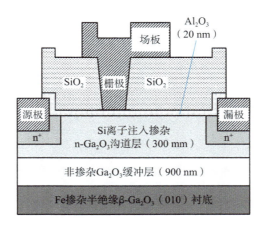

图 5 Ga₂O₃ MOSFET 的断面结构示意图

4. 调制掺杂 FET

仿效 AlGaAs/GaAs 高电子迁移率晶体管的(AlGa)₂O₃/Ga₂O₃ 调制掺杂 FET，已有相关报告[21,22]。该结构通过在(AlGa)₂O₃ 势垒层中掺杂施主杂质，制备了以(AlGa)₂O₃/Ga₂O₃ 界面形成的二维电子气作为沟道的器件结构。使用(AlGa)₂O₃/Ga₂O₃ 调制掺杂 FET 主要是针对高频应用进行的开发，同时也报告了作为功率器件的高耐压 FET，显示出可适用于功率器件的器件特性[23]。

5. 常关型 FET

通过将沟道的膜厚减薄或者减小掺杂浓度，可以制备增强型 Ga₂O₃ FET，实现了 $V_g = 0$ V 时的完全耗尽。在笔者团队的研究组中，使用 MBE 生长的 N 掺杂 Ga₂O₃ 层作为沟道的 Ga₂O₃ MOSFET 实现了 V_g 超过+8 V 的常关操作[24]。这表明 N 掺杂 Ga₂O₃ 层是由深受主引起的 p 型，暗示了在栅极绝缘膜/N 掺杂 p-Ga₂O₃ 界面形成了反型层沟道。

（二）垂直型 FET

1. 电流孔径 FET

具有电流孔径的垂直型 FET 由于其相对简单的结构而受到各种应用的关注，在半导体垂直型晶体管的开发历史中，经常被作为最初的开发目标。图 6 展示了笔者团队制造的电流孔径夹在 N 掺杂 p-Ga₂O₃ 电流阻挡层之间的垂直耗尽型 Ga₂O₃ MOSFET 的断面结构示意图[25]。器件结构的特点是 N 掺杂 p-Ga₂O₃ 电流阻挡层，Si 掺杂 n-Ga₂O₃ 沟道层，Si 掺杂 n⁺-Ga₂O₃ 源极欧姆接触区均采用离子注入掺杂形成。器件特性获得了相对较好的数值，如最

大 $I_d = 0.42\ \text{kA/cm}^2$，$R_{on} = 31.5\ \text{m}\Omega \cdot \text{cm}^2$，$I_d$ 开关比超过 8 个数量级等。另一方面，V_{br} 仅约为 30 V。这是由于 n-Ga$_2$O$_3$ 沟道层的 Si 掺杂浓度较高，达到了 $1.5 \times 10^{18}\ \text{cm}^{-3}$。

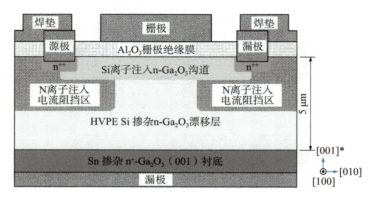

图 6　具有电流孔径的垂直耗尽型 Ga$_2$O$_3$ MOSFET 断面结构示意图

此外，在电流孔径 Ga$_2$O$_3$ MOSFET 中，通过将 n-Ga$_2$O$_3$ 沟道层的 Si 掺杂浓度从 $1.5 \times 10^{18}\ \text{cm}^{-3}$ 减少到 $5.0 \times 10^{17}\ \text{cm}^{-3}$，实现了增强型的常关型工作[26]。该 MOSFET 开启电压 $V_g > + 3\ \text{V}$，I_d 开关比达到 6 个数量级。此外，V_{br} 也提高到 250 V 以上。

2. Fin 沟道 FET

美国康奈尔大学报告了 Fin 沟道 Ga$_2$O$_3$ FET[27]。该器件是在带有亚微米宽度沟道的沟槽侧壁上制备栅极电极，形成了用于进行 I_d 调制的结构。该器件实现了增强型工作，最大 $I_d = 1\ \text{kA/cm}^2$，$R_{on} = 20\ \text{m}\Omega \cdot \text{cm}^2$，$I_d$ 开关比达到 8 个数量级，V_{br} 约为 1 kV，显示出非常优异的特性。

四、Ga$_2$O$_3$ 二极管

（一）垂直型 SBD

目前，在 Ga$_2$O$_3$ 器件的研究开发方面，垂直型肖特基势垒二极管（Schottky Barrier Diode，SBD）比 FET 更活跃。这主要是因为器件结构更简单，以及通过卤化物气相外延（Halide Vapor Phase Epitaxy，HVPE）法形成 n-Ga$_2$O$_3$ 漂移层的外延片已经实现商用化。笔者的研究团队进行垂直型 Ga$_2$O$_3$ SBD 开发的第一步，就是制备了具有简单构造的 SBD，其断面结构示意图如图 7 所示[28]。这主要是为了确认 HVPE 生长的 n-Ga$_2$O$_3$ 漂移层的质量。室温下，n-Ga$_2$O$_3$ 漂移层的电子浓度为 $n = 1 \times 10^{16}\ \text{cm}^{-3}$，$R_{on} = 3\ \text{m}\Omega \cdot \text{cm}^2$，反向 V_{br} 约为 500 V。在室温到 200℃范围内的正向电流密度-电压（$J\text{-}V$）特性可以通过经典的热电子发射模型进

行解释。此外，理想因子（Ideality factor）在整个测量温度范围内都为 1.03，是一个出色的值。而反向 J-V 特性与热电子发射模型相吻合。这些 J-V 温度特性与 SiC、GaNSBD 相似，并且表明 HVPE Ga₂O₃ 薄膜和肖特基接触具有非常高的质量。

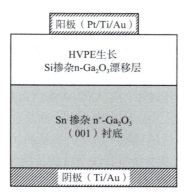

阳极（Pt/Ti/Au）

HVPE生长
Si掺杂n-Ga₂O₃漂移层

Sn 掺杂 n⁺-Ga₂O₃
（001）衬底

阴极（Ti/Au）

图 7　垂直型 Ga₂O₃ SBD 断面结构示意图

接下来，笔者团队尝试制作带有场板、N 离子注入掺杂保护环等，具有缓和阳极电极端电场集中效果的结构的 SBD[29,30]。制备的两个器件的导通电阻都保持在 5 mΩ·cm² 以下，并实现了 V_{br} 的增加，分别为 1076 V 和 1430 V。

作为提高 V_{br} 的另一种方法，康奈尔大学的研究小组报告了 Ga₂O₃ 沟槽 SBD 结构[31,32]。在施加反向电压状态下，通过在沟槽侧壁绝缘膜上连续形成的阳极电极，耗尽区横向延伸，从而使得 V_{br} 增加。该器件实现了 $R_{on} = 10$ mΩ·cm²，$V_{br} > 2$ kV 的器件特性。

（二）异质结 PN 结二极管

与一般的化合物半导体不同，氧化物半导体之间的界面通常可以在存在较大晶格常数失配的情况下获得相对高质量的界面。利用这一特点，制备了由非晶 p 型半导体和 n-Ga₂O₃ 组成的异质结 PN 结二极管[33-35]。值得注意的是，作为非晶 p 型半导体，通常使用氧化亚铜（Cu₂O）、氧化镍（NiO）等。在这些异质结 PN 结二极管中，也实现了 R_{on} 约为 10 mΩ·cm²，$V_{br} > 1$ kV 的良好器件特性。

五、Ga₂O₃ 器件实用化的挑战

Ga₂O₃ 功率器件的研发总体上进展顺利，目前正处于基础技术开发阶段。针对包括单晶块状材料生长方法在内的 6 in 以上大尺寸晶圆制造技术，MBE、HVPE 等外延薄膜生长技术，以及主要涉及垂直型器件制造所需的工艺技术等。这些技术仍然存在许多挑战。

在晶体管方面，迄今为止主要集中在横向 FET 的开发上，但未来对于面向功率器件应用的垂直型晶体管的开发将变得至关重要。此外，为了在开关器件应用方面取得进展，在晶体管中需要实现常关型工作，因此需要加快开发。在 SBD 方面，需要在保持 R_{on} 和 V_{br} 两种特性平衡的同时，进一步提高性能。因此，关键是在继续改进外延薄膜生长技术和器件工艺技术的同时，开发能够更加有效地缓解阳极电极端部电场集中的终端结构，突破当前结构下电场集中效应对 V_{br} 的限制。此外，对 Ga_2O_3 器件的可靠性和长期稳定性也需要深入研究。

未来，除了进行功率器件的开发外，应认真考虑将 Ga_2O_3 器件的用途扩展到除电力电子技术以外的新领域。特别地，不仅仅是取代 Si 器件，而是利用 Ga_2O_3 的特性，拓展到半导体电子学以外一直未被涉及的实际应用领域，是至关重要的。极端环境电子学就是其中的一个例子，意味着在高温、辐射等通常半导体器件不可能长期使用的极端环境下的研究。Ga_2O_3 被期望具有对这些极端环境的高耐性，为实际应用进行的研究和开发也在进行中[36-38]。

六、总结

本节介绍了 Ga_2O_3 功率器件的研发现状。Ga_2O_3 具有作为功率器件材料的潜力，其物性表现出对现有半导体材料和技术（包括 Si、SiC、GaN 等）的显著优势。此外，使用 Ga_2O_3 制备大尺寸、高质量衬底的成本低、能耗低，与 SiC、GaN 等其他宽禁带半导体相比，具有产业上的差异化优势。通过在 Ga_2O_3 大面积衬底上制备简单的器件结构，有望实现高耐压、低损耗、高效率的功率器件。

未来，高性能的 Ga_2O_3 功率器件将直接为全球的能源节约做出贡献，同时也有望在经济层面创造新的半导体产业。在不久的将来，这些器件在广泛的电子领域中将得到应用，包括高耐压领域如输配电、铁路，中耐压领域如电动汽车应用，以及低耐压领域如空调、冰箱等家电设备。

▌参考文献

[1]　R. Roy, V. G. Hill and E. F Osborn: *J. Am. Chem. Soc.* 74, 719(1952).

[2]　T. Onuma et al.,: *Jpn. J. Appl. Phys.* 54, 112601(2015).

[3]　K. Ghosh and U. Singisetti: *J. Appl. Phys.* 124, 085707(2018).

[4] Z. Xia et al.,: *Appl. Phys. Lett.* 115, 252104(2019).

[5] N. Ma et al.,: *Appl. Phys. Lett.* 109, 212101(2016).

[6] J. L. Lyons: *Semicond. Sci. Technol.* 33, 05LT02(2018).

[7] H. Peelaers et al.,: *APL Mater.* 7, 022519(2019).

[8] H. He et al.,: *Phys. Rev.* B 74, 195123(2006).

[9] J. B. Varley et al.,: *Appl. Phys. Lett.* 97, 142106(2010).

[10] H. Peelaers and C.G. Van de Walle: *Phys. Status Solidi* B 252, 8828(2015).

[11] J. B. Varley et al.,: *Phys. Rev.* B 85, 081109(R)(2012).

[12] M. Handwerg et al.,: *Semicond. Sci. Technol.* 30, 024006(2015).

[13] Z. Guo et al.,: *Appl. Phys. Lett.* 106, 111909(2015).

[14] M. Higashiwaki et al.,: *Appl. Phys. Lett.* 100, 013504(2012).

[15] K. Sasaki et al.,: *Appl. Phys. Express* 6, 086502(2013).

[16] M. Higashiwaki et al.,: *IEDM Tech Dig.,* 28.7.1(2013).

[17] M. H. Wong et al.,: *IEEE Electron Device Lett.* 37, 212(2016).

[18] J. K. Mun et al.,: *ECSJ. Solid State Sci. Technol.* 8, Q3079(2019).

[19] K. Zeng. A. Vaidya and U. Singisetti: *Appl. Phys. Express* 12, 081003(2019).

[20] Y. Lv et al.,: *IEEE Electron Device Lett.* 41, 537(2020).

[21] E. Ahmadi et al.,: *Appl. Phys. Express* 10, 071101(2017).

[22] S. Krishnamoorthy et al.,: *Appl. Phys. Lett.* 111, 023502(2017).

[23] N. K. Kalarickal et al.,: *IEEE Electron Device Lett.* 42, 899(2021).

[24] T. Kamimura, Y. Nakata, M. H. Wong and M. Higashiwaki: *IEEE Electron Device Lett.* 40, 1064(2019).

[25] M. H. Wong et al.,: *IEEE Electron Device Lett.* 40, 431(2019).

[26] M. H. Wong, H. Murakami, Y. Kumagai and M. Higashiwaki: *IEEE Electron Device Lett.* 41, 296(2020).

[27] W. Li, K. Nomoto et al.,: *IEDM Tech Dig.,* 12.4.1(2019).

[28] M. Higashiwaki et al.,: *Appl. Phys. Lett.* 108, 133503(2016).

[29] K. Konishi et al.,: *Appl. Phys. Lett.* 110, 103506(2017).

[30] C.-H. Lin et al.,: *IEEE Electron Device Lett.* 40, 1487(2019).

[31] W. Li et al.,: *IEDM Tech Dig.,* 8.5.1(2018).

[32] W. Li et al.,: *Appl. Phys. Express* 12, 061007(2019).

[33] T. Watahiki et al.,: *Appl. Phys. Lett.* 111, 222104(2017).

[34] X. Lu et al.,: *IEEE Electron Device Lett.* 41, 449(2020).

[35] H. H. Gong et al.,: *Appl. Phys. Lett.* 117, 022104(2020).

[36] J. Yang et al.,: *J. Vac. Sci. Technol.* B 35, 031208(2017).

[37] G. Yang et al.,: *ACS Appl. Mater. Interfaces* 9, 40471(2017).

[38] M. H. Wong et al.,: *Appl. Phys. Lett.* 112, 023503(2018).

第二节　β 型氧化镓晶体的高纯度生长方法

一、引言

在使用 β 型氧化镓（β-Ga$_2$O$_3$）晶体的新一代功率器件开发中，全球范围内对适用于高耐压和大电流操作的垂直型器件进行了积极的研究。在其制备和工作评估中，需要发展所谓的外延片（Epitaxial Wafer），即在用熔融法制备的低电阻 β-Ga$_2$O$_3$ 衬底基础上，生长控制导电性的约 10 μm 厚的同质外延层。有许多外延层的制备方法，如分子束外延生长法（Molecular Beam Epitaxy，MBE）[1,2]，脉冲激光沉积法（Pulsed Laser Deposition，PLD）[3]，但这些方法的生长速度都较慢，目前不太适用于外延片的制备。

另一方面，以Ⅲ族金属的氯化物为原料，使用卤化物气相外延法进行高温高速生长已经在Ⅲ族氮化物（GaN、AlN）半导体的厚膜或单晶衬底制备中取得了成功[4,5]，可以认为该方法也适用于 β-Ga$_2$O$_3$ 的厚膜生长。此外，该方法使用高纯度金属（例如 Ga 等）和高纯度气体（HCl、Cl$_2$、O$_2$、NH$_3$ 等）作为原料，在高温下进行晶体生长，因此具有可生长低杂质高纯度晶体的特点，对于需要精密控制导电性的外延层也具有优势。需要注意的是，可供使用的Ⅲ族卤化物有单卤化物和三卤化物两种形式，分别对应于卤化物气相外延（Halide Vapor Phase Epitaxy，HVPE）和氢化物气相外延（Tri-Halide Vapor Phase Epitaxy，THVPE）。本节将介绍通过 HVPE 法进行的 β-Ga$_2$O$_3$ 同质外延生长的热力学分析、生长设备开发、生长行为、高纯度外延层生长以及导电性控制。此外，还将讨论笔者等人最近使用 THVPE 法进行的 β-Ga$_2$O$_3$ 同质外延生长的研究。

二、β 型氧化镓的卤化物气相生长

（一）氧化镓晶体 HVPE 生长的热力学分析

在进行实际的晶体生长实验之前，通过热力学分析进行生长预测是推动研究高效进行的有效手段。图 1 是氧化镓晶体 HVPE 生长炉的概要图。一般来说，HVPE 生长的反应机制和设备结构都很复杂，原料种类的选择、原料区反应的分析以及生长区反应的分析在 HVPE 生长的准备阶段起着重要作用。

如前所述，Ⅲ族金属的氯化物存在单氯化物到三氯化物和三氯化物的二聚体，这些气体与氧源如 O$_2$ 和 H$_2$O 的反应性差异很大。在这里主要关注能够稳定生成的一氯化物（GaCl）

和三氯化物气体（GaCl₃）。这些原料与 O_2 和 H_2O 的反应用式(1)～式(4)表示。

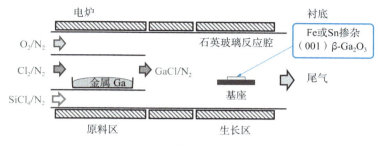

图 1　β-Ga₂O₃ 生长用高压 HVPE 生长设备示意图

$$2GaCl(g) + \frac{3}{2}O_2(g) = Ga_2O_3(s) + Cl_2(g) \tag{1}$$

$$2GaCl(g) + 3H_2O(g) = Ga_2O_3(s) + 2HCl(g) + 2H_2(g) \tag{2}$$

$$2GaCl_3(g) + \frac{3}{2}O_2(g) = Ga_2O_3(s) + 3Cl_2(g) \tag{3}$$

$$2GaCl_3(g) + 3H_2O(g) = Ga_2O_3(s) + 6HCl(g) \tag{4}$$

　　图 2 是根据热力学数据库计算式(1)～式(4)反应的平衡常数 K，并以反应温度为横轴绘制的图像[6,7]。从图中可以看出，GaCl 和 O_2 的反应在整个温度范围内都具有最大的平衡常数，因此预计适用于旨在实现快速生长的厚膜生长。另一方面，使用 GaCl₃ 作为原料时，其平衡常数（$\log K$）与使用 GaCl 作为原料时相比相对较小，数值为 0 左右，但仍在晶体生长的可能范围内。本节将讨论 GaCl-O_2-IG 系统和 GaCl₃-O_2-IG 系统（其中 IG 为 N_2、He、Ar 等惰性气体）的热力学分析，以及晶体析出部分的计算结果。

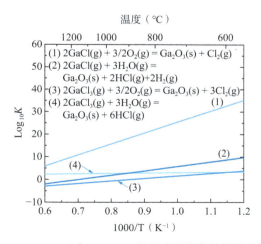

图 2　GaCl、GaCl₃ 与 O_2、H_2O 的反应平衡常数的温度依赖性

在将Ⅲ族原料GaCl或GaCl$_3$和Ⅵ族原料O$_2$通过载气分别输送到晶体析出部时，晶体析出部会同时发生式(5)～式(10)以及GaCl-O$_2$-IG 系统的式(11)或GaCl$_3$-O$_2$-IG 系统的式(12)这8 个平衡反应。

$$Ga(g) + \frac{1}{2}Cl_2(g) = GaCl(g) \tag{5}$$

$$GaCl(g) + \frac{1}{2}Cl_2(g) = GaCl_2(g) \tag{6}$$

$$GaCl_2(g) + \frac{1}{2}Cl_2(g) = GaCl_3(g) \tag{7}$$

$$2GaCl_3(g) = (GaCl_3)_2(g) \tag{8}$$

$$Ga(g) + \frac{1}{2}O_2(g) = GaO(g) \tag{9}$$

$$2Ga(g) + \frac{1}{2}O_2(g) = Ga_2O(g) \tag{10}$$

$$2GaCl(g) + \frac{3}{2}O_2(g) = Ga_2O_3(s) + Cl_2(g) \tag{11}$$

$$2GaCl_3(g) + \frac{3}{2}O_2(g) = Ga_2O_3(s) + 3Cl_2(g) \tag{12}$$

根据以上平衡反应组的结果，计算了每种气体在生长条件（温度、压力、原料供应分压、载气中氢气的比例）下的平衡分压，即 GaCl 或 GaCl$_3$ 供应分压（$P_{GaCl_x}^o$，$x = 1$ 或 3）和含 Ga 气体的平衡分压之和的差值，即 $\frac{1}{2}[P_{GaCl_x}^o - (P_{Ga} + P_{GaCl} + P_{GaCl_2} + P_{GaCl_3} + 2P_{(GaCl_3)2} + P_{GaO} + 2P_{Ga_2O})]$，从而估算了 Ga$_2O_3$ 生长的驱动力（$\Delta P_{Ga_2O_3}$）。图 3 是使用 HVPE 和 THVPE，在生长温度为 400～2000 K 的范围内计算的 Ga$_2$O$_3$ 晶体析出的驱动力（图 3a），以及在生长温度为 1000℃（1273 K）时改变 O$_2$ 和 GaCl$_x$ 供应分压比（Ⅵ/Ⅲ供应比 = $2P_{O_2}^o/P_{GaCl_x}^o$）时的驱动力（图 3b）的结果[8]。$\Delta P_{Ga_2O_3}$ 为正时表示沉积，为负时表示腐蚀。可以看出，在使用图中计算的原料供应条件下，HVPE 可在 1750 K、THVPE 可在 1350 K 左右实现晶体生长，而在 HVPE 中，Ⅵ/Ⅲ供应比可超过 1 从而获得较大的生长驱动力。THVPE 的生长驱动力随着Ⅵ/Ⅲ供应比的增加而缓慢增加。以这些热力学预测为基础构建晶体生长炉，其生长行为和生长晶体的物性评估等将在（二）以后进行阐述。

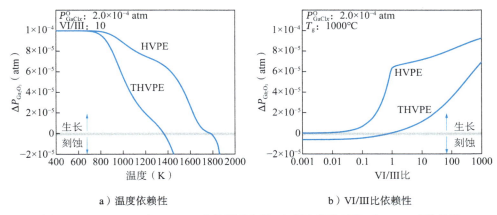

a）温度依赖性　　　　　　　　　　b）VI/III比依赖性

图 3　Ga$_2$O$_3$ HVPE 和 THVPE 生长驱动力的 a）温度依赖性和 b）VI/III比依赖性

（二）氧化镓的 HVPE 生长行为

这里展示使用具有图 1 所示结构的 HVPE 生长炉在 β-Ga$_2$O$_3$（001）衬底上进行同质外延生长的实例。该石英玻璃制成的生长炉分为原料区（Source zone）和生长区（Growth zone）两个部分，在电炉中独立进行温度控制。将高纯度的 Ga 金属（纯度 6N）置于原料区并保持在 850℃，引入氯气（Cl$_2$），使其按照式(5)的平衡反应生成 GaCl 气体并输运到生长区。纯化的氮气（N$_2$）（露点小于−110℃）或氩气（Ar）被用作载气。值得注意的是，在当前用于制造 GaN 晶圆的 HVPE 生长炉中，通常使用氯化氢（HCl）气体来生成 GaCl，但在这种情况下，在生成 GaCl 的同时会生成 H$_2$。如后文所述，在 Ga$_2$O$_3$ 生长中，由于系统内氢气分压的增加导致生长的驱动力减小，因此在该生长设备中完全不含 H$_2$，而是使用 Cl$_2$ 代替 HCl。在生长区，分别引入的 GaCl 和 O$_2$ 发生反应，通过式(11)的平衡反应进行 Ga$_2$O$_3$ 的生长。O$_2$ 的供应分压（$P_{O_2}^o$）以原料供应比（VI/III $= 2P_{O_2}^o/P_{GaCl}^o$）为参数，根据热力学分析的结果确定，为了控制生长层的 n 型导电性，提供了作为 Si 掺杂气体的四氯化硅（SiCl$_4$）的气路。

使用通过导模法（Edge-defined Film-fed Growth，EFG）制备的单晶 β-Ga$_2$O$_3$（001）衬底（Novel Crystal Technology 制造）进行同质外延生长时，生长速度与生长条件的关系如图 4 所示[8,9]。从图 4a 可以看出，在生长温度为 900~1050℃的范围内，基本上可以获得稳定的生长速度（5 μm/h）。这是因为在这个温度范围内，式(11)的平衡反应迅速达到平衡，生长受到 GaCl 供应的控制。另一方面，在成长温度低于 900℃时，观察到生长速度下降，这是因为该平衡反应在接近反应速度受到限制的温度范围。

图 4b 展示了在生长温度为 1000℃时，保持 VI/III 供应比不变的情况下，增加 GaCl 供应分压时 β-Ga$_2$O$_3$ 的生长速度与供应分压成比例线性增加，可在 0.3 至 28 μm/h 的范围内实现

生长。由此可见，在 HVPE 方法中，可以实现对 β-Ga₂O₃ 外延片重要的高速生长。值得注意的是，在图 4b 所示的生长速度范围内，虽然生长表面的形貌没有差异，但在生长速度超过 20 μm/h 时，已确认在生长层中形成了以(100)面为晶界的孪晶。因此，在 1000℃ 的生长温度下，同质外延生长速度的上限约为 20 μm/h。

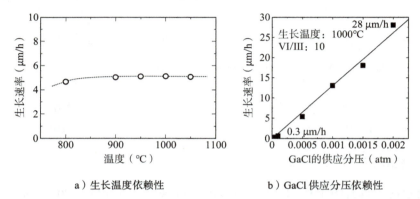

a）生长温度依赖性　　　　b）GaCl 供应分压依赖性

图 4　基于 HVPE 法的 β-Ga₂O₃（001）衬底上同质外延生长速度和生长条件的关系

图 5 展示了在热力学分析中，对于成长温度在 350～1600℃ 范围内的载气中不同氢气比例 [F° = H₂/(H₂ + IG)] 计算出的驱动力，以及部分实验结果的曲线，其中在 F° = 0 的情况下，分析结果与实验值良好一致[8]。此外，随着系统内的氢气分压增加，驱动力急剧减小，这表明为了实现高速厚膜生长，采用无氢气的 HVPE 生长炉是有效的。

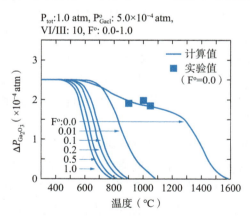

图 5　Ga₂O₃ 的 HVPE 生长驱动力对温度和载气中氢气比例的依赖

在 $P_{GaCl}^{o} = 5.0 \times 10^{-4}$ atm，VI/III = 10 的条件下，在各种温度进行了 1 小时的同质外延生长后的表面形貌如图 6 所示[9]。图中记录了每个样品的(002)面（倾斜分量）和(400)面（扭曲分量）X 射线摇摆曲线（XRC）半峰宽的值。随着生长温度的增加，无论是在哪一个面，

XRC 半峰宽都减小，且在 1000℃以上的生长温度下，其值与所用衬底的值相当，表明在衬底与外延层之间的界面上没有新的缺陷形成。

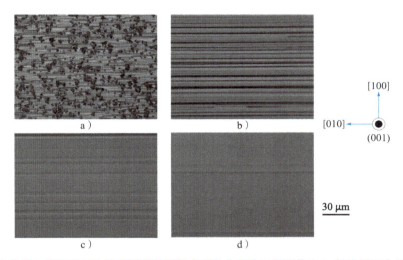

图 6　在各种生长温度下生长的同质外延层表面微分干涉显微图像和 X 射线摇摆曲线半峰宽
（生长温度 a：800，b：900，c：1000，d：1050℃）

表面形貌也反映了这一趋势：随着生长温度的升高，表面变得更加平坦。然而，900℃以上的同质外延层表面上会形成沿[010]方向的宏观台阶，升高生长温度并不能完全抑制这种现象。这是因为容易在表面出现生长速度较慢的解离面(100 面)。目前的处理方法是，在 HVPE 中生长同质外延层后，通过对表面约 2 μm 进行化学机械抛光（CMP），制备用于器件制造的外延片。

（三）高纯 β 型氧化镓的生长及导电性控制

接下来将讨论非掺杂层的纯度和有效载流子浓度（$N_d - N_a$）。图 7 显示了在生长温度为 1000℃、P_{GaCl}^o 为 5.0×10^{-4} atm、VI/III 为 10 的条件下，在锡（Sn）掺杂衬底上生长的膜厚约 5 μm 的 β-Ga₂O₃ 同质外延层的二次离子质谱分析（SIMS）测量得到的杂质随深度的分布。图中右侧的箭头表示 SIMS 系统的背景（B.G.）浓度。在衬底中观察到锡（Sn）和硅（Si）杂质，但在同质外延层中，它们的浓度都小于 SIMS 系统的背景浓度，对于碳（C）和氢（H）等杂质也是如此。在同质外延层中，唯一观察到的是氯（Cl）杂质浓度随着生长速度的增加，即随着 GaCl 供应分压的增加而增加，这表明它是来自原料气体。根据第一性原理计算，被 β-Ga₂O₃ 吸收的氯（Cl）杂质被估计为浅能级施主。

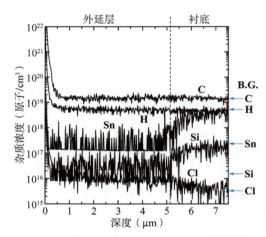

图 7　1000℃下在 β-Ga₂O₃（001）衬底上进行同质外延生长的样品的 SIMS 深度分布

　　另一方面，使用相同样品制作了以铂（Pt）为肖特基电极的垂直肖特基势垒二极管（SBD），用于评估电学特性。HVPE 生长层完全耗尽，有效载流子浓度估计为 $1 \times 10^{13} \, \mathrm{cm^{-3}}$ 以下。这是因为用作载气的 N_2 气体解离并被吸收到晶体中，起到了施主补偿的作用。然而，在后续的 Si 掺杂实验中，发现 Si 浓度相等的 n 型载流子浓度和从电荷中性方程推导得出的施主型点缺陷浓度也非常小。因此，可以得出结论，HVPE 法是一种有望高速生长高晶体质量和高纯度 β-Ga₂O₃ 同质外延层的方法。

　　在 β-Ga₂O₃（001）衬底上实现高纯度同质外延层的 HVPE 生长技术基础上，通过在生长过程中同时供给 SiCl₄，可以实现 n 型导电性的调控。图 8 显示了在生长温度为 1000℃、GaCl 供应分压为 5.0×10^{-4} 或 1.0×10^{-3} atm、VI/III为 10 的条件下，在 Fe 掺杂半绝缘性 β-Ga₂O₃（001）衬底上使用 HVPE 生长的 Si 掺杂同质外延层通过 van der Pauw 法，对使用 HVPE 生长的 Si 掺杂同质外延层进行霍尔效应测量，得到了外延层的载流子浓度的测量结果。图中左轴表示通过 SIMS 测量得到的外延膜中 Si 杂质浓度。Si 浓度控制是将基于 SiCl₄ 的供应分压 $P^o_{\mathrm{SiCl_4}}$ 按照式(13)计算的 Si 供应比作为参数进行的。

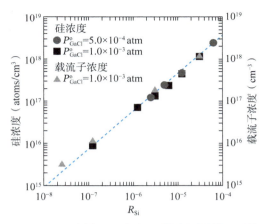

图 8　在 β-Ga₂O₃（001）衬底上生长的 Si 掺杂同质外延层的 Si 杂质浓度和载流子浓度的 Si 供应比R_{si}依赖性

$$R_{si} = \frac{P_{SiCl_4}^o}{P_{GaCl}^o + P_{SiCl_4}^o} \tag{13}$$

在生长层中的 Si 杂质浓度（左轴）方面，观察到随着R_{si}的增加，Si 浓度也随之增加。此外，尽管在两种不同的生长速度（GaCl 供应分压）下生长了 Si 掺杂层，但由于 Si 杂质浓度在相同的直线上变化，可以得出在相同的生长温度下，Si 掺杂浓度仅受气相中R_{si}控制的结论。关于膜中的载流子浓度（右轴），观察到 Si 掺杂层中的 Si 杂质浓度几乎等于电子浓度。这是因为 β-Ga₂O₃ 中的 Si 杂质为浅能级施主。通过将基于 HVPE 法的高纯度 β-Ga₂O₃ 同质外延生长技术与 Si 掺杂相结合，可以在 $n = 10^{15} \sim 10^{19}$ cm⁻³ 的范围内控制载流子浓度。

另一方面，对室温下载流子浓度为 $n = 3.2 \times 10^{15} \sim 1.2 \times 10^{18}$ cm⁻³ 的样品，霍尔迁移率 μ 的温度依赖性评估结果如图 9 所示[10]。在室温下，$n = 3.2 \times 10^{15}$ cm⁻³ 的样品表现出与 β-Ga₂O₃ 体材料相当的迁移率 $\mu = 149$ cm² · V⁻¹ · s⁻¹。此外，通过对该样品的迁移率温度依赖性的研究，发现 $\mu \propto T^{-5/2}$ 的关系，表明光学声子散射支配了这一过程。此外，在 80 K，$n < 10^{15}$ cm⁻³ 时，实验得到的迁移率约为理论计算值的一半，约为 5000 cm² · V⁻¹ · s⁻¹。这些结果表明，通过 HVPE 法制备的同质外延层具有高品质和高纯度。

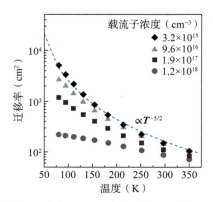

图 9　不同载流子浓度 β-Ga₂O₃ 样品霍尔迁移率的温度依赖性

三、β 型氧化镓的三卤化物气相外延生长

通过上述 HVPE，确立了高纯度同质外延层生长和精密导电性控制方法，有报告指出，外延片开始进入市场并开展了各种器件的运行验证。今后，通过更高的生长速率和晶圆的大尺寸化来提高产能是必不可少的，但目前的问题是晶体生长中的粉末生成。如图 2 和图 3 所示，使用 GaCl 的 HVPE 的析出反应平衡常数较大，可以得到较高的驱动力，但另一方面，为了得到较高的生长速率，使用了较高的原料供应分压，导致在气相中成核，即生成粉末。研究表明，粉末包裹于生长层中，是器件工作时产生漏电流的原因[11]。作为一种抑制粉末的手段，使用与 HVPE 相比析出反应的自由能变化较小的 THVPE［见式(12)］，可以增大气相中的成核临界半径。THVPE 中使用的 GaCl₃ 可以通过高纯度金属 Ga 和 Cl₂ 的两阶段反应生成。

第 1 阶段反应　　　　　　　　　$Ga(l) + \frac{1}{2}Cl_2(g) \longrightarrow GaCl(g)$　　　　　　　　(14)

第 2 阶段反应　　　　　　　　　$GaCl(g) + Cl_2(g) \longrightarrow GaCl_3(g)$　　　　　　　　(15)

关于 GaCl₃ 的选择性生成已经在 GaN 高温高速生长方法的研究中进行了热力学分析，并在实验中得到证实[12]。图 10 显示了在进行 GaCl₃ 选择性生成时，第一阶段的 Cl₂ 供应分压和第二阶段的 Cl₂ 供应分压之比 $R_{2nd} = P^0_{2nd\,Cl_2}/P^0_{1st\,Cl_2}$ 与生长速率的关系[13]。根据式(14)和式(15)，在化学计量关系 $R_{2nd} = 2.0$ 时，GaCl₃ 的生成应达到 100%。从图中可以看出，随着 R_{2nd} 的增加，生长速率减小，这暗示了在原料区 GaCl₃ 的比例增加。此外，在生长温度为 1000℃，GaCl₃ 供应分压为 1.3×10^{-4} atm，$R_{2nd} = 2.0$ 的条件下，通过 VI/III 供应比和生长速率的关系可以看出，随着 VI/III 比的增加，生长速率有增加的趋势，与热力学分析（图 3b）的预测呈现良好的一致性。

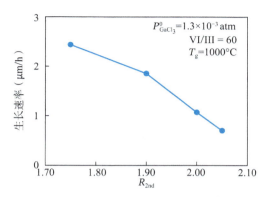

图 10　基于 THVPE 的 β-Ga$_2$O$_3$ 生长中生长速率的 R_{2nd} 依赖性

　　图 11 作为 HVPE 和 THVPE 的比较，展示了在相同条件下生长的 β-Ga$_2$O$_3$ 同质外延层的微分干涉显微图像[13]。THVPE 为了获得高生长速率，需要提高 VI/III 供给比，这对于 HVPE 来说是一个容易产生粉末的不利条件，因此生长得到的样品表面上存在的粉末量明显存在差异。图 11c 和 d 显示了在 HVPE 和 THVPE 条件调整为相同生长速率（大约 6 μm/h）时样品的形貌，表明 THVPE 可以无粉末生长。并且，通过增加 GaCl$_3$ 供应分压，确认了目前即使在 10.9 μm/h 的高生长速率下也能够实现无粉末生长。THVPE 生长的 β-Ga$_2$O$_3$ 晶体中的杂质浓度与 HVPE 相同，Cl 以外的杂质均在 SIMS 系统背景以下，Cl 的浓度约为 HVPE 的 3 倍。这是由 HVPE、THVPE 各自的生长前驱体中的 Cl 原子数的差异引起的。

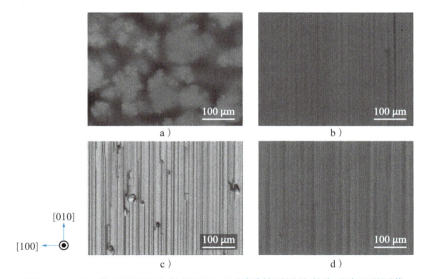

图 11　HVPE 和 THVPE 生长的 β-Ga$_2$O$_3$ 同质外延层的微分干涉显微图像

［a）$P^o_{GaCl} = 1.3 \times 10^{-4}$ atm，VI/III = 60（HVPE），b）$P^o_{GaCl_3} = 1.3 \times 10^{-4}$ atm，VI/III = 60（THVPE），c）$P^o_{GaCl} = 6.7 \times 10^{-4}$ atm，VI/III = 100（HVPE），d）$P^o_{GaCl_3} = 1.3 \times 10^{-4}$ atm，VI/III = 100（THVPE）］

四、总结

关于基于 HVPE 和 THVPE 的 Ga_2O_3 晶体生长，本节通过基于热力学预测制作的验证用生长设备，阐述了高纯度 Ga_2O_3 和 Si 掺杂 Ga_2O_3 的同质外延晶体的生长行为和物性评估。随着垂直型功率器件所必需的外延片制作技术的确立，目前报告了以同质外延生长的 Si 掺杂 HVPE 层（$n = 1 \times 10^{16} \sim 2 \times 10^{16} \ cm^{-3}$）为漂移层的 SBD 器件试制[14]，以及离子注入 N 掺杂电流阻挡层的增强型 MOSFET 验证等[15]，器件的开发正在加速。目前的需求是进一步的高生长速率和大尺寸化，为了控制化学平衡反应，在最佳状态下推进晶体生长，反应分析、原料分子的选择生成等理论分析非常重要。

▍参考文献

[1] M. Higashiwaki et al.,: *Appl. Phys. Lett.* 100, 013504(2012).

[2] K. Sasaki et al.,: *Appl. Phys. Express* 5, 035502(2012).

[3] M. Orita et al.,: *Appl. Phys. Lett.* 77, 4166(2000).

[4] H. Murakami et al.,: *J. Cryst. Growth* 456, 140(2016).

[5] Y. Kumagai et al.,: *Appl. Phys. Express* 5, 055504(2012).

[6] M.-W. Chase, Jr. (Ed.): NIST-JANAF Thermochemical Tables, fourth ed., The American Chemical Society and the American Institute of Physics for the National Institute of Standards and Technology, Gaithersburg. (1998).

[7] L.-V. Gurvich, I.-V. Veyts and C.-B. Alcock(Eds.): Thermodynamic Properties of Individual Substances, Volume 3. USSR Academy of Sciences, Institute for High Temperatures and State Institute of Applied Chemistry in cooperation with the National Standard Reference Data Service of the U. S. S. R., Moscow, (1994).

[8] K. Nomura et al.,: *J. Cryst. Growth* 405, 19(2014).

[9] H. Murakami et al.,: *Appl. Phys. Express* 8, 015503(2015).

[10] K. Goto et al.,: *Thin Solid Films* 666, 182(2018).

[11] S. Sdoeung et al.,: *Appl. Phys. Express* 14, 036502(2021).

[12] K. Hanaoka et al.,: *J. Cryst. Growth* 318, 441(2011).

[13] K. Ema et al.,: *J. Cryst. Growtk* 564, 126129(2021).

[14] K. Konishi et al.,: *Appl. Phys. Lett.* 110, 103506(2017).

[15] M.-H. Wong et al.,: *IEEE Electron Device Lett.* 41, 296(2019).

第三节　β 型氧化镓衬底晶体和外延膜的高质量化技术

一、β 型氧化镓块状单晶衬底

β 型氧化镓与硅（Si）和砷化镓（GaAs）一样，可以通过通常的熔融生长法培育出块状单晶。这一点是氧化镓与碳化硅（SiC）、氮化镓（GaN）、金刚石等其他宽禁带半导体材料不同的显著特征。通过使用熔融生长法，可以以低成本轻松获得高质量且大尺寸的单晶衬底。值得注意的是，由于相较于 Si，镓（Ga）的原材料成本较高，因此很难实现与 Si 晶圆相近的低成本化，但因为可以使用相同的 Ga 原料制造衬底，β 型氧化镓衬底与 GaAs 衬底的成本相当。

迄今为止，已经尝试使用直拉（CZ）法、浮区（FZ）法、导模（EFG）法、垂直布里奇曼（VB）法等方法来培育 β 型氧化镓的块状单晶[1-7]。在这些培育方法中，EFG 法的开发最为成熟，已经实现了 6 in 的衬底验证，并且截至 2021 年，4 in 的衬底（如图 1 所示）已经上市。目前，人们期望通过 VB 法培育比 EFG 法更高质量的单晶，并且大型晶体的开发也在加速进行。本节将总结这些进展。

图 1　4 in 氧化镓单晶衬底

（一）EFG 法制备的 β 型氧化镓单晶衬底

2008 年，Aida 等人报告了接近 2 in 边长的 β 型氧化镓衬底[6]。其面取向为(100)面，X 射线衍射的摇摆曲线半峰宽约为 100 arcsec，腐蚀坑密度约为 $10^5\ cm^{-2}$。随后，在 2016 年，Kuramata

等人实现了 4 in 的单晶衬底[8]。摇摆曲线半峰宽改善至 17 arcsec。其面取向为($\bar{2}$01)面。选择这个面取向是因为当时氧化镓衬底被用于 GaN 的导电型衬底开发，($\bar{2}$01)面适合 GaN 的生长。

在 21 世纪 10 年代，随着氧化镓在功率器件中的应用，氧化镓的同质外延生长技术开始发展，发现在(100)面和($\bar{2}$01)面上外延生长过程中容易形成层错缺陷而不适用。而(010)面和(001)面则被认为是更为理想的。由于这些原因，到 2021 年，(001)面已经成为主流的面取向。

图 2 是 EFG 设备的外观照片和生长的示意图。在石英管中安装了由铱制成的坩埚和绝热材料，通过外部的高频加热将坩埚加热到约 1800℃。通过加热坩埚，熔化的氧化镓通过放置在坩埚中央的模具缝隙，在毛细管效应的作用下上升。然后，让籽晶接触上升的熔液，并通过提拉生长氧化镓单晶，其生长速度约为 10～40 mm/h。EFG 法的特点是可以生长具有沿着坩埚顶部形状的任意截面形状的晶体，通常得到的是板状的晶体。

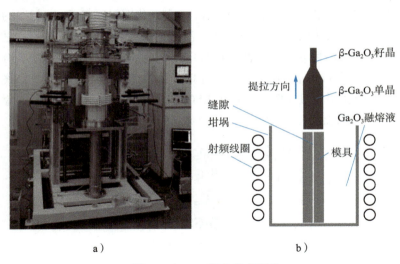

图 2　a）EFG 设备外观照片
b）生长的情况

用于生长氧化镓的原料是纯度为 5N 的氧化镓粉末。原料粉末中最常见的残留杂质是硅，未掺杂情况下生长出的氧化镓晶体显示出 10^{17} cm^{-3} 左右的 n 型导电性。

β 型氧化镓衬底的导电性控制是通过使用 Si 或 Sn 作为施主杂质进行掺杂来实现的[3,9]。使用 Si 作为施主时，Si 在晶体生长过程中局部偏析，显著降低了晶体质量，因此不能获得很高的浓度。另一方面，如果使用 Sn，不会发生类似 Si 的极端偏析现象，但在生长过程中 Sn 会从熔液中蒸发，导致熔液中的 Sn 浓度逐渐降低，因此在高浓度掺杂方面也存在限制。在以往的实践中，使用 Sn 可以得到约(1～2)×10^{19} cm^{-3} 左右的晶体。图 3 显示了 Sn 添加量与氧化镓的载流子浓度之间的关系。为了进一步提高浓度，需要引入能够在生长过程中向溶液中添加 Sn 的新技术。

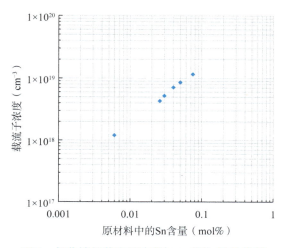

图 3　氧化镓的载流子浓度与 Sn 添加量的关系

为了获得半导体器件的氧化镓衬底，衬底加工技术也变得至关重要。除了外部尺寸公差外，还需要考虑原子级的平坦性，弯曲度的最小化，抛光损伤，表面颗粒和金属污染的去除等因素。氧化镓相比于 SiC 和 GaN 衬底来说具有更好的可加工性，可以使用 Si 加工设备进行加工，原子力显微镜用于表面粗糙度评估，X 射线形貌图和腐蚀法用于抛光损伤评估，共聚焦显微镜用于表面颗粒评估，ICP 质谱分析法用于金属污染评估。

在评估晶体中的位错密度时，通常使用腐蚀法。图 4 展示了(001)面衬底的腐蚀坑评估结果的示例。在其他半导体材料中，可以通过腐蚀坑的形状进行晶体缺陷的分类，但在氧化镓中，腐蚀坑的形状往往不太明显，经常出现形状相似但尺寸略有不同的腐蚀坑。腐蚀坑的总数通常大约为 $10^3 \sim 10^4 \ cm^{-2}$，这反映了到达衬底表面的位错缺陷密度。

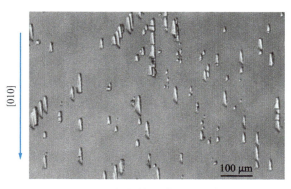

图 4　(001)面氧化镓的腐蚀坑观察结果

（二）VB 法制备 β 型氧化镓单晶衬底

VB 法是一种广泛用于 GaAs 等块状材料生长的晶体生长方法。2018 年，Hoshikawa 等人报告了直径 50 mm 的 n 型氧化镓块状单晶[10]。与 EFG 法不同，VB 法产生的是圆柱形状的块状晶体，因此可以通过切割晶体来批量获得衬底。VB 法氧化镓衬底具有 X 射线摇摆曲线半峰宽约为 10～20 arcsec 的优良晶体质量，但腐蚀坑密度与 EFG 法衬底相比高约一个数量级，因此需要进一步研究其原因并降低缺陷密度。

在 VB 法中，通过添加 Si 或 Sn 可以控制载流子浓度。与 EFG 法类似，观察到 Si 在生长过程中的偏析，以及在晶体生长过程中 Sn 从熔液中蒸发的情况，导致晶体的载流子浓度在尾部侧（即生长的后半段）低于籽晶侧（即生长的前半段）。此外，由于 VB 法的生长速度比 EFG 法低一个数量级，因此生长时间较长，Sn 的蒸发带来的影响比 EFG 法更为显著。尽管仍处于研究阶段，但进行了数十毫米长度的晶体生长实验，发现了籽晶侧和尾部侧的 Sn 浓度下降到一半以下的趋势。考虑到应用功率器件时，衬底晶体的电阻率应尽量降低以减少器件的导通损耗，有必要设定指标为实现 1×10^{19} cm^{-3} 以上的载流子浓度。高浓度且均一掺杂技术将与大尺寸化以及缺陷的鉴定、低密度化等一起，成为未来 VB 法开发的挑战。

二、β 型氧化镓的同质外延生长技术

β 型氧化镓的外延膜的生长可分为在 β 型氧化镓衬底上的同质外延生长技术或在氧化铝与氧化镓的混晶衬底上的异质外延生长技术，以及在异质衬底上的异质生长技术。本节重点介绍针对垂直型功率器件应用正在进行的，基于 β 型氧化镓衬底的同质外延生长技术。

迄今为止，β 型氧化镓的同质外延生长已经通过分子束外延（MBE）法、卤化物气相生长（HVPE）法、金属有机化学气相外延（MOCVD）法等进行了研究[11-13]。最初成功地实现了高纯度膜的生长，用于验证氧化镓功率器件的工作原理是通过 MBE 法生长同质外延膜。随后，通过 HVPE 法实现了高品质厚膜的生长技术，可以获得超过 600 V 的高耐压器件。目前，通过 MOCVD 法也能够获得高品质的外延膜，并且可以通过 MOCVD 设备制造商购买到商用的外延设备。本节将介绍 MBE 法外延生长技术研发的历程，以及基于 HVPE 法实现的高质量大面积生长技术。

（一）MBE 法 n 型单晶薄膜生长

图 5 展示了氧化镓 MBE 装置的示意图。镓源通过电阻加热金属镓并蒸发，供应到衬底

上。氧源使用氧气等离子体或臭氧。最早由 Villora 等人于 2006 年首次报告通过 MBE 法生长高质量的氧化镓单晶薄膜[11]。随后，2008 年由 Oshima 等人报告了生长表面原子台阶的分析结果。两者均选择了(100)晶面进行生长。选择(100)晶面的原因是，(100)晶面具有较强的解理性，可以通过物理切割的方式相对简单地获得衬底。

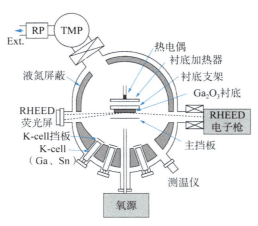

图 5　氧化镓 MBE 装置示意图

1. 生长面取向的选择

大约在 2009 年，笔者团队从 Villora 等人团队的技术中得到启发，开始利用 MBE 法研究同质外延生长技术。最初，笔者团队主要关注在(100)面上的生长。虽然着手进行了研究，但发现相对于原料供应量，生长速率较低，而且每次薄膜生长时生长速率不稳定。基于这些情况，笔者团队认识到(100)面的原料再蒸发严重，可能是一种难以生长的面，因此决定重新考虑生长面取向。

2012 年，笔者团队的研究小组在用 MBE 法进行氧化镓同质外延生长时发现，(100)面的生长速率异常低且不理想，而使用(010)面可以在原子水平上生长出平坦的膜，并且可以在 $10^{16} \sim 10^{19}$ cm⁻³ 范围内控制载流子浓度[15]。此外，笔者团队还成功地利用这种同质外延膜制备了氧化镓肖特基势垒二极管（SBD）的试样。

随后，笔者团队详细研究了 MBE 法生长的氧化镓同质外延膜的面取向依赖性[16]。图 6 显示了生长速率与面取向的关系，生长温度为 750℃。如图 6 所示，只有(100)面的生长速率极低。此外，与(100)面相似带有解理性的(001)面也显示出略微的生长速率降低。图 7 显示了同质外延膜表面粗糙度与面取向的关系。在 b 轴旋转面的 50°和 130°附近，表面粗糙度显著增加。这是由于在(101)面和($\bar{2}$01)面上产生的层错缺陷的影响。由于生长速率高，容易得到表面平坦的膜，因此现在 MBE 法的主流是以(010)面作为生长面。

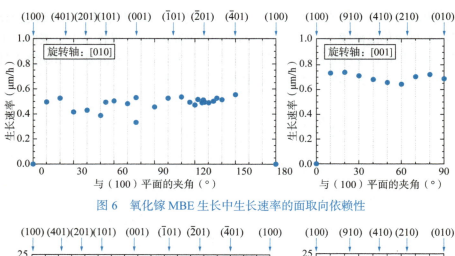

图 6　氧化镓 MBE 生长中生长速率的面取向依赖性

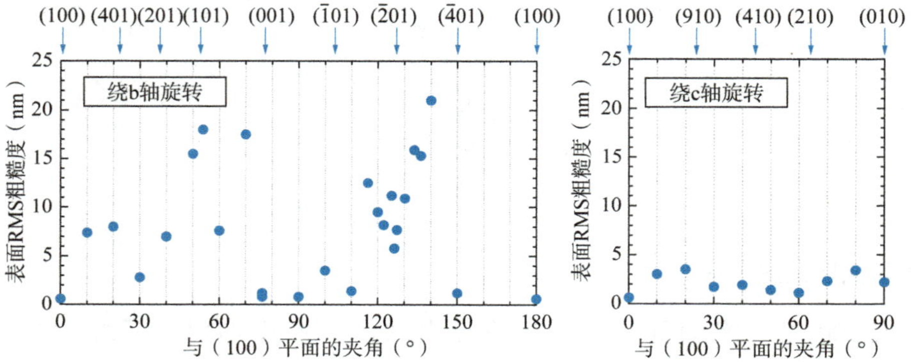

图 7　氧化镓 MBE 生长中膜表面粗糙度的面取向依赖性

2. n 型掺杂技术

在 MBE 法中进行杂质掺杂时，需要准备一个用于供应母材（在这种情况下是金属镓）的束源，另外准备一个用于掺杂材料的束源，并通过控制该束源的温度来控制其蒸发量。作为氧化镓的 n 型施主杂质已知的有 Si、Sn、Ge，这些纯金属从掺杂束源被蒸发，但在氧化镓 MBE 的情况下，通常使用臭氧或氧等离子体等氧化能力强的气体作为氧源。这些气体可能会流入掺杂束源内部，导致原材料被氧化的问题经常发生。特别是在追求厚膜高速生长的情况下，必然需要增加氧化气体的供应量，导致原料的氧化问题显著。由于 Si、Sn、Ge 的氧化物都比纯金属的蒸汽压高，因此根据束源内原料的氧化程度，可能会出现掺杂浓度高于期望值数个数量级的现象。这个问题的一种解决方法是，可以一开始就以氧化物原料填充束源。

笔者团队研究了各种材料，如 SiO、SiO_2、SnO、SnO_2、GeO 等，结果发现 SnO_2 可以相对稳定地蒸发。然而，Sn 在外延生长中容易偏析，为了实现均匀的掺杂，需要采取抑制偏析的措施。具体而言，提高供应原料的VI/III比（增加 O 相对于 Ga 的供应量）是有效的。图 8 显示了在VI/III比为 1、2、10 时，氧化镓外延膜中 Sn 在深度方向上的浓度分布情况。当VI/III比为 1 或 2 时，Sn 的分布呈现不规则状态，而当VI/III为 10 时，得到了几乎平坦的分布。这是因为当VI/III比较小时，供应的 SnO$_2$ 在生长表面被分解为 Sn 并偏析到表面，而VI/III比较大时，SnO$_2$ 的分解受到抑制，更容易被吸收到膜中。

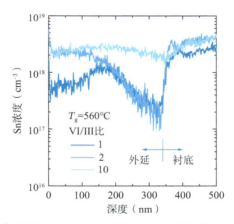

图 8　Sn 掺杂氧化镓 MBE 膜的 Sn 浓度随深度分布的VI/III比依赖性

图 9 显示了 SnO$_2$ 束源的温度与 Sn 掺杂氧化镓膜的施主浓度之间的关系。方形点表示生长温度为 540℃时的结果，圆形点表示生长温度为 570℃时的结果。图中的虚线表示 SnO$_2$ 的蒸汽压曲线。掺杂浓度的 SnO$_2$ 束源温度依赖性和蒸汽压曲线的斜率非常一致，表明可以通过 SnO$_2$ 束源的温度来控制掺杂浓度。

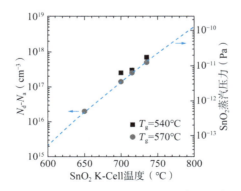

图 9　氧化镓 MBE 膜中施主浓度对 SnO$_2$ 束源温度的依赖性

图 10 显示了改变 Sn 掺杂量时氧化镓膜的电子迁移率和载流子浓度的关系，同时提供了 Si 掺杂的块状单晶的数据作为参考。氧化镓膜和块状晶体的迁移率都随着载流子浓度的

降低而单调增加，载流子浓度大约为 10^{16} cm^{-3}，迁移率大约为 140 cm^2/(V · s)。

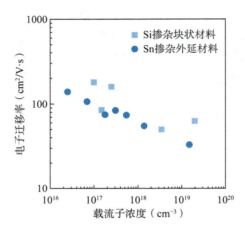

图 10　氧化镓的电子迁移率与载流子浓度的相关性

（二）HVPE 法实现高质量薄膜生长

如前所述，东京农工大学、情报通信研究机构以及笔者团队共同开发了使用 HVPE 法进行氧化镓外延生长的技术[12-17]。有关生长技术的详细信息，请参考前一节。本节将介绍笔者团队对该技术的进一步发展（提高质量和扩径）所做的努力。

1. 致命缺陷的减少

不仅限于氧化镓，在化合物半导体功率器件中，同质外延膜被用作耐压层，其质量对器件特性有着重要影响。主要要求的性能包括能够在约 10^{15}～10^{16} cm^{-3} 的低浓度下进行掺杂浓度控制，能够生长约 10 μm 左右的厚膜，以及有较少损害器件特性的严重缺陷。这些严重缺陷通常被称为致命缺陷。关于低浓度和厚膜生长的详细信息已在前面的章节中详细描述，本节将解释在氧化镓中的致命缺陷。

在东京农工大学成功地使用用于边长 10 mm 衬底的小型 HVPE 炉进行了原理验证后，笔者团队于 2016 年自制了可扩大至 2 in 的 HVPE 炉[18]。虽然相对容易地获得了厚层低浓度的外延膜，但在试制 SBD 时发现，其耐压特性随着肖特基电极的大小而下降。图 11 展示了一个例子。当肖特基电极的直径为 400 μm 时，获得了约 80% 的良率，而当直径增加到 1 mm 时，良率降至 0%。通过电极面积和良率，估计致命缺陷的密度约为每平方厘米数百个。在氧化镓目标为 600 V 以上的功率器件市场上，需要实现至少 10 A 电流的器件（取决于电流密度，大约为边长 2 mm 左右的器件）。要在边长 2 mm 的器件上以 70% 以上的良率制造，致命缺陷密度需要降低到 10 个/cm^2 以下。

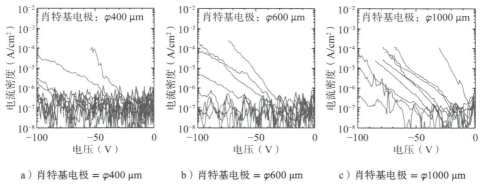

a）肖特基电极 = φ400 μm　　b）肖特基电极 = φ600 μm　　c）肖特基电极 = φ1000 μm

图 11　氧化镓 SBD 反向特性的电极尺寸依赖性

　　笔者团队深入研究了氧化镓 SBD 中致命缺陷的起源，揭示了其主要原因在于 HVPE 生长过程中多晶氧化镓粉末的混入[19,20]。需要注意的是，该粉末的生成机制有两种，一种是通过气相反应产生的亚微米级微小颗粒，另一种是在 HVPE 设备反应管壁上沉积的多晶氧化镓膜，在生长过程中脱落形成的大颗粒。大颗粒可以通过光学显微镜轻松发现。另一方面，微小颗粒无法用显微镜观察到，但可以通过光发射显微镜、X 射线形貌图和腐蚀坑法进行评估。对大颗粒的密度进行调查后发现，其密度仅为 1 个/cm² 左右，认为使器件特性劣化的主要是微小颗粒。

　　笔者团队成功通过调整 HVPE 生长条件来减少微小颗粒的混入。图 12 是微小颗粒减少前后的光发射显微镜图像。电极大小为 500 μm。在减少微小颗粒之前，可以在电极内部看到无数的发射点，而在减少后几乎看不到。图 13 显示了这些 SBD 的反向特性。在减少微小颗粒后，笔者团队能够以约 90% 的良率制造器件。

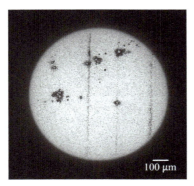 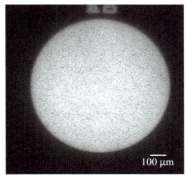

a）微小颗粒减少前　　　　　　b）微小颗粒减少后

图 12　氧化镓 SBD 的光发射显微镜图像

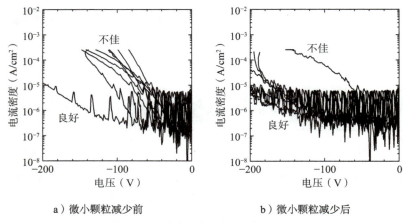

a）微小颗粒减少前   b）微小颗粒减少后

图 13   氧化镓 SBD 的反向特性

图 14 展示了 2.3 mm 边长的 SBD 器件的试制结果。成功地进行了大电流（10～20 A）的工作验证，同时保持了非常低的反向漏电流。此外，在 2 in 的同质外延膜上制作了多个类似的 SBD，取得了大约 60% 的良率，并将致命缺陷密度降低到 10 个/cm² 以下。

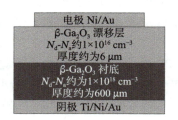

a）断面示意图

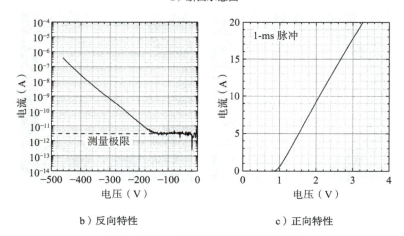

b）反向特性   c）正向特性

图 14   2.3 mm 边长的氧化镓 SBD 特性

2. 高品质 4 in 外延片

在前项介绍的 2 in HVPE 设备开发中得到的知识基础上，制造了 4 in HVPE 设备，致力于构建其生长条件。图 15 展示了设备外观照片。

图 15　4 in HVPE 设备外观照片

图 16 显示了使用本设备生长的 4 in 外延片试制的 SBD 断面示意图、外观照片和施主深度分布。施主浓度在 $(1～2.5) \times 10^{16}$ cm^{-3} 不等，其进一步降低是今后的课题。

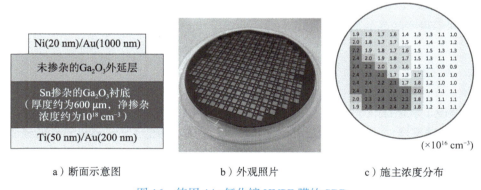

a）断面示意图　　　　b）外观照片　　　　c）施主浓度分布

图 16　使用 4 in 氧化镓 HVPE 膜的 SBD

图 17 显示的是试制的 SBD 的反向特性和正向特性。将 80 个元件左右的测量结果重叠绘制，如图 17b 所示，在电压 0.8～0.9 V 区间内电流开始上升，呈线性变化趋势。上升后的斜率不同，反映了施主浓度的不同。

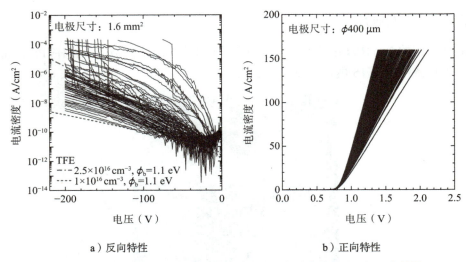

a）反向特性　　　　　　　　　　　b）正向特性

图 17　使用 4 in 氧化镓 HVPE 膜的 SBD 的 a）反向特性和 b）正向特性

　　图 17a 显示了 1.6 mm 边长器件的反向特性。实线表示的是实测结果，虚线是基于热电子场发射（TFE）理论的理论曲线。由于施主浓度参差不齐，理论曲线描绘了最低浓度和最高浓度的两条曲线。也就是说，特性显示在 2 条理论曲线之间的器件可以认为是良品。如图 17a 所示，器件以 70% 左右的良品率制成，估算致命缺陷密度为 13 个/cm² 左右，能够实现与 2 in 同等程度的高品质外延片。

三、总结

　　本节解说了氧化镓的单晶材料以及同质外延生长技术。目前，4 in 的外延片已经在市场上销售，并用于功率器件的开发。同质外延生长技术的进步，降低了影响器件特性的致命缺陷的密度，安培级氧化镓功率器件已得到证实。为了氧化镓功率器件的广泛普及，需要通过晶圆的进一步大尺寸化降低成本，以及提高用于制造大电流器件的晶体质量。期待今后的发展。

▌参考文献

[1]　Y. Tomm et al.,: *J. Cryst Growth* 220, 510-514(2000).

[2]　Z. Galazka et al.,: *J. Cryst. Growth* 404, 184(2014).

[3] N. Ueda et al.,: *Appl. Phys. Lett.* 70, 3561(1997).

[4] Y. Tomm et al.,: *Solar Energy Materials & Solar Cells* 66, 369(2001).

[5] E. G. Villora et al.,: *J. Cryst. Growth* 270, 420(2004).

[6] H. Aida et al.,: *Jpn. J. Appl. Phys.* 47, 8506(2008).

[7] K. Hoshikawa et al.,: *J. Cryst. Growth* 447, 36-41(2016).

[8] A. Kuramata et al.,: *Jpn, J. Appl. Phys.* 55, 1202A2(2016).

[9] E. G. Villora et al.,: *Appl. Phys. Lett.* 92, 202120(2008).

[10] K. Hoshikawa et al.,: *J. Cryst. Growth* 546, 125778(2020).

[11] E. G. Villora et al.,: *Appl. Phys. Lett.* 88, 031105(2006).

[12] K. Nomura et al.,: *J. Cryst. Growth* 405, 19(2014).

[13] G. Wagner et al.,: *Phys. Status Solidi A* 211, 27-33(2014).

[14] T. Oshima et al.,: *Thin Solid Films* 516, 5768(2008).

[15] K. Sasaki et al.,: *Appl. Phys. Express* 5, 035502(2012).

[16] K. Sasaki: Ph. D. thesis, Kyoto University(2016).

[17] H. Murakami et al.,: *Appl. Phys. Express* 8, 015503(2015).

[18] Q. T. Thieu et al.,: *Jpn. J. Appl. Phys.* 56, 110310(2017).

[19] S. Sdoeung et al.,: *Appl. Phys. Express* 14, 036502(2021).

[20] S. Sdoeung et al.,: *Appl. Phys. Lett.* 118, 172106(2021).

第四节　利用 MIST DRY®法研制 α 型氧化镓功率半导体

一、引言

功率器件在家电、汽车、新干线和电力联网等领域，已被整合到电源和逆变器中，成为实现高效利用电力、建设舒适社会的关键设备，其重要性不断上升。目前使用的 Si 功率器件通过超结 MOSFET 结构、沟槽场停止 IGBT 等器件结构的改进和独特的工艺技术开发，取得了显著的进展，但性能改善已经接近极限。作为新一代功率半导体材料，宽禁带材料如碳化硅（SiC）、氮化镓（GaN）备受关注，尤其是 SiC 由于晶圆质量提高、直径扩大和制造工艺技术的进步，自 2010 年左右开始在功率器件领域的实用化变得活跃，被广泛认为在小型化和低损耗化电力转换设备方面有巨大效果。然而，与相同规格的 Si 功率器件相比，SiC 的价格约为数倍，应用场景主要局限在昂贵且相对较大的电力转换设备中。α 型氧化镓（α-Ga₂O₃）比这些新一代功率半导体材料损耗更低，生产成本也更低，作为一种可广泛适用于功率电子应用领域的半导体材料，正迅速受到关注[1-8]。这种材料由于在常压下是亚稳态的，因此制造困难，但 2008 年由京都大学报告，在蓝宝石衬底上通过雾化[4,9]CVD 法进行了晶体生长，取得了具有高晶体质量的薄膜[10]。这一突破推动了外延生长的研究和功率器件的试制。2015 年，京都大学风险投资成立的 FLOSFIA 公司报告了一种 α-Ga$_2$O$_3$ 垂直型 SBD，其比导通电阻仅有 SiC 肖特基势垒二极管（SBD）1/7[11]，随后通过安培级器件的开发，即将实现实用化。本节将在介绍 α 型氧化镓的特性和外延生长方法后，介绍功率半导体器件的开发状况。

二、α 型氧化镓（α-Ga$_2$O$_3$）的特点

（一）氧化镓的晶体多型

氧化镓（Ga$_2$O$_3$）存在数种晶体多型结构（见表 1）。带隙最宽、功率器件性能指数最高的是 α 型（刚玉结构）[12-13]，其特征是可以与其他刚玉结构材料制成混晶进行能带调制。在材料物性预测的功率器件性能指数（巴利加优值）中，α-Ga$_2$O$_3$ 远远超过 SiC、GaN 和 β-Ga$_2$O$_3$（见表 2），作为功率器件具有非常高的潜力。

表 1　氧化镓的晶体多型结构

	α 型	β 型	γ 型	δ 型	κ 型
带隙	5.3 eV	4.5 eV	5.0 eV	—	4.9 eV
热稳定性	亚稳态	稳态	亚稳态	亚稳态	亚稳态
晶体结构	三方晶系（trigonal）刚玉结构	单斜晶系（monoclinic）β 氧化镓结构	立方晶系（cubic）缺陷尖晶石结构	立方晶系（cubic）方铁锰矿结构	斜方晶系（orthorhombic）
常用衬底	Al$_2$O$_3$	β-Ga$_2$O$_3$	MgAl$_2$O$_4$	—	SiC，GaN
特征	能带调制	有块状衬底	—	—	自发极化
器件结构	SBD MESFET MOSFET	SBD MESFET MOSFET HFET	—	—	HFET

表 2　功率半导体材料性能指数

材料名	Si	4H-SiC	GaN	β-Ga$_2$O$_3$	α-Ga$_2$O$_3$
能带间隙 E_g（eV）	1.1	3.3	3.4	4.5	5.3

（续）

迁移率（cm²/s）	1400	1000	1200	300	300（推测）
绝缘击穿电场强度 E_c（MV/cm）	0.3	2.5	3.3	7	10（推测）
相对介电常数	11.6	9.7	9.0	10	10（推测）
以 Si 为参照的低频（$\varepsilon\mu E_c^3$）巴利加优值（Si = 1）	1	340	870	2307	6.726（推测）
以 Si 为参照的高频（μE_c^2）巴利加优值（Si = 1）	1	50	104	117	238（推测）

　　具有最好热稳定性的是 β 型[14]，用通常的晶体生长方法只能得到 β 型。如前节所述，其块状衬底已在市场上销售，器件的开发在国内外都很活跃。γ 型[15]是尖晶石型的立方晶。κ 型[16-17]与 GaN 一样产生自发极化，因此有望应用于高电子迁移率晶体管（HEMT）等高频器件。β 型以外的都是在相性良好的衬底上通过外延生长制作的，但是目前还没有合适的生长方法，因此相关的物理特性数据还不充分。

（二）刚玉家族的晶体

　　刚玉在日本又被称为钢玉，是氧化铝（Al₂O₃）的天然单晶矿物。有报告显示，刚玉结构的晶体有 α-Al₂O₃、α-Ga₂O₃、α-In₂O₃、α-Fe₂O₃、α-Cr₂O₃、α-Ti₂O₃、α-Rh₂O₃、α-Ir₂O₃ 和 α-V₂O₃ 共 9 种[18]。其中，热稳定性最高的是 α-Al₂O₃、c-Fe₂O₃、α-Cr₂O₃、α-Rh₂O₃ 这 4 种，其他为不稳定或亚稳定相。其中，由 α-Al₂O₃、α-Ga₂O₃、c-In₂O₃ 组成的混晶系，基于后述的雾化 CVD 法使得亚稳定相 α-Ga₂O₃ 和 α-In₂O₃ 的高品质成膜成为可能[10,19,20]（如图 1 所示）。

　　基于该混晶系，可以超过传统的宽禁带半导体 SiC（3.3 eV）、GaN（3.4 eV）、金刚石（5.5 eV）、AlN（6.1 eV）等实现到大约 9.0 eV 带宽的能带调

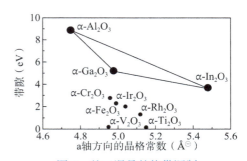

图 1　基于混晶的能带调制

　　　⊖　1 Å = 0.1 nm = 10⁻¹⁰ m。

制，有望应用于新一代功率器件和深紫外固态器件。此外，由于 α-Ga₂O₃ 和 α-Ir₂O₃ 的混晶呈现 p 型导电[21]，因此与 α-Ga₂O₃ 组合，被用作构成常关型功率器件的重要材料。能够最大限度地利用刚玉家族的晶体是 α-Ga₂O₃ 的一大特征。

三、雾化 CVD 法

（一）原理

雾化 CVD 法是将液体原料变成雾状（mist）输送到高温加热的衬底上，通过非真空工艺成膜的方法。如图 2 所示，原材料在被包含于直径数微米的雾化液滴中的状态下输送，在衬底表面加热，逐渐汽化，通过化学反应沉积高质量膜。在沉积的最后阶段，由于发生了与使用普通气体的 CVD 法相同的化学反应，因此可以沉积高质量的膜。另一方面，即使难以形成气体状态，只要能制成溶液，就可以作为原料使用，因此可以广泛用于材料成膜。FLOSFIA 抓住了这种成膜的特征，将其命名为 MIST DRY®法，特别是在外延生长的情况下，还单独开发了 MIST EPITAXY®法，能够在相对低温的大气压下进行晶体生长，从而使亚稳定相金属氧化物可以在晶体结构相近的衬底上成膜。

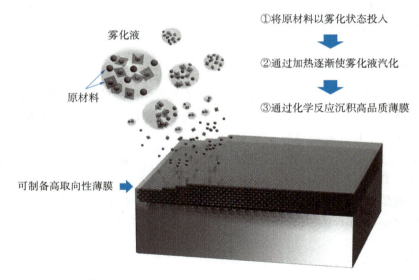

图 2　MIST DRY®法（含 MIST EPITAXY®法）原理

（二）α-Ga₂O₃ 的外延生长

α-Ga₂O₃ 晶体的最初报告可以追溯到很早，由结晶化学奠基人之一 Victor Moritz

Goldschmidt 于 1925 年提出。之后，1951 年 Foster 等人对 Ga_2O_3 进行了结晶学分析，热力学上最稳定的相是 $\beta\text{-}Ga_2O_3$，而 $\alpha\text{-}Ga_2O_3$ 在常温常压下在热能上是亚稳定相。1966 年，Remeika 注意到 $\alpha\text{-}Ga_2O_3$ 的密度比 $\beta\text{-}Ga_2O_3$ 大，提出了"是否可以通过将 $\beta\text{-}Ga_2O_3$ 粉末置于超高压、高温环境下，制备出 $\alpha\text{-}Ga_2O_3$ 的粉末晶体？"的问题。在 44 kbar（约 44000 大气压）、1000℃的条件下，成功制得了 $\alpha\text{-}Ga_2O_3$ 的粉末晶体。然而，面临一个问题，即将 $\alpha\text{-}Ga_2O_3$ 粉末加热到 600℃时会发生相变成为 $\beta\text{-}Ga_2O_3$，许多研究者因此放弃了 $\alpha\text{-}Ga_2O_3$ 混晶制备和掺杂的尝试。

大约 40 年后的 2008 年，京都大学报告了在蓝宝石衬底上使用雾化 CVD 方法进行的晶体生长，获得了 X 射线摇摆曲线半峰宽为 60 arcsec 的高质量 $\alpha\text{-}Ga_2O_3$ 单晶。这是第一次在非超高压、高温环境制备的 $\alpha\text{-}Ga_2O_3$ 单晶，距离该材料首次亮相才十余年。通过透射电子显微镜的截面观察，螺位错密度低于观察极限，刃位错密度为 10^{10} cm^{-2}。之后，通过使用 $\alpha\text{-}(Al_xGa_{1-x})_2O_3$ 作为缓冲层，实现了两位数的位错密度降低[22]，以及在 m 面和 a 面等其他面取向上的生长[23]，采用 HVPE 方法进行生长[17,24~28]，试图通过选择性横向生长（Epitaxial Lateral Overgrowth，ELO）降低位错密度[17,26~28]，以及进行深度能级评估[29]等多种尝试。

四、$\alpha\text{-}Ga_2O_3$ 功率半导体器件

（一）$\alpha\text{-}Ga_2O_3$ 功率半导体器件的市场前景

关于 $\alpha\text{-}Ga_2O_3$ 功率半导体器件的市场前景，与现有材料 Si 和新一代功率半导体材料 SiC 进行了比较，总结在图 3 中。从功率器件性能指标即巴利加优值来看，损耗的顺序为 Si（大损耗）> SiC（低损耗）> $\alpha\text{-}Ga_2O_3$（超低损耗）。另一方面，由于 SiC 采用生长速度较慢的升华法进行块状材料生长，导致生产成本较高。而 $\alpha\text{-}Ga_2O_3$ 通过在价格低廉的蓝宝石衬底上采用非真空的雾化 CVD 方法进行外延生长，其生产成本可控制在 Si 水平。由于这一结果，$\alpha\text{-}Ga_2O_3$ 可以通过"在与 Si 相当的成本下实现超越 SiC 的损耗降低"这一特性，被期待在功率电子应用领域中实现广泛应用。另一方面，①没有 p 型层（无法实现常关型器件），②热传导性差（散热性差）等问题对于功率半导体器件开发是巨大的技术挑战。针对这些问题，下一节以及后续部分将介绍解决技术难题的方法。

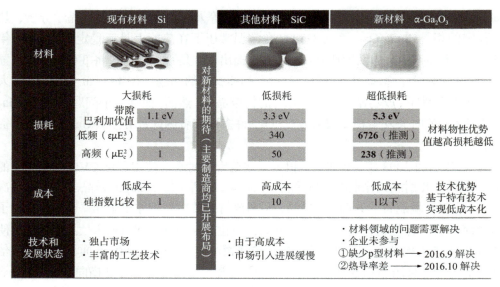

	现有材料　Si	其他材料　SiC	新材料　α-Ga₂O₃	
材料				
损耗	大损耗 带隙 巴利加优值　1.1 eV 低频（εμE_c^3）　1 高频（μE_c^2）　1	低损耗 3.3 eV 340 50	超低损耗 5.3 eV 6726（推测） 238（推测）	材料物性优势 值越高损耗越低
成本	低成本 硅指数比较　1	高成本 10	低成本 1以下	技术优势 基于特有技术 实现低成本化
技术和 发展状态	·独占市场 ·丰富的工艺技术	·由于高成本 ·市场引入进展缓慢	·材料领域的问题需要解决 ·企业未参与 ①缺少p型材料 → 2016.9 解决 ②热导率差 → 2016.10 解决	

（中间竖排文字）对新材料的期待（主要制造商均已开展布局）

图 3　α-Ga₂O₃ 功率半导体器件的市场前景

（二）超低电阻 SBD 的成功试制（小面积 SBD）

2015 年，笔者团队报告了一种 α-Ga₂O₃ 垂直型 SBD 的试制示例，其比导通电阻仅为 SiC-SBD 的七分之一（如图 4 所示）[11]。虽然这是小面积器件（直径为 30 μm 和 60 μm），但在 531 V 的耐压下，比导通电阻为 0.1 mΩ·cm²，在 855 V 的耐压下，比导通电阻为 0.4 mΩ·cm²。将这些值绘制在功率器件特性比较图上，可以看出已经证明了超越 SiC 极限的特性（如图 5 所示）。

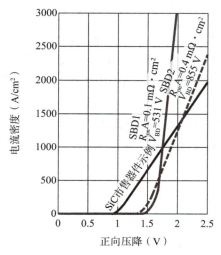

图 4　小面积 α-Ga₂O₃ 垂直型 SBD 的正向特性

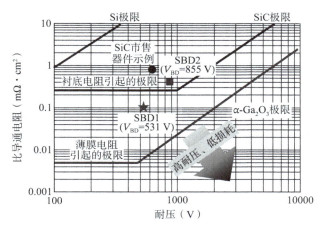

图 5　小面积 α-Ga₂O₃ 垂直型 SBD 的基准评估

（三）技术挑战 1——p 型层的开发

通过使用 p 型 α-Ir₂O₃（带隙 3.0 eV），进行了与 α-Ga₂O₃ 的异质结 PiN 二极管的试制，并确认正向和反向二极管特性，并通过 XPS（X-ray Photoemission Spectroscopy）评估了能带排列（Type II 型）[30,31]。随后，进行了 α-(Ir,Ga)₂O₃ 的开发，带隙增大到 4.3 eV，并且可以获得 $(1\sim8)\times10^{19}\,cm^{-3}$ 的载流子密度[21]。在与 α-Ga₂O₃ 的异质结 PiN 二极管中，实现了反向耐压达到 100 V。α-(Ir,Ga)₂O₃ 和 α-Ga₂O₃ 同为刚玉结构的晶体，晶体的晶格一致性高（晶格失配 < 0.3%），在制造器件方面是高相性的组合。

（四）技术挑战 2——提高热导率

研发了在 2 in 的金属支撑基板上贴合 10 μm 左右厚度的薄膜 α-Ga₂O₃ 的晶圆级工艺。将芯片尺寸比 SiC 小的实用水平安培级器件进行标准 TO220 封装，测量热阻的结果，得到了与市售的 SiC-SBD 相同的 2.7℃/W。Ga₂O₃ 是一种传热系数低的材料（SiC 的 1/30），散热性能差，人们担心这会成为器件化的障碍，但事实证明，可以通过将 α-Ga₂O₃ 薄膜化来解决这一问题。

（五）安培级 SBD 的开发

在开发安培级 SBD 时，研究了在蓝宝石衬底上异质外延生长的 α-Ga₂O₃ 中固有的高密度刃位错（约 $10^9\,cm^{-2}$）是否对正向特性和反向特性产生不良影响，发现获得了与理论公式相符的理想正向和反向电流-电压特性[32]。相比之下，氮化镓（GaN）在刃位错密度约为 $10^8\,cm^{-2}$ 的异质外延生长膜上显示出非常大的 SBD 漏电流，在位错密度较低的同质外延生长膜（刃位错密度约为 $10^6\,cm^{-2}$）上才首次得到了理想的器件特性，与 α-Ga$_2$O$_3$ 形成了鲜明对比。

采用前述在晶圆级别上与金属支撑基板贴合的工艺，成功开发了集成在 TO220 封装中的安培级 α-Ga$_2$O$_3$ SBD（GaO®SBD）。图 6 展示了通过双脉冲测试评估的反向恢复特性[33]。

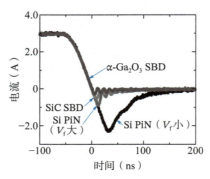

图 6　安培级 α-Ga$_2$O$_3$ SBD 的反向恢复特性

可以看出，该器件表现出与 Si PiN 二极管相当或更高的高速特性，甚至超过市售的 SiC-SBD。

在 1 MHz 升压转换器的应用验证中也证实了与市售 SiC-SBD 相同程度的高效性能。

从 2020 年开始，GaO®SBD 评估板（升压部分搭载了 GaO®SBD 最大 360 W 输出 PFC 电源板）开始销售，GaO®SBD（耐压：100～600 V，电流容量：2～10 A）也开始提供样品（如图 7 所示），实用化指日可待。

GaO®SBD评估板
最大360 W输出的PFC电源板
升压部分搭载了GaO®SBD

GaO®SBD
耐压：100～600 V
电流容量：2~10 A

图 7　GaO®SBD 评估板和 GaO®SBD 样品

（六）MOSFET 的开发（如图 8 所示）

2018 年，敝公司报告了 MOSFET 的常关型工作验证[34]。试制了将新开发的 p 型层作为 p 型阱层使用的横向型 MOSFET，证实了反型层沟道的常关型工作。根据测量的电流-电压特性，通过外插法得到栅极阈值电压高达 7.9 V，显示出即使在高速操作中，在没有负栅极偏压的情况下也不容易发生误操作的特性。

2019 年，报告了采用高品质化 GaO®半导体层的 MOSFET 试制，实现了大幅超过先行市售 SiC 特性的沟道迁移率 72 cm²/(V·s)[35]。根据这一结果，通过器件仿真估算了耐压 600～1200 V 级功率 MOSFET 的比导通电阻，结果表明，可期待达到市售 SiC 的约 1/2 以下。目前，日本内阁府综合科学技术·创新会议的战略性创新创造计划（SIP）"IoE 社会的能源系统"（管理法人：JST）正在推进耐压 600～1200 V 级功率 MOSFET 的开发。

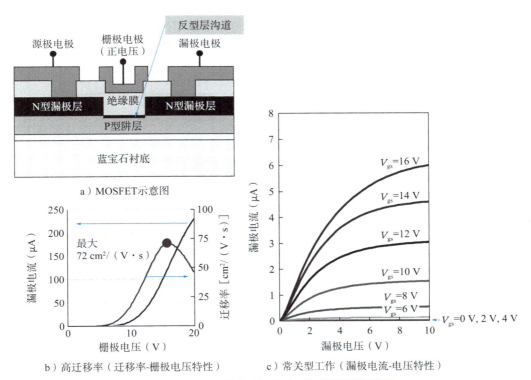

a）MOSFET示意图

b）高迁移率（迁移率-栅极电压特性）

c）常关型工作（漏极电流-电压特性）

图 8　MOSFET 常关型工作和高沟道迁移率展示

五、总结

在蓝宝石衬底上利用雾化 CVD 法进行晶体生长可以得到具有高晶体质量的 α-Ga$_2$O$_3$ 薄膜，在这一发现之后仅仅 10 年左右，功率器件的开发迅速推进，很快第一个器件即将投入实际使用。利用外延生长的高质量 α-Ga$_2$O$_3$ 薄膜制造器件，而无须等待块状材料衬底的成熟，带来了快速的发展。

由于 α-Ga$_2$O$_3$ 作为功率器件具有超过 SiC 和 GaN 的潜力，使用面向照明之用的 LED 中价格越来越低的蓝宝石衬底，以及利用非真空工艺的雾化 CVD 法进行外延生长，因此形成了"实现超过 SiC 器件的损耗降低，且成本与 Si 器件相当"这一罕见的商业化概念。

新进入功率器件市场的 SiC 有望在低损耗、大容量领域，GaN 有望在低导通电阻、高速开关领域大显身手，但反过来考虑，这意味着由于其价格高，只能局限于容易发挥其特征的领域。由于 α-Ga$_2$O$_3$ 以与现有 Si 相同的成本，可以实现超过 SiC 器件的损耗降低，因此可以覆盖现有整个 Si 市场，进而扩展到超大容量的可能性（如图 9 所示）。即将开始实用化的 α-Ga$_2$O$_3$ 功率器件今后的飞跃值得期待。

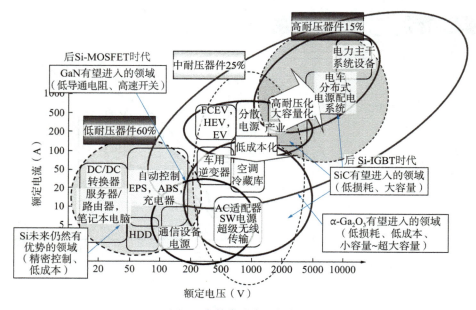

图 9　宽禁带功率器件定位

参考文献

[1]　入羅俊実 他: 電気学会誌, 137(10), 693(2017).

[2]　四戸孝: 車載テクノロジー, 6(2), 44(2018).

[3]　T. Shinohe: IEEE CPMT Symp. Japan(ICSJ), I-11(2018).

[4]　四戸孝: *THE CHEMICAL TIMES*, 254, 8(2019).

[5]　T. Shinohe: Int. Conf. on Silicon Carbide and Related Materials. We-3A-07(2019).

[6]　T. Shinohe: Int. Conf. on Solid State Devices and Materials(SSDM), M-2-03(2019).

[7]　T. Shinohe: 38th Electronic Materials Symposium, ESP-2(2019).

[8]　四戸孝: 第 7 回グリーンイノベーションシンポジウム(2020).

[9]　金子健太郎: *J. of the Society of Materials Science, Japan*, 66(1), 58(2017).

[10]　D. Shinohara and S. Fujita: *Japanese J. of Appl. Phys.*, 47(9), 7311(2008).

[11]　M. Oda et al.,: *Appl. Phys. Express*, 9(2), 021101(2016).

[12]　K. Kaneko et al.,: *Japanese J. of Appl. Phys.*, 51(2R), 020201(2012).

[13]　A. Segura et al.,: *Phys. Rev. Mater.*, 1, 024604(2017).

[14]　M. Higashiwaki et al.,: *Phys. Status Solidi A*, 211(1), 21(2014).

[15]　T. Oshima et al.,: *J. of Crystal Growth*, 359, 60(2012).

[16]　Y. Oshima et al.,: *J. of Appl. Phys.*, 118, 085301(2015).

[17]　Y. Oshima et al.,: *Japanese J. of Appl. Phys.*, 59(11), 115501(2020).

[18]　K. Kaneko et al.,: *J. of Appi. Phys.*, 113(23), 233901(2013).

[19]　N. Suzuki et al.,: *J. of Crystal Growth*, 364(2), 30(2013).

[20]　H. Ito et al.,: *Japanese J. of Appl. Phys.*, 51(10), 100207(2012).

[21]　K. Kaneko et al.,: *Appl. Phys. Lett.*, 118, 102104(2021).

[22]　R. Jinno et al.,: *Appl. Phys. Exp.*, 9(7), 071101(2016).

[23]　K. Akaiwa et al.,: Phys. Status Solidi A, 2020, 217, 1900632(2020).

[24]　Y. Oshima et al.,: *Appl. Phys. Exp.*, 8(7), 055501(2015).

[25]　Y. Oshima et al.,: *Semi. Sci. and Tech.*, 35(5), 055022(2020).

[26]　Y. Oshima et al.,: *Japanese J. of Appl. Phys.*, 59(2), 025512(2020).

[27]　K. Kawara et al.,: *Appl. Phys. Exp.*, 13(7), 075507(2020).

[28]　K. Kawara et al.,: *Appl. Phys. Exp.*, 13, 115502(2020).

[29]　H. Takane et al.,: Phys. Status Solidi B, 2021, 258, 200622(2021).

[30]　S. Kan et al.,: *Appl. Phys. Lett.*, 113, 212104(2018).

[31]　S. Kan et al.,: IEEE CPMT Symp. Japan(ICSJ), 61(2018).

[32]　T. Maeda et al.,: AIP Advances, 10, 125119(2020).

[33]　河原克明 他: 第 78 回応用物理学会秋季学術講演会, 5a-C17-10(2017).

[34] http://flosfia.com/20180713/.

[35] http://flosfia.com/20191202-2/.

第五节　雾化 CVD 法半导体制造设备

一、引言

雾化 CVD 法用于 Ga_2O_3 功率半导体的成膜，并且作为一种新型的半导体成膜方法正在逐渐普及。传统的 Ga_2O_3 生长方法有 MBE 法、MOCVD 法、HVPE 法、PLD 法等，而雾化 CVD 法已跻身著名的成膜方法之列。本节将介绍该雾化 CVD 法的研发及其原理，以及该雾化 CVD 法中 Ga_2O_3 的生长实例。另外，Ga_2O_3 存在多种晶体多型，而这种雾化 CVD 法几乎可以形成所有这些晶体多型结构。后文会分别介绍利用雾化 CVD 法生长各种晶体多型的实例。

二、雾化 CVD 法的研发

雾化 CVD 法一般被归类为喷雾热解法[1]。喷雾热分解法是使用加压方式的喷雾，通过将作为原料的溶液喷涂在加热的衬底上而成膜。该方法从很久以前就开始被用作透明导电膜等的成膜。另外，在加压方式的喷雾中，由于液滴的粒径大，所以控制难度较高，因此之后开发了利用超声波喷雾的方法[2]。这种方法一般被称为超声波喷雾热解法和熔溶胶法等，也一直作为透明导电膜等的成膜方法被利用。众所周知，超声波喷雾的液滴粒径依赖于超声波的频率，可以根据 Lang 提出的公式得到[3]，其粒径和其粒度分布范围也比喷雾方式小很多。例如，在 2.4 MHz 的频率下，可以得到粒径约为 2～3 μm 的液滴。这种超声波喷雾热分解法是雾化 CVD 法的基础技术。

雾化 CVD 法是笔者和现高知工科大学的川原村教授在京都大学的藤田研究室开发的。最初，作为透明导电膜的形成方法开始开发，利用超声波喷雾液滴的粒径小和雾通过气流可以较容易地控制流动的特征，推进大面积成膜方法的开发。因此，在开发之初，按照过去的方法名称，将其称为超声波喷雾热解法和超声波喷雾 CVD 法[4,5]。将该方法称为雾化 CVD 法，是在本节中说明的基于雾化 CVD 法实现了 Ga_2O_3 外延生长技术时开始的。

以前研究的透明导电膜是多晶结构，可通过溶胶凝胶法，用液体原料制备，因此，液滴到达衬底并在成膜过程中保持液滴的情况被认为是很常见的。在这种背景下，开始了对这种雾化 CVD 法是否适用于当时期望作为蓝色 LED 材料的 ZnO 的外延生长的研究。对需要原子整齐排列的外延生长而言，以往不认为可以利用比原子大很多的直径数微米的雾进行外延生长，并且实际上几乎没有这样的应用先例。在这种情况下，尝试使用这种雾化 CVD 法进行 ZnO 的外延生长，发现可以得到高质量的 ZnO，并成功形成了与当时在 MOCVD 或 MBE 中报告的电学特性相当的外延膜[6]。此外，在 ZnO 单晶衬底上进行同质外延生长，成功实现了台阶流生长（如图 1 所示）[7]。这一成果促使人们开始认为，通过雾化 CVD 法制备的材料可以用于半导体领域。这种方法并不是通过液滴吸附在衬底上形成涂层，而是通过在加热的衬底附近使溶剂蒸发、前驱体物质气化，最终在类似通常 CVD 的方式下形成气相沉积，这一点已经在研究中得以证实。由于利用了粒径比原子大得多的雾，因此目前仍有一些研究人员认为液滴应该会吸附在衬底上，但日本川原村教授的研究团队[8]和其他国家的一些团队[9]已经报告了液滴不能直接抵达衬底表面的机制（即莱顿弗洛斯特现象，见后文），这样的观点也逐渐消失。

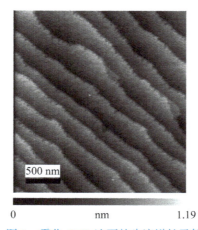

500 nm

0　　　　　　　　nm　　　　　　　1.19

图 1　雾化 CVD 法下的步流增长示例

三、雾化 CVD 法的原理

雾化 CVD 法（如图 2 所示）是一种将 CVD 的前驱体溶解于水等溶液中的方法，将该溶液用超声波振荡器制成小粒径的雾，并将该雾作为原料使用。这种雾被输送到加热的衬底上，溶剂蒸发，前驱体气化，通过化学反应成膜。需要注意的是，该溶液是前驱体溶解而成，并非膜的目标材料。也可以用这种方法直接沉积目标材料，在这种情况下，目标材料不经过气化和化学反应，而是以液滴状附着在衬底上，溶剂蒸发后沉积，因此称为雾化沉积法。为了使其外延生长，溶解的前驱体需要通过加热气化，经过反应成为目标化合物。

　　下面对超声波喷雾和加压式喷雾的区别进行说明。如前所述，由于用超声波喷雾的雾粒径很小，只有数 μm，因此重力引起的沉降速度小，可以在大气中长时间漂浮。由该粒径决定的静止场的最终沉降速度的关系如图 2 所示。用超声波喷雾产生的雾的最终沉降速度为十至数百 μm/s 左右（画圈部分），可以很容易地用载气输送。另一方面，加压式喷雾产生的雾的粒径超过 10 μm，其沉降速度会增大到一至数十 mm/s，在被输运之前就会沉降。因此，不能像雾一样用载气输送。在这种雾化 CVD 法中，利用能够被载气输送的特征，可以实现在大面积化和高温的管状炉成膜部的输运。

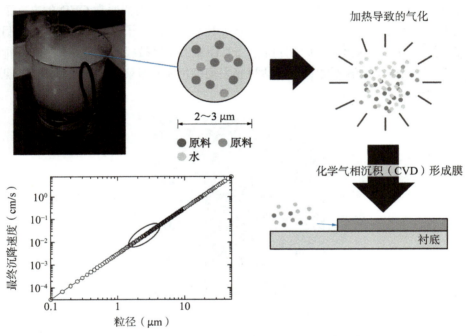

图 2　雾化 CVD 法的概念图和雾的最终沉降速度

　　笔者等人的小组主要研发并使用了 3 种作为成膜部的装置（如图 3 所示）。包括①对应大面积化的线性源方式[4]，②通过使用狭窄的流动路径提高效率的精细沟道方式[8]，③高温成膜的热壁方式[7]。关于①和②，由于加热部分多利用热板，所以不适合在太高的温度下成膜。但是，与使用管状炉的方式相比，更容易实现大面积化，有成功实现 300 mm 尺寸成膜的实例。

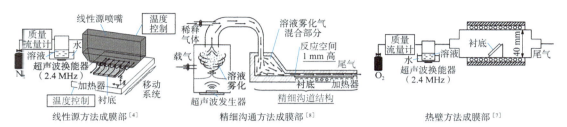

线性源方法成膜部[4]　　　精细沟通方法成膜部[8]　　　热壁方法成膜部[7]

图 3　雾化 CVD 法的三种装置

热壁方式可以在高温下成膜，因此是面向高品质薄膜形成的方法。本小组的 Ga₂O₃ 生长主要采用这种热壁方式。实验设备只有管状炉、雾化发生器以及连接二者的简单结构，成本比较低。批量生产时，需要进行扩大尺寸的开发，以及准备应对反应残留物的处理设备等。

在雾化 CVD 法中，无论使用哪种成膜部，输送的喷雾都被送入加热的衬底上从而成膜。当衬底温度大于或等于某一温度时，输送至衬底的雾不会直接附着在衬底上。衬底温度为低温时，直接附着在衬底上成膜的情况下，由于不是气相反应，而是衬底上的固体→固体的反应，因此很难进行高质量的外延生长。另一方面，当衬底温度在某一温度以上时，由于莱顿弗洛斯特现象，液滴在衬底上一边蒸发一边悬浮，因此通过气相反应成膜。这种莱顿弗洛斯特现象在日常生活中也能观察到，例如，向高温加热的平底锅滴水时，水在平底锅上会来回移动。这是因为水滴接近高温表面时，吸收了表面的热量，水迅速蒸发，蒸发产生的水蒸气使水滴漂浮。当然，如果以一定程度的大粒径或一定速度碰撞到衬底上，就会直接附着，但雾化时是以小粒径和载气低速输送，所以会出现莱顿弗洛斯特现象，通过气相反应可以实现高质量的外延生长。在雾化 CVD 法中，利用这种高质量的外延方法，实现了各种 Ga₂O₃ 的薄膜生长。在下一项中，将对该雾化 CVD 法生长 Ga₂O₃ 的结果进行说明。

四、利用雾化 CVD 法生长 Ga₂O₃ 的技术

Ga₂O₃ 被认为具有 5 个晶体多型（α、β、γ、δ、κ）[10]，根据其多型结构具有各种各样的特征。其中，特别是热稳定相、用熔融法可制作块状单晶的 β 相，以及在 LED 等场景中使用的可在蓝宝石衬底上外延生长的 α 相，受到了极大的关注。其他晶相中 γ 相和 κ 相虽然没有前两种那样的关注度，但各有特点，正在朝着 β 相和 α 相无法实现的应用研究方向发展。另外，由于几乎没有 δ 相的形成先例，因此其存在受到了质疑。在雾化 CVD 法中，可以形成除 δ 相以外的所有晶体多型薄膜，可以根据衬底的选择和成膜时的温度等来控制这些晶体多型。但是，在作为功率半导体使用时，尽量减少位错等缺陷是很重要的，最好选择晶格匹配或几乎晶格匹配的衬底。从晶格匹配性这一观点出发，下一项将以衬底和这些晶体多型的关系为中心，介绍雾化 CVD 法的薄膜生长例。

（一）α-Ga₂O₃成膜技术

雾化 CVD 法中研究最多的 Ga_2O_3 的晶体多型是 α 相。由于通过雾化 CVD 法首次得到了高品质的 α 相 Ga_2O_3 薄膜[11]，并且能够使用较易得到的蓝宝石衬底，因此基于雾化 CVD 法进行了大量的研究。特别受到关注的是，将 c 面蓝宝石上形成的 Ga_2O_3 从衬底上剥离，贴附在金属上，形成低导通电阻的肖特基势垒二极管的报告[12]。另一方面，在 c 面蓝宝石衬底中，由于晶格失配较大，$α-Ga_2O_3$ 存在无数的位错，因此如何控制其位错密度是一个挑战[13]。有报告称，通过将晶格失配变小的 Al_2O_3 混晶作为倾斜缓冲层插入，降低了位错密度（如图 4a 所示）[14]。另外，由于 m 面与 $α-Ga_2O_3$ 的晶格失配度比 c 面小，因此进行了使用 m 面进行生长的研究，有报告显示，掺杂 Sn 时其迁移率比 c 面高[15]。本小组报告了通过使用晶格失配较小的 $α-Fe_2O_3$ 作为缓冲层，可以在 c 面以外的 a、r、m 等面形成薄膜[16]。从衬底的角度来看，使用蓝宝石衬底的原因主要是由于 $α-Ga_2O_3$ 的晶体结构与蓝宝石衬底的结构相同。本小组利用晶格失配较小的 $LiTaO_3$ 和 $LiNbO_3$ 衬底以及 $α-Fe_2O_3$ 缓冲层成功地形成了 $α-Ga_2O_3$，报告显示，与在蓝宝石上形成的 $α-Ga_2O_3$ 相比，其晶体质量得到了提高（如图 4b 所示）[17]。由于早期完成了肖特基势垒二极管的工作验证，$α-Ga_2O_3$ 受到了很大的关注，但从位错等方面来看还存在许多问题。蓝宝石衬底由于使用方便而常被采用，但为了减少位错，需要进一步开发晶格更为匹配的衬底材料。

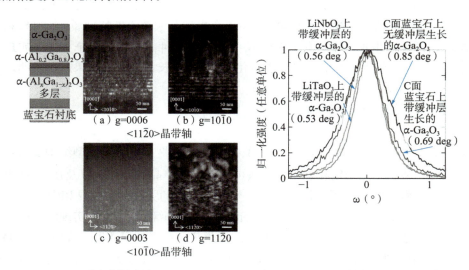

a）倾斜缓冲层[4]　　　　　　b）$LiTaO_3$、$LiNbO_3$ 衬底和 $α-Fe_2O_3$ 缓冲层[17]

图 4　雾化 CVD 法中的 $α-Ga_2O_3$ 高品质化

（二）β-Ga₂O₃ 的成膜技术

由于 β 相的 Ga₂O₃ 可以利用高品质的衬底，因此是研究进展最快的晶体多型，但另一方面，利用雾化 CVD 法的研究实例较少。笔者团队认为，这是因为与 β-Ga₂O₃ 衬底相比，蓝宝石衬底更容易获得，因此很多研究都偏向于 α 相。另一方面，如作为 α 相的课题所列举的那样，由于较大的晶格失配度，α-Ga₂O₃ 中存在无数的位错。由于 β-Ga₂O₃ 可以利用通过熔融法形成的单晶衬底，因此从原理上可以防止晶格失配引起的位错发生，是理想的半导体材料。在 β-Ga₂O₃ 的薄膜生长中，也有利用不同衬底的异质外延生长的示例报告，这里仅对使用 β-Ga₂O₃ 单晶衬底时的同质外延生长进行说明。

雾化 CVD 法的 Ga₂O₃ 薄膜生长中，使用的是乙酰丙酮镓和氯化镓两种原料。Lee 等人利用雾化的乙酰丙酮镓，在 β-Ga₂O₃（010）衬底上成功形成了原子水平的平坦薄膜[18]。但是，其成膜速率非常慢，为 0.4 μm/h，对于主要使用垂直型器件的 β-Ga₂O₃，很难获得必要的膜厚（大约 10 μm）。因此，笔者小组通过使用在水中溶解度高的氯化镓，试图提高成膜速率[19]。使用乙酰丙酮镓时，作为原料使用的溶液浓度为 0.05 mol/L 左右，上述的论文中也在同样的浓度下进行了研究。另一方面，更高浓度的氯化镓是可能的。这里介绍溶液浓度为 0.1、0.25、0.5、0.8 mol/L 时的结果。

图 5a 显示的是原料浓度引起的膜厚变化。此时成膜时间为 30 min，膜厚随溶液浓度呈线性增加。由此可知，高浓度化与膜厚即成膜速率的提高相关联。浓度最高时（0.8 mol/L）为 3.2 μm/h，证明了雾化 CVD 法也可以实现高速成膜。此外，如果用 AFM（原子力显微镜）观察表面形状，则在任何条件下表面粗糙度都相当，所有薄膜都得到了原子水平的平坦薄膜，如图 5b～e 所示。这表明，即使增大成膜速率，也不会影响表面粗糙度。尽管成膜速度与 HVPE 法等高速成膜法（大约 10 μm/h）相比尚有差距，但鉴于 HVPE 无法获得这样的平坦表面，笔者团队认为雾化 CVD 法作为能够在维持表面平坦性的同时实现 β-Ga₂O₃ 高速成膜的新方法是有前景的。另外，图 6 是 0.8 mol/L（膜厚 1.6 μm）成膜时的 STEM（扫描电镜）图像。如图 6 所示得到的 β-Ga₂O₃ 的同质外延膜中没有发现新的位错，从该结果也可以看出雾化 CVD 作为高速成膜法是有前景的。

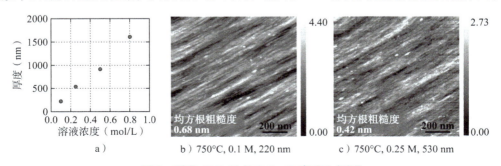

a）　　　　b）750℃, 0.1 M, 220 nm　　　　c）750℃, 0.25 M, 530 nm

图 5　雾化 CVD 法的 β-Ga₂O₃ 高速生长[19]

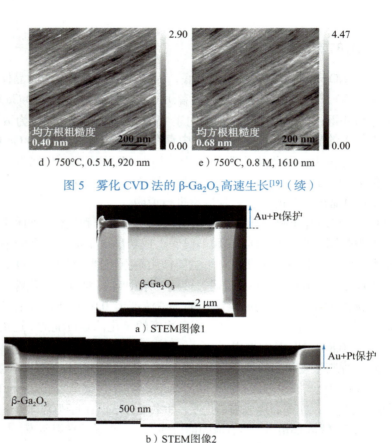

d）750℃, 0.5 M, 920 nm   e）750℃, 0.8 M, 1610 nm

图 5 雾化 CVD 法的 β-Ga₂O₃ 高速生长[19]（续）

a）STEM图像1

b）STEM图像2

图 6 利用雾化 CVD 法进行同质外延生长的 β-Ga₂O₃ 的 STEM 图像[19]

（三）κ-Ga₂O₃ 成膜技术

κ-Ga₂O₃ 具有其他晶体多型所不具备的铁电特性，有望实现相关的器件。根据 κ-Ga₂O₃ 的铁电特性，利用与 GaN 同样的极化二维电子气体（2DEG）实现高电子迁移率晶体管（HEMT）应用值得期待。并且，与压电体的 GaN 不同，铁电体 κ-Ga₂O₃ 可以通过极化开关消除 2DEG。

另外，κ-Ga₂O₃ 的极化强度为 GaN 的 8 倍左右，通过计算得出，该极化引起的 2DEG 密度为 10^{14} cm⁻³ 左右，与 GaN 相比，可望实现更低导通电阻的 HEMT[20]。GaN 和 κ-Ga₂O₃ 的比较总结在图 7 中[21]。本项介绍 κ-Ga₂O₃ 在雾化 CVD 法下的异质外延生长。

	GaN	κ-Ga$_2$O$_3$
带隙[eV]	3.4	4.9
铁电材料/压电材料	压电材料	铁电材料
极化强度[C/m²]（理论值）	0.029	0.26
迁移率[cm²/（V·s）]	900	?
二维电子气浓度	○ （能够产生二维电子气）	◎ ? （能够产生更高密度的二维电子气）
衬底	Si	同样的晶格结构的衬底

图 7　GaN 和 κ-Ga$_2$O$_3$ 的比较[21]

　　由于 κ-Ga$_2$O$_3$ 与其他亚稳相一样难以制备块状单晶，需要通过异质外延生长形成。因此，异质外延生长用衬底的选择变得很重要。包括笔者等人在内，各种各样的研究人员提出了很多用于 κ-Ga$_2$O$_3$ 的异质外延衬底，但是基于其晶体结构的晶畴的引入成为一个很大的问题[22,23]。斜方晶系的 κ-Ga$_2$O$_3$ 如果使用对称性高的衬底，具有 3 次或 6 次旋转对称轴，变成由小晶畴构成的结构，从而阻碍导电。因此，笔者等人调查了除了市场上销售的衬底以外是否有适合的衬底，发现了相同晶体结构的 ε-GaFeO$_3$ 可以通过熔融法形成。但由于 ε-GaFeO$_3$ 并没有在市场上销售，需要重新制备，在 OKISIDE 株式会社的协助下，利用高压 FZ 法，通过培养、切削、抛光加工制作了衬底。

　　图 8a 是对制备的块状单晶材料进行加工后得到的衬底[24]。ε-GaFeO$_3$ 和 κ-Ga$_2$O$_3$ 的晶格失配仅为 1% 左右，可以说很适合作为 κ-Ga$_2$O$_3$ 的衬底。图 8b 是 κ-Ga$_2$O$_3$ 和 In$_2$O$_3$ 或 Al$_2$O$_3$ 混晶时的晶格常数和带隙的关系，小圆点表示 ε-GaFeO$_3$ 的晶格常数。如图 8c 所示，ε-GaFeO$_3$ 与 κ-(In$_x$Ga$_{1-x}$)$_2$O$_3$ 的晶格匹配。这说明有望基于晶格匹配的 ε-GaFeO$_3$ 得到高品质 κ-Ga$_2$O$_3$。利用该衬底生长 κ-Ga$_2$O$_3$ 时的结果如图 9 所示。

　　图 9a 是 ε-GaFeO$_3$ 上生长的 κ-Ga$_2$O$_3$ 的 AFM 图像。可以观察到明显的台阶结构，证实了基于台阶流的生长模式。在 HEMT 应用中，制备异质结时形成陡峭界面非常重要，实现这种台阶流生长可以说是一个巨大的成果。

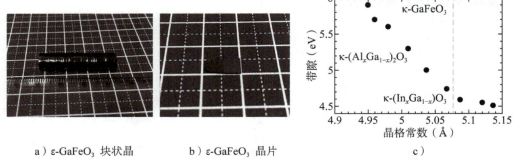

a）ε-GaFeO₃ 块状晶　　　　b）ε-GaFeO₃ 晶片　　　　c）

图 8　κ-Ga₂O₃ 用衬底 ε-GaFeO₃ 与混晶的晶格匹配性

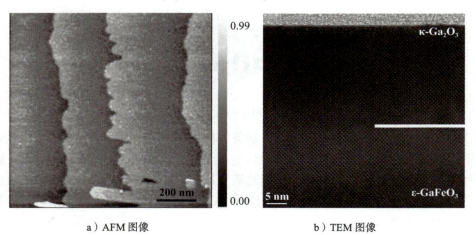

a）AFM 图像　　　　　　　　b）TEM 图像

图 9　ε-GaFeO₃ 上成长的 κ-Ga₂O₃ 的 a）AFM 图像和 b）TEM 图像[24]

　　另外，此时的 TEM 图像如图 9b 所示。该 TEM 图像是晶格缓和前相干生长的结果。从图中可以看出，在 TEM 观察范围内，没有发现新的位错形成，得到了高质量的晶体。这些结果表明 ε-GaFeO₃ 是适合 κ-Ga₂O₃ 生长的衬底。因此，采用晶格匹配程度高的衬底对于获得高品质半导体是有效的。

（四）γ-Ga₂O₃ 成膜技术

　　γ 相的 Ga₂O₃ 是有望以更大的带隙为目标的材料。该 γ-Ga₂O₃ 与市售的尖晶石衬底（MgAl₂O₄）晶格常数比较接近。另外，通过与 Al₂O₃ 的混晶化，存在晶格匹配的组成比例。一般来说，在 Ga₂O₃ 中形成 Al₂O₃ 混晶可以实现更宽的带隙。此时 Ga₂O₃ 和 γ-Al₂O₃ 的晶格常数和带隙的关系如图 10 所示。

如图 10 所示，当 γ-Ga₂O₃ 中 Al₂O₃ 的组成约为 0.4 时，其带隙约为 5.8 eV。对于其他 Ga₂O₃ 多型，β-Ga₂O₃ 存在块状材料衬底，可以得到高质量晶体，在晶格匹配的情况下其带隙为 4.7 eV。此外，α-Ga₂O₃ 的衬底是 α-Al₂O₃，因此其晶格匹配的是 α-Al₂O₃，带隙为 8.8 eV。然而，这个带隙太大，将其作为半导体使用是困难的。κ-Ga₂O₃ 可以通过与前面提到的 In₂O₃ 混晶来实现晶格匹配，但会使带隙变小，并不适用于追求更大带隙的场合。在形成具有更大带隙的半导体时，通过与 Al₂O₃ 的混晶实现的晶格匹配的 γ-Ga₂O₃ 是一种有前途的材料。在这里，将介绍 γ-Ga₂O₃ 与 Al₂O₃ 混晶的结果[25]。

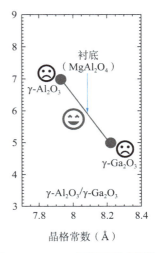

图 10　γ-Ga₂O₃ 点阵匹配时的带隙

图 11a 显示了在尖晶石衬底上制备的 γ-(AlₓGa₁₋ₓ)₂O₃ 的 XRD（X 射线衍射）结果。可以看出，γ-(AlₓGa₁₋ₓ)₂O₃ 的峰值几乎与尖晶石衬底一致，并且观察到明显的劳厄振荡。这表明 γ-(AlₓGa₁₋ₓ)₂O₃ 与尖晶石衬底的晶格常数几乎一致，膜表面的平整度和晶体质量得到了改善。为了评估 γ-(AlₓGa₁₋ₓ)₂O₃ 在几乎晶格完全匹配时的微观结构，进行了 TEM 观察。结果如图 11b 所示。可以看出，在测量范围内，没有观察到明显的位错，而且通过高分辨 TEM，得知了膜和衬底的原子排列几乎一致。此外，观察包括膜和衬底的 SAED（选区电子衍射）图像（如图 11c 所示），衬底和膜的衍射斑位置几乎一致，从中可以看出该膜与尖晶石衬底几乎是晶格完全匹配的。此外，γ-(AlₓGa₁₋ₓ)₂O₃ 的光学带隙为 5.8 eV，显示了该材料作为具有更大带隙的半导体是有潜力的。

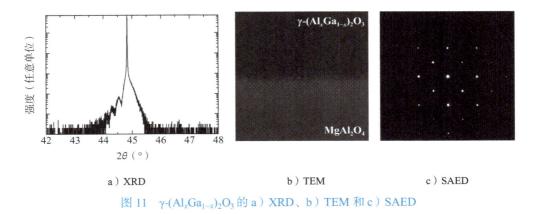

a）XRD　　　　　　　　b）TEM　　　　　　　　c）SAED

图 11　γ-(AlₓGa₁₋ₓ)₂O₃ 的 a）XRD、b）TEM 和 c）SAED

五、总结

本节对雾化 CVD 法进行了说明，并对使用该雾化 CVD 法的 Ga_2O_3 成膜技术进行了说明。雾化 CVD 法不仅是一种简易的方法，近年来作为能够获得高品质晶体的技术也受到了人们的关注。用比原子大的雾化的液滴使原子整齐排列的外延生长，虽然还存在难以理解的地方，但随着对其成膜原理的逐步了解，得到高品质晶体的主要原因正在逐渐显现。另外，在利用雾化 CVD 法形成 Ga_2O_3 时，除了没有报道过的 δ-Ga_2O_3，其他所有晶体多型的形成都是可能的。虽然是一种新方法，但用一种方法能够控制所有晶体多型的形成，这一点非常有趣。目前尚不清楚雾化 CVD 法能够控制晶体多型的原理，期待今后对这些原理进行研究并取得进展。另外，考虑到 Ga_2O_3 在功率器件应用的可靠性等方面，降低其晶体缺陷是很重要的。本节以晶格匹配性为焦点，报告了该 Ga_2O_3 的高品质化。由于除 β 相的 Ga_2O_3 以外没有单晶衬底，因此需要选择符合各自晶体结构的衬底。

▌参考文献

[1] P. S. Patil: Mater. *Chem. Phys.*, 59, 185(1999).

[2] G. Blandenet et al.,: *Thin Solid films*, 77, 81(1981).

[3] R. J. Lang: *J. Acoust. Soc. Am.*, 34, 6(1962).

[4] H. Nishinaka et al.,: *Jpn. J. Appl. Phys.*, 46, 6811(2007).

[5] K. Kamada et al.,: *Jpn. J. Appl. Phys.*, 45, 29(2006).

[6] H. Nishinaka et al.,: *Jpn. J. Appl. Phys.*, 48, 121103(2009).

[7] H. Nishinaka and S. Fujita: *J. Cryst. Growth*, 210, 5007(2008).

[8] T. Kawaharamura: *Jpn. J. Appl. Phys.*, 53, 05FF08(2014).

[9] M.-T. Ha et al.,: *Adv. Mater. Interfaces*, 8, 045123(2021).

[10] R. Roy et al.,: *J. Am. Chem. Soc.*, 74, 719(1952).

[11] D. Shinohara and S. Fujita: *Jpn. J. Appl. Phys.*, 47, 7311(2008).

[12] M. Oda et al.,: *Appl. Phys. Express*, 9, 021101(2016).

[13] K. Kaneko et al.,: *Jpn. J. Appl. Phys.*, 51, 020201(2012).

[14] R. Jinno et al.,: *Appl. Phys. Express*, 9, 071101(2016).

[15] K. Akaiwa et al.,: *Phys. Status Solidi A*, 217, 1900632(2020).

[16] H. Nishinaka et al.,: *Mater. Lett.*, 205, 28(2017).

[17] K. Shimazoe et al.,: *AIP Adv.*, 10, 055310(2020).

[18] S.-D. Lee et al.,: *Jpn. J. Appl. Phys.*, 55, 1202B8(2016).

[19] H. Nishinaka et al.,: *Mater. Sci. Semicond. Process.*, 128, 105732(2021).

[20] P. Ranga et al.,: *Appl. Phys. Express*, 13, 061009(2020).

[21] 西中浩之: 応用物理, 90(6), 360(2021).

[22] I. Cora et al.,: *CrystEngComm*, 19, 1509(2017).

[23] H. Nishinaka et al.,: *Jpn. J. Appl. Phys.*, 57, 115601(2018).

[24] H. Nishinaka et al.,: *ACS Omega*, 5, 29585(2020).

[25] R. Horie et al.,: *J. Alloys Compd.*, 851, 156927(2021).

Part Two

新一代功率半导体的
封装技术和可靠性

第一章

功率半导体与器件的封装技术

一、引言

《巴黎协定》是一项气候变化方面的国际公约，于 2015 年 12 月召开的第 21 次气候变化框架公约缔约方大会（COP21）通过，并于 2016 年 11 月生效。其目标是使 21 世纪全球平均气温较工业化前上升幅度控制在 2℃ 以内，再进一步控制到 1.5℃ 以内。为了抑制世界气温上升，减少温室效应气体的排放非常重要，能源利用的高效化（节能化），从化石燃料到氢能、生物燃料等低碳燃料的利用，从火力发电到太阳能、风力、水力发电等可再生能源的转换是必不可少的[1]。特别是在日本，消费能源中一半以上是电力，而电力的高效化是必不可少的。然而，如前所述，利用可再生能源是必要的，但容易受天气影响，获得稳定的电力是很困难的。而且，为了实现这一目标，需要巨大的设施投资。因此，不仅是新的发电技术和能源的利用，有效地利用现有能源也是非常重要的。

目前，供给工厂和家庭的电力由各发电厂多次送电至变电设备，边分配边供应。此时产生的损失很大，不是可以忽略不计的。通过尽可能减少损失的电力，减小发电的电力，关系到能源的高效利用。从发电站供电时，从直流电到交流电，从交流电到直流电的转换使用逆变器、转换器等功率器件。另外，功率器件不仅用于发电设备，还用于车载设备和铁路、信息设备等，是我们的生活基础。

功率器件于 1927 年问世，1947 年制造出了采用 Ge 的双极型晶体管，在 100 kHz 的较低响应频率和约 85℃ 以下的工作温度下被用于功率器件[1]。之后，出现了现在主流的 Si 功率器件，开发出了绝缘栅双极型晶体管（IGBT）和金属氧化物半导体场效应晶体管

（MOSFET）等各种各样的功率器件[2]。但是，Si 功率半导体已经达到了 Si 材料的理论极限，要想进一步实现高效化和小型化还需要有新的技术突破。因此，新一代的功率器件由 Si 转变为备受关注的宽带隙（WBG）功率半导体，以实现功率器件的更高效率，从而大幅度降低能量的消耗和二氧化碳的产生。

二、WBG 功率半导体的接合

功率模块断面图如图 1 所示。功率半导体器件通过贴片（die attach）层连接到贴有 Cu 或 Al 的陶瓷基板上，该基板再焊接到兼作散热器的金属基板上。另外，芯片和基板引线接合，其周围用凝胶和树脂密封。这种功率模块的封装技术不仅是通过器件实现的，还是通过贴片材料、绝缘散热电路基板、键合线、密封树脂等各种封装技术的集合来实现的。贴片可以有效地释放功率半导体和 LED 等芯片产生的热量，根据结构的不同，作为流过大电流的电极，承担着通电的任务。

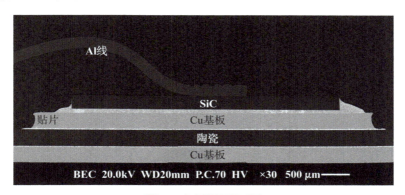

图 1　功率模块断面图

传统的 Si 功率器件使用的是无 Pb 焊料，其工作峰值温度为 175℃，成本也较低，接合工艺也较简单。然而，使用 WBG 半导体的功率器件工作环境预计将超过 200℃，而且，由于工作在比 Si 更高电流密度、更高频的环境中，因此需要高性能、高可靠性的贴片技术来代替无 Pb 焊料。表 1 列出了典型的高温贴片技术及其特点和缺点[3]。在符合 RoHs 标准豁免条款的情况下，一些高 Pb 焊料也在部分场合被使用。其中，在结温超过 200℃ 的 WBG 功率半导体应用中，世界范围内正在集中使用 Ag 粒子烧结接合技术。各种接合材料的工艺温度和工作温度如图 2 所示[4]。

表 1   典型的贴片技术和工艺比较[3]

贴片技术	材料	备注
焊接	·高 Pb 焊料 ·Sn 基无 Pb 焊料 ·Bi 基焊料 ·Au 基焊料 ·Zn-Sn 基焊料 ·纯 Zn 焊料	·高 Pb 受到耐热性低的无铅化要求所限制 ·也使用 Sn-Ag 和 Sn-Cu，但不耐热 ·纯 Zn 性能好但回流温度高
TLP 接合	·(Cu,Ni,Ag)-Sn 基 ·(Au,Ag)-In 堆叠膜	·Sn 基金属间化合物形成耐热层 ·但接合层较脆且会形成空隙 ·残余液相处理 ·需要长时间处理
金属膜固相接合	·固相结（Ag,Cu,Al） ·应力迁移接合（Ag）	·能实现高强度，高热传导 ·需要加压 ·Ag 在大气中，Cu 在惰性气氛中 ·最有力候补，Ag 体系可以低温化 ·纳米颗粒价格昂贵，需要加压和250℃以上烧结 ·氧化物形成空隙 ·表面活性化需要高真空中的离子照射和接合面平坦性 ·光常温接合时间短，可在大气中
金属烧结接合	·金属纳米颗粒 ·金属微粒/薄片 ·氧化物颗粒（Ag,Cu）	
其他	·表面活性化常温接合 ·光常温接合	

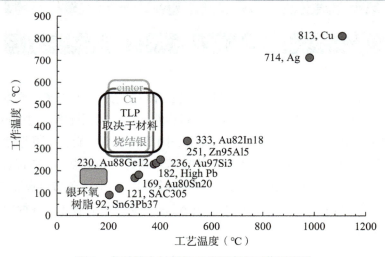

图 2   各种接合材料的工艺温度和工作温度[4]

（一）无铅高温焊料

表 2 列出了一直使用的高温焊料和新的无铅焊料[5]。以下介绍正在研究的各种无铅合金系统的特点和技术开发面临的挑战。

表 2　代表性的贴片焊料[5]

合金基		组成（wt%）	固相线温度/℃	液相线温度/℃
Pb	Pb-Sn	Sn-65Pb	183	248
		Sn-70Pb	183	258
		Sn-80Pb	183	279
		Sn-90Pb	268	301
		Sn-95Pb	300	314
		Sn-98Pb	316	322
	Pb-Ag	Pb = 2.5Ag	304	304
		Pb = 1.5Ag-1Sn	309	309
Sn-Sb	Sn-Sb	Sn-5Sb	235	240
		Sn-25Ag-10Sb	228	395
Au	Au-Sn 基	Au-20Sn	280（共晶）	
		Au-3.15Si	363（共晶）	
		Au-12Ge	356（共晶）	
Bi 基	Bi-Ag	Bi-2.5Ag	263（共晶）	
		Bi-11Ag	263	360
Zn	Zn-Al 基	Zn-(4-6)Al(-Ga,Ge,Mg)	300-380	
		Zn-(10-30)Sn	199	360
		Zn	420	

1. Sn-Sb 基焊料

向 Sn 中添加 Sb 的 Sn-Sb 焊料是耐温度循环和抗疲劳的合金[6]。该合金不具有共晶组成，液相线随着 Sb 的添加而上升。添加了 5wt%Sb 的 Sn-5Sb 的液相线温度为 240℃，不能承受 WBG 半导体的贴片，因此有必要提高 Sb 和其他元素含量，但由于金属间化合物（IMC）的形成，容易变脆[7,8]。

2. Au 基焊料

Au 基焊料是一种历史悠久、性能优异的无 Pb 焊料。Au-20Sn 焊料的固相线和液相线温度为 280℃，具有良好的浸润性、高屈服强度、可无助焊剂接合的优点[9]。另外，在温度循环中抗疲劳性强，抗氧化性也很好。此外，Au-Ge-Ag 的三元合金研究也在进行，在高温下对其与 SiC 芯片的接合性进行了评估，结果显示其接合强度可以维持到 425℃[10]。然而，Au 非常昂贵，缺乏通用性，会形成又硬又脆的 IMC 也是个问题。

3. Bi 基焊料

Bi-Ag 焊料是通过向各向异性强的 Bi 中添加 Ag 来改善特性的无 Pb 焊料。Bi 本身熔点为 271℃，添加 Ag 后，Bi-2.5Ag 的熔点为 263℃[11]。Bi 基焊料各向异性强且脆，导电性和热导率低则是一个问题。如图 3 所示，目前研究了微量添加 Ge 对 Bi-Ag 基合金的影响，有报告显示，添加微量 Ge 可以提高断裂伸长率，改善延展性[12]。但是，Bi-Ag 基合金对各种金属化基板的浸润性较差，因此很少用于功率器件的贴片。

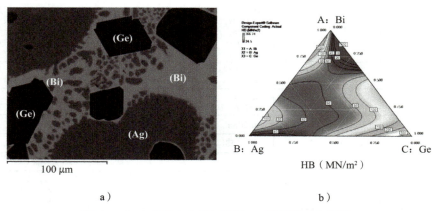

a）　　　　　　　　　　　　　　　b）

图 3　Bi-Ag 基合金中添加微量 Ge 后的硬度变化[12]

4. Zn 基焊料

Zn 基焊料的 Zn 熔点约为 420℃，因此，通过合金化，可以制成在 300～400℃温度范围内熔融的各种合金焊料。使用共晶组成 Zn-Al 的 Zn-Al 焊料熔点降低到 380℃。另外，有报告显示，通过向 Zn-Al 中添加 Mg，可显著改善其耐腐蚀性[13,14]，但三元素合金会形成大量化合物，因此其可靠性降低。纯 Zn 焊料由于熔点为 420℃，因此也能承受 WBG 半导体功率器件的高温环境。另外，有报告显示即使在 −50～300℃温度冲击试验中，Zn 也完全不会劣化[15]。Zn 的价格也比其他金属便宜，可实现高可靠性的贴片。其缺点是封装温度高达 450℃。另外，Zn 具有活性，因此很容易氧化，必须采取对策。

（二）TLP（Transient Liquid Phase）接合

瞬态液相扩散接合（TLP 接合）是利用异种金属界面熔融反应的接合，作为 Ni 基超合金等的接合方法而被确立。这种方法用于贴片的主要金属组合是(Cu,Ni,Ag)-Sn 基和 (Au,Ag)-In 基。通过将低熔点的金属和异种金属层叠加热，低熔点的金属先熔化，通过共晶反应与异种金属生成 IMC，从而完成接合[16]。

In 是熔点为 156℃的低熔点金属，如果焊接温度为 200℃，则在 Au/In 层叠的接合层中，In 首先熔化。之后，熔融 In 和 Au 反应扩散，最终生成 Au-In 化合物。在 200℃的封装温度下，30 min 左右就可以完成接合。但是，未接合部较多、施加压力大小、长时间的热处理、Au/In 组成比的优化等各种方面还需要进一步开展研究。另外，电镀 Sn 的微米尺寸 Cu 粒子和 Sn-Bi 合金粒子添加 Cu 粒子的金属粒子 TLP 接合也在研究中[17]。如图 4 所示，电镀 Sn 的 Cu 粒子在 300℃甲酸环境中以 Cu_3Sn 的形态稳定分布，即使在 300℃、200 h 的条件下放置，组织和接合强度也没有发生大的变化。但是，有报告称，在 Cu/Sn 的 TLP 结中生成的金属间化合物（IMC）层的强度高但韧性低。有必要对 IMC 的脆性特性和长期可靠性等进行评估。

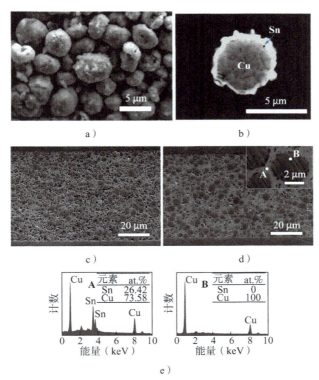

图 4　电镀了 Sn 的微米尺寸 Cu 粒子与 200℃、5 MPa 和 20 MPa 加压条件下的接合结构[17]

（三）金属膜固相接合

固相接合法是利用在绝对温度熔点一半左右的温度下金属原子扩散活跃现象的接合法。作为能够实现高品质接合的方法而广为人知，但另一方面，为了得到均匀的接合面，在惰性气氛中需要高温、高压，引起充分扩散需要时间，形状受到制约，成本变高，因此存在局限性。为了使接触面紧密接触，需要进行会导致变形的加压。因此，该方法伴随着很大的变形，缺乏通用性。

目前，新开发的固相接合法是使用金属薄膜的应力迁移接合法。应力迁移的原理如图 5 所示，利用的是由于被溅射的 Ag 金属薄膜和 Si 衬底的热膨胀率不匹配而产生的被称为小丘的微尺寸突起物[18,19]。当两个 Ag 膜形成的面合在一起时，可以填补在它们之间形成的微观间隙。在 300℃左右的低温区域，在低加压的条件下，实现几乎没有空洞等缺陷的完美接合[20]。由于该接合层不含 IMC，因此不存在上述无 Pb 焊料和 TLP 接合的缺点。近年来，笔者等人利用应力迁移原理，在 Al 片的两面进行 Ag 蒸镀，作为贴片接合材料，在低温低压下实现了 SiC 与 DBA（Direct Bonded Aluminum，直接敷铝）基板的接合，如图 6 所示。在 300℃的加热温度下得到了 30 MPa 以上的接合强度。即使在 250℃的高温存储测试中，接合强度也未降低，证实了较高的高温可靠性[21]。但是，在预计与异种金属基板贴片的功率器件中，仅接合 Ag 表面，缺乏通用性。因此，需要解决过去常用的镍和铜等电极材料接合时必须施加高压的问题。

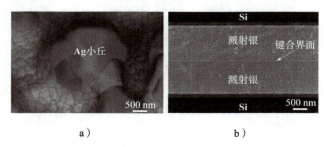

图 5　加热后 Ag 表面小丘的生长和 Ag-Ag 界面的接合结构[18]

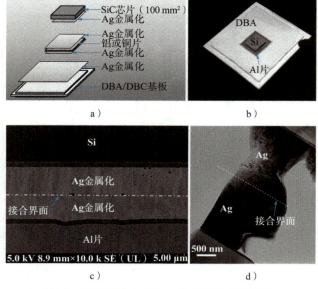

图 6　双面溅射 Ag 的 Al 片的贴片接合结构

（四）金属颗粒烧结接合

使用金属粒子的烧结接合是利用金属粒子能够在与熔点相比更低的温度下烧结的现象的接合方法，也是 WBG 功率半导体的贴片技术中最受期待的。因此，可以形成仅有金属颗粒的接合层。此外，使用纳米级的较小粒子尺寸，可以大大增加比表面积，降低接合温度。烧结后具有与块状材料相同的熔点，因此热可靠性也很高。为了防止凝集，用有机物修饰粒径数十 nm 的粒子表面，与溶剂和添加剂混合成浆料，印刷在基板上安装芯片。然后，通过加热，糊状物中的溶剂和表面覆盖剂通过热分解和氧化从浆料中挥发、脱出，露出颗粒的金属表面。然后，在颗粒之间产生扩散，并且在颗粒和颗粒之间以及颗粒和被接合材料之间形成连接。颗粒烧结后，熔点上升到与块状金属相同的水平，因此具有高耐热性。下面介绍具有代表性的 Ag 颗粒烧结接合和 Cu 烧结接合。

1. Ag 颗粒烧结接合

Ag 颗粒烧结接合是烧结接合中研究最多的接合技术。有时使用 Ag 的纳米颗粒和微米尺寸颗粒。以纳米颗粒为填充物时，会形成用于保护纳米颗粒表面的分解膜，加入有机溶剂糊化后用于接合。利用纳米颗粒的特性，如前所述由于尺寸效应导致接合温度降低，理想情况下可以在常温下接合。[22]但是，为了去除用于保护纳米粒子的分解膜，需要加热到 200℃ 以上。接合后，可以形成含有 Ag 的高熔点、优良导电性和导热性的接合层。

近年来，使用微米、亚微米尺寸颗粒和微米 Ag 片的浆料也被开发出来。与纳米颗粒相比，保护膜的量更少，容易去除，而且，由于 Ag 的自净效果，氧化物在 200℃ 附近自然还原。如图 7 所示，有报告称微米 Ag 片浆料在烧结过程中会由 Ag 片生成 Ag 纳米颗粒，这种纳米颗粒会促进颗粒之间的颈缩连接，从而在 180℃ 下就可以烧结[23]。在 200℃ 以上的烧结温度下，接合层的组织呈微多孔状，与块状 Ag 相比，电导性率低，但有望缓和热应力。热导率也较高，在 200℃ 下烧结接合 30 min 即可达到 200 W/(m·K) 左右。

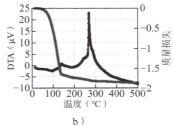

a）　　　　　　　　　　b）

图 7　微米 Ag 片颗粒和 Ag 浆料的热行为，以及烧结 180～300℃后的表面颈缩状态

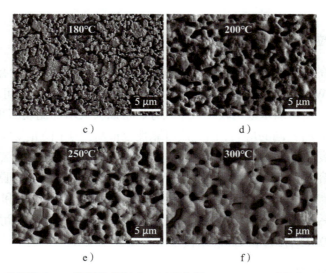

图 7　微米 Ag 片颗粒和 Ag 浆料的热行为，以及烧结 180～300℃后的表面颈缩状态（续）

通过使用微米尺寸的 Ag 片，即使在无加压的情况下也可以实现高强度贴片。如图 8 所示，微米 Ag 片浆料在 250℃无加压 30 min 烧结下，在溅射成膜的 Ti/Ag 金属化基板和 Si 芯片的接合结构中，得到了 40 MPa 以上的接合强度[24]。另外，在 250℃的高温存储测试中，到 1000 小时为止接合强度都未下降，显示了较高的高温可靠性。

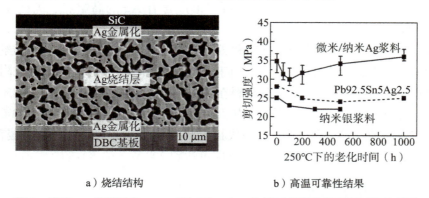

a）烧结结构　　　　　　　　b）高温可靠性结果

图 8　微米 Ag 片浆料在 250℃无加压 30 min 烧结下的结构及高温可靠性结果

随着放置时间的延长，由于 Ag 原子的扩散，发生了结构粗大化的物理现象，但由于结构的孔隙率基本不变，因此对结构的接合强度和热传导率没有太大影响。目前的研究表明，在 Ag 浆料中添加 SiC、W 和 WC 等粒子，具有在高温放置中防止 Ag 原子相互扩散的效果，可以得到稳定的 Ag 多孔结构[25]。

另外，开发了利用溶剂使金属表面反应活性化的技术，在 200℃的低温无加压烧结中，实现了与 Au、Ni、Cu、Al 等各种金属面的 25 MPa 以上的剪切强度[26]。其中，在与 Ni/Pd/Au 的镀膜（称为 ENEPIG）的烧结接合中，在 250℃、30 min 的无加压烧结接合中，得到了 35 MPa 以上的牢固接合强度。在 250℃的高温放置 1000 小时内，剪切强度没有下降，显示出了与至今为止的 Ag 浆料和 Ag 金属化基板的接合结构基本相同的高温可靠性[27]。另一方面，开发出的微米 Ag 片浆料还可以与 Al 面（DBA）基板进行高强度无加压接合。在 200℃ 无加压大气环境中进行 30 min 左右的接合，得到了 30 MPa 以上的剪切强度[28]。特别是目前的研究表明，利用微米 Ag 片浆料烧结接合技术，可以如图 9 所示直接接合 SiC 管芯、DBA 绝缘基板以及 Al 散热器，实现了比现在的焊料/导热脂接合结构高 1.8 倍以上的优异冷却性能。在 250℃的高温存储测试中也显示出较高的高温可靠性。此前在银烧结接合技术的应用中，低温低压大面积接合难度较高，需要银金属化工艺，此次通过开发新的银烧结接合技术，突破了这些限制，在 SiC 功率模块结构中实现了超低热阻化。结果表明，由于与以往采用金属化层加高压力才能得到的剪切强度相同，使用微米 Ag 片浆料有大幅降低生产成本、提高成品率、提高散热性等诸多优点，能够进一步提高最终产品的竞争力。

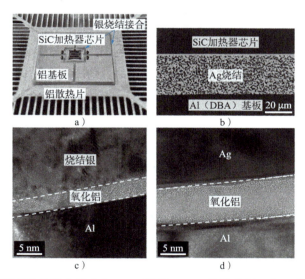

图 9　微米 Ag 片浆料烧结接合技术中，SiC 管芯，DBA 绝缘基板，和 Al 散热器直接接合，以及 Ag-Al 接合界面初期及高温 250℃，1000 小时后的 TEM 图像

2. Cu 颗粒烧结接合

在金属中，Cu 的电导率、热传导率仅次于 Ag，且成本相对低廉，因此作为新一代的贴片技术受到关注。另外，作为功率器件基板使用的 DBC（Direct Bonding Copper，直接键合铜）基板可以不经过金属化直接接合。但是，Cu 在大气中高温下会明显氧化，形成的氧化

膜阻碍烧结。因此，为了实现高可靠性的接合，需要高温、高加压、还原气体等，但这些都导致了过程的复杂化和高成本化。为了实现氮气气氛的烧结接合，提出了一种混合了还原剂的 Cu 烧结浆料。如图 10 所示，通过添加微量抗坏血酸（AA）作为还原剂，在 300℃、0.4 MPa、氮气氛围的条件下，能够实现 27.8 MPa 的高强度接合[29]。

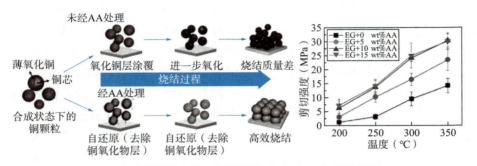

图 10　铜浆料中添加还原剂抗坏血酸（AA）的效果[29]

在高达 250℃ 的大气中进行的高温存储测试和 85℃/85RH% 的高湿度试验中，贴片结构的 Cu 烧结接合层发生氧化，但管芯接合的剪切强度有所增加，如图 11 所示。对 SiC 管芯与 DBC 基板的贴片结构进行 −40～250℃ 的热冲击试验，以及使用 SiC MOSFET 进行高达 200℃ 的功率循环试验对可靠性进行了评估，均表明其可以保持高可靠性[30]。

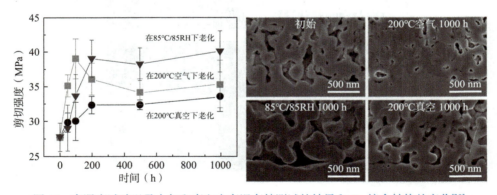

图 11　高湿度试验以及大气和真空中高温存储测试的结果和 Cu 接合结构的变化[30]

Cu 浆料的低温低压烧结接合也成为可能。Liu 等人使用微米尺寸的薄片 Cu，在烧结温度 300℃ 下，实现了 30.9 MPa 的接合强度[31]。烧结气氛使用甲酸气体，压强为 0.08 MPa。此外，蟹江等人不使用阻碍低温烧结的高分子（在以往的合成方法中作为抑制生成粒子凝集和抑制铜粒子表面氧化的保护基），而是通过铜络合物的还原处理控制粒子直径，开发出了能够在氮气环境下低温烧结的铜纳米粒子。在氮气环境下的低温烧结（200℃，30 min），显示出较高的剪切强度（大于 30 MPa），这是由于即使在 200℃ 左右的低温烧结下，铜原子在铜基材和铜粒子的界面上也会相互扩散并结合[32]。这些研究所使用的浆料与 Ag 浆料相比，虽然实现了低温低压的烧结，但接合强度较弱，需要使用氮气和甲酸等还原气氛。另外，在功率器件中，作为金属化膜，多使用 Ni 和 Au 等异种金属。这种面向异种金属板的烧结接合在 Ag 烧结工艺中已有报告，但在 Cu 烧结工艺中报告较少。贴片的接合状态依存于基板的表面材质和状态，各种金属化基板上的接合及可靠性评估非常重要。

三、展望

为了减少温室效应气体和消费能源，调查了新一代功率器件封装的难点和动向。目前，使用具有高带隙的 SiC 和 GaN 代替大部分功率器件使用的 Si，可以使功率器件小型化、高效化。小型化功率器件的最大工作温度比 Si 高，因此，用于贴片的无 Pb 焊料无法承受，需要新的贴片技术。以焊接为代表，对 WBG 半导体的接合技术进行了一些研究，但还存在封装温度、成本、IMC 的形成等诸多问题。因此，笔者团队着眼于 Ag 或 Cu 颗粒烧结接合技术。Cu 在金属中具有仅次于 Ag 的高热导率、电导率，比 Ag 成本低。但是，由于 Cu 烧结接合存在 Cu 粒子表面容易氧化，形成的氧化膜阻碍烧结的问题，因此成为今后实用化的难点。

Ag 烧结接合技术不仅显著提高了性能，还拥有优异的可靠性，而且不必使用纳米技术，成本较低，有望加速新一代功率模块的实用化进程。根据目前的研究，已经可以进行大面积接合且不需要金属化工艺，因此实现了理想的散热结构，在制造过程中也可以大幅度降低成本。另外，除了 SiC 功率模块原本的一大优点——大幅减少 CO_2 排放量之外，还可以实现更高的功率密度和更小的重量。可以对 EV/HEV、高铁、电动飞机等电动交通工具做出巨大贡献，通过大幅减少电力损失，期待能够对 SDGs 面临的能源问题做出巨大贡献。

参考文献

[1]　经济産業省:「エネルギー白書 2019」
　　　https://www.enecho.meti.go.jp/about/whitepaper/2019html/, 2019.
[2]　P. R. Morris: "A history of the world semiconductor industry," IET, (1990).
[3]　菅沼克昭: "ワイドバンドギャップパワー半導体のダイアタッチ技術", 表面技術, Vol.69, No.3, pp94-101, (2018).
[4]　S.Chen et al.,:Bonding Process and Comparison. In: Siow K. (eds) Die-Attach Materials for High Temperature Applications in Microelectronics Packaging. Springer, Chann.(2019).

https://doi.org/10.1007/978-3-319-99256-3_1.

[5]   K. Suganuma, S.-J. Kim and K.-S. Kim: "High-temperature lead-firee solders: Properties and possibilities," OM J. Miner., vol.61, no. Metals and Materials Society, pp. 64-71, (2009).

[6]   A. R. Geranmayeh and R. Mahmudi: "Power law indentation creep of Sn-5% Sb solder alloy," *J. Mater. Sci.*, vol.40, pp.3361-3366, (2005).

[7]   H.-T. Lee et al.,:"Reliability of Sn-Ag-Sb lead-free solder joints," *Mater. Sci. Eng.* A, vol. 407, pp. 36-44, (2005).

[8]   Z. Moser et al.,: "Surface Tension and Density Measurements of Sn-Ag-Sb Liquid Alloys and Phase Diagram Calculations of the Sn-Ag-Sb ternary system," *Mater. Trans.*, vol. 45, pp. 652-660, (2004).

[9]   J. W. Yoon, H. S. Chun and S. B. Jung: "Liquid-state and solid-state interfacial reactions of fluxless-bonded Au-20Sn/ENIG solder joint," *J. Alloys Compd.*, vol. 469, no. 1-2, pp. 108-115, (2009).

[10] J. W. Yoon, H. S. Chun and S. B. Jung: "Liquid-state and solid-state interfacial reactions of fluxless-bonded Au-20Sn/ENIG solder joint," *J. Alloys Compd.*, vol. 469, no. 1-2, pp. 108-115, (2009).

[11] J. E. Spinelli et al.,: "The use of a directional solidificationn technique to investigate the interrelationship of thermal parameters, microstructure and microhardness of Bi-Ag solder alloys," *Mater. Charact.*, vol. 96, pp. 115-125, (2014).

[12] A. Marković et al.,: "Effect of chemical composition on the microstructure, hardness and electrical conductivity profiles of the Ag-Bi-Ge Alloy", *Mat. Res.* 22(6), pp. 1-122, (2019).

[13] S.-J. Kim et al.,: "Characteristics of Zn-Al-Cu Alloys for High Temperature Solder Application," *Mater. Trans.*, vol.49, no. 7, pp. 1531-1536, (2008).

[14] A. Haque et al.,: "Die attach properties of Zn-Al-Mg-Ga baseed high-temperature lead-free solder on Cu lead-frame," *J. Mater Sci Mater Electron*, vol. 23, pp. 115-123, (2012).

[15] K. Suganuma and S. Kim: "Ultra Heat-Shock Resistant Die Attachment for Silicon Carbide With Pure Zinc," *IEEE ELECTRON DEVICE Lett.,* vol. 31no.12, pp. 1467-1469, (2010).

[16] J. W. Yoon and B. S. Lee: "Sequential interfacial reactions of Au/In/Au transient liquid phase-bonded joints for power electronics applications," *Thin Solid Films*, vol.660, no. April, pp. 618-624, (2018).

[17] X. Liu, S. He and H. Nishikawa: "Low temperature solid-state bonding using Sn-coated Cu particles for high temperature die attach", *J. Alloys Compd.*, vol.695, pp. 2165-2172, (2017).

[18] C. Oh et al.,: "Pressureless wafer bonding by turning hillocks into abnormal grain growths in Ag films," *Appl. Phys. Lett.*, vol.104, no. 16, (2014).

[19] C. Oh, S. Nagao and K. Suganuma: "Silver stress migration bonding driven by thermomechanical stress with various substrates," *J. Mater. Sci. Mater. Electron.,* vol.26, no. 4, pp. 2525-2530, 2015.

[20] S Noh et al.,: Large-area die-attachment by silver stress migration bonding for power device applications, *Microelectron Reliab.,* 88, pp.701-706, (2018).

[21] C Chen and K Suganuma: Low temperature SiC die-attach bonding technology by hillocks generation on Al sheet surface with stress self-generation and self-release, *SCI REP-UK*, 10(1), pp. 1-11, (2020).

[22] D. Wakuda, K. S. Kim and K. Suganuma: "Room temperature sintering of Ag nanoparticles by drying solvent," *Scr Mater.*, vol.59, no.6, pp. 649-652, (2008).

[23] H. Zhang, W.Li, Y.Gao et al.,: Enhancing Low-Temperature and Pressureless Sintering of Micron Silver Paste Based on an Ether-Type Solvent. *Journal of Elec Materi* 46, pp. 5201-5208, (2017).

[24] H Zhang et al.,: "High-temperature reliability of low-temperature and pressureless micron Ag sintered joints for die attachment in high-power device," *J. Mater. Sci. Mater. Electron.,* 29(10), pp. 8854-8862, (2018).

[25] C Chen, K Suganuma and Ag Sinter: Joining Technology for Diffe:rent Metal Interface (Au, Ag, Ni, Cu, Al) in Wide Band Gap Power Modules, *ECS Transactions* 92(7), 147, (2019).

[26] K. Sugiura et al.,: Thermal stability improvement of sintered Ag die-attach materials by addition of transition metal compound particles, *Applied Physics Letters*, Vol.114, No.16, p.161903, (2019).

[27] C. Chen et al.,: "Robust bonding and thermal-stable Ag-Au joint on ENEPIG substrate by micron-scale sinter Ag joining in low temperature pressure-less," *Journal of Alloys and Compounds,* vol.828, 154397, (2020).

[28] C. Chen, Z. Zhang and K. Suganuma: "Advanced SiC power module packaging technology direct on DBA substrate for high temperature applications: Ag sinter joining and encapsulation resin adhesion", 2020 IEEE 70th Electronic Components and Technology Conference (ECTC), pp.1408-1413, 2020.

[29] Y. Gao et al.,: "Novel copper particle paste with self-reduction and self-protection characteristics for die attachment of power semiconductor under a nitrogen atmosphere", *Materials & Design* 160, pp.1265-1272, (2018).

[30] Y. Gao et al.,: Reliability analysis of sintered Cu joints for SiC power devices under thermal shock condition, *Microelectronics Reliability*, Vol.100, 113456, (2019).

[31] X. Liu and H. Nishikawa: "Low-pressure Cu-Cu bonding using in-situ surface-modified microscale Cu particles for power device packaging," *Scr Mator.,* vol.120, pp. 80-84, (2016).

[32] Y. Kamikoriyama et al.,: "Ambient Aqueous-Phase Synthesis of Copper Nanoparticles and Nanopastes with Low-Temperature Sintering and Ultra-High Bonding Abilities", *SCI REP-UK.,* Vol.9, 899, (2019).

第二节　高精度功率半导体仿真技术

一、引言

迄今为止，用于电力转换装置的功率半导体器件以 Si-MOSFET 或 Si-IGBT 为主流，但由于硅这种半导体材料的物理性质，难以进一步实现电力转换装置的小型化或高效化。另一方面，以 SiC 或 GaN 为材料的半导体器件的开发取得进展，加快了在电力转换装置上的实用。与之呼应的是，许多公司正在扩充 SiC-MOSFET 的分立器件或功率模块产品线。此外，公司还专注于电路仿真用器件模型的开发，特别是，通用的 SPICE 类电路仿真器可使用的器件模型已在网络上公开，加大了电力转换电路设计的前期投入力度。

器件模型大致分为行为模型和物理模型。行为模型是相比于装置的物性更重视行为的模型，是以现有的特性公式为基础进行拟合导出的模型[1]。因此，采用近似式表示的特性公式中也存在不具有物理意义的参数。行为模型中，由于不需要装置构造等内部信息，因此具有器件用户容易建模的优点。另一方面，物理模型是基于器件的内部结构和半导体物理而构建的器件模型[2-4]。由于是基于物理现象构建的，因此在广域驱动条件下可以进行高精度的仿真。但由于很多情况下无法获得器件结构等信息，因此在实际的建模中，被称为准物理模型的、采用部分近似的器件模型被广泛使用[5,6]。

在本节中，关于针对 SiC-MOSFET 开发的准物理模型，对其建模方法、开关动作的仿真结果、器件模型的应用事例进行说明[7]。

二、SiC-MOSFET 模型的建模方法

关于 SiC-MOSFET 模型的建模方法，使用额定 1200 V、30 A 的分立 SiC-MOSFET 进行说明。建模按照静态特性部分、动态特性部分的顺序进行。

图 1 是 SiC-MOSFET 模型的等效电路。作为稳定时行为的决定要素的静态特性部分用一般的 N 型 MOSFET 符号表示。另外，作为瞬态行为的决定因素，对漏极-栅极间电容 C_{DG}、栅极-源极间电容 C_{GS}、漏极-源极间电容 C_{DS}、源极端子、漏极端子的寄生电感（L_S，L_D）、栅极端子的寄生电感（L_G），以及内置栅极电阻（$R_{G(int)}$）进行建模。另外，也希望考虑 L_S 和 L_D 的结合系数 k_{D-S}。

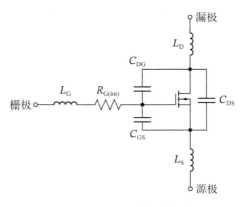

图 1 SiC-MOSFET 模型等效电路

（一）静态特征部分的建模

静态特性部分对输出特性进行建模。MOSFET 的输出特性分为线性区（低压区）和饱和区（高压区）进行建模。关于线性区，基于市售波形记录仪获得的测量结果实施建模。

线性区中的输出特性一般可以用式 (1) 表示[8]。其中，Z 为沟道宽度，L_{ch} 为沟道长度，m_{ch} 为沟道内的载流子迁移率，C_{ox} 为单位面积的氧化膜电容，V_{GS} 为栅极-源极电压，V_{TH} 为栅极阈值电压，V_{DS} 为漏极-源极电压。

$$I_D = \frac{Z \cdot C_{ox}}{L_{ch}} \cdot \mu_{ch} \left[(V_{GS} - V_{TH}) \cdot V_{DS} - \frac{V_{DS}^2}{2} \right] (V_{DS} \leqslant V_{DS}^{sat}) \tag{1}$$

在式 (1) 中新导入参数 K_1，K_2，C_0，b，则输出特性表示为式 (2)[5]。

$$I_D = \left(\frac{K_1}{1 + (bV_{DS})^{C_0}} + K_2 \right) \cdot \left[(V_{GS} - V_{TH}) \cdot (bV_{DS}) - \frac{1}{2} (bV_{DS})^2 \right] \tag{2}$$

这里，K_1、K_2 为比例常数，是包含 SiC-MOSFET 的断面结构和沟道迁移率信息的常数。另外，b 是沟道层电压与漏极-源极电压的比值。参数 K_1、K_2、b 可以从线性区域和饱和区域的边界即夹断点处的输出特性、夹断点处输出特性的导数以及输出特性原点附近的导数导出。此时，假设式 (2) 中的第 1 项 $(bV_{DS})^{C_0}$ 足够大，对于剩余的参数 C_0，可以通过拟合使得输出特性与实测波形匹配来确定。

接下来，对饱和区域的输出特性进行阐述。对饱和区的输出特性进行半桥电路结构的负载短路测试，并根据 SiC-MOSFET 漏极-源极电压和漏极电流之间的关系进行分析。具体来说，在负载短路试验中，漏极-源极间电压下降到导通电压后，再次返回直流链路电压，将此时的漏极电流与漏极-源极间电压的关系以及直流链路电压的值作为参数读取，由此可以评估饱和区域的输出特性。

图 2 显示的是静态特性部分的建模结果，其中图 2a 是线性区域，图 2b 是饱和区域的输出特性，实测结果用黑点表示，建模结果用实线表示。

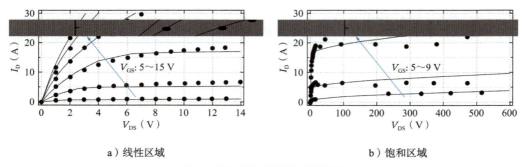

a）线性区域   b）饱和区域

图 2   静态特性部分的建模结果

（二）动态特性的建模

1. 寄生电容的建模

如前所述，MOSFET 的端子之间存在寄生电容。这些寄生电容在每次开关操作时都会充放电，因此成为支配动态特性的最重要参数。此外，由于这些电容具有电压依赖性，因此精确建模非常重要。

栅极-源极间电容 C_{GS} 由氧化膜电容和沟道界面上形成的 MOS 电容的串联电容组成，在建模时使用 LCR 仪器的实测结果。在这种情况下，通过在 MOSFET 的栅极-源极间施加电压的状态下进行测量，可以评估栅极-源极间电压依赖性。对于这些测量结果，可以基于双曲正切函数进行拟合。图 3a 展示了实测结果和拟合结果。然而，与漏极-栅极间电容或漏极-源极间电容相比，由于电压依赖性较小，因此在某些仿真中，也可以将其视为恒定值。

漏极-栅极间电容 C_{DG} 是由氧化膜电容和沟道氧化膜下 JFET 区域中的 MOS 电容组成的串联电容。在三种寄生电容中，漏极-栅极间电容 C_{DG} 对开关波形的解析精度影响最大。

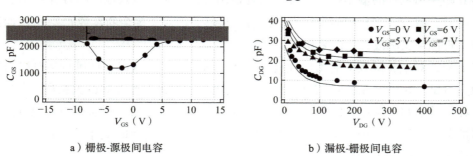

a）栅极-源极间电容   b）漏极-栅极间电容

图 3   对各寄生电容进行建模

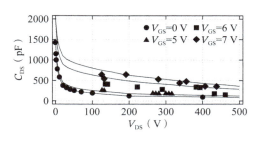

c）漏极-源极间电容

图 3　对各寄生电容进行建模（续）

在开关操作期间存在使栅极-源极电压恒定的时间段，C_{DG} 是确定该时间段的电容。在该时间段中，由于栅极电流流经漏极-栅极间电容 C_{DG}，因此可以根据栅极电流计算 C_{DG} 的电荷量。可以通过用漏极-栅极电压对该电荷量进行微分来计算 C_{DG}。以恒定阶段的电压为参数，按照同样的步骤计算 C_{DG}，可以对依赖于漏极-源极间电压和栅极-源极间电压这两种电压的电容特性进行评估。图 3b 是实测结果和拟合结果的对比。

漏极-源极间电容 C_{DG} 的主要成分是漏极-源极间 PN 结产生的耗尽层电容，可以根据市售波形记录仪的实测结果进行建模。对于用幂函数拟合实测结果得到的漏源电容 C_{DG}，实测结果和拟合结果的对比如图 3c 所示。

2. 寄生电感、内置栅极电阻的建模

寄生电感可以通过电磁场分析导出，内置栅极电阻可以通过数据表导出。在此，对基于实测的评估方法进行阐述。

关于寄生电感的评估，将介绍利用 LC 共振现象的方法。在漏极端准备寄生电容，通过测量该寄生电容与待测寄生电感的 LC 谐振频率，可以求出上述寄生电感。

另外，内置栅极电阻可以作为栅极-源极间电容 C_{GS} 的串联电阻分量，用 LCR 仪表进行测量。为了高精度地再现作为 SiC-MOSFET 特长的高速开关动作，这是一个不可忽视的参数。

三、开关操作的验证

对使用器件模型的开关动作仿真的结果和实验结果进行论述。采用图 4 所示的常见双脉冲测试电路。比较对象的波形为栅极-源极电压、栅极电流、漏极-源极电压和漏极电流。这是因为，由于器件模型参数的调整，即使漏极-源极间电压、漏极电流与实测结果一致，也可能发生栅极-源极间电压、栅极电流不一致的情况，这种情况作为器件模型是不合适的。因此，为了更严密地仿真开关波形，最好对栅极驱动电路也做一个等效电路模型。

图 5 显示的是 1200V SiC-MOSFET 分立器件开关动作的仿真结果与实测结果比较。

图 5a 是开启波形。栅极-源极电压、栅极-源极电容在充电期间表现出良好的一致性，这表明栅极-源极电容模型具有足够高的精度。

关于栅极电流波形以及漏极-源极之间的电压波形，实测结果和仿真结果也显示了良好的一致性。在漏极-源极电压波形中，能够再现由感应电动势引起的电压下降，这表明能够高精度仿真漏极电流的时间变化率 di_D/dt。关于漏极电流波形，仿真的峰值电流值显示出比实测值低 15% 左右，笔者等人推测这是因为在本次的模型中没有研究续流二极管恢复电流的效果。就像这样，可以高精度地仿真漏极-源极间电压及漏极电流各自的时间变化率 dv_{DS}/dt 及 di_D/dt。

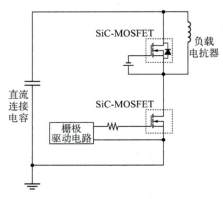

图 4　双脉冲测试电路

图 5b 是关断波形。关于栅极-源极间电压，实测和仿真得到了良好的一致。关于栅极电流波形，虽然电流开始流动的时序略有差异，但之后的波形则良好一致。关于漏极-源极电压间波形、漏极电流波形，实测和仿真得到了良好的匹配，能够高精度仿真 dv_{DS}/dt 及 di_D/dt。

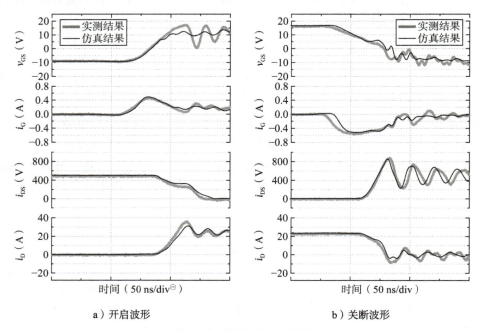

a）开启波形　　　　　　　　b）关断波形

图 5　仿真精度的验证结果

⊖　"div" 表示 "格"，"V/div" 表示每格伏特数。——译者注

四、设备模型的应用案例

以下介绍噪声分析作为器件模型设计中的应用事例[7]。图 6 是评估测试电路，其直流电压为 350 V，通过测量噪声端子电压用的人工电源网络（LISN）和输入电缆与降压斩波电路连接。降压斩波电路使用 100 W 的电阻作为负载。另外，输入电缆的接地线与降压斩波的散热器连接，由此构成漏电流的路径。作为开关条件，将开关频率设定为 100 kHz，占空比为 0.2。

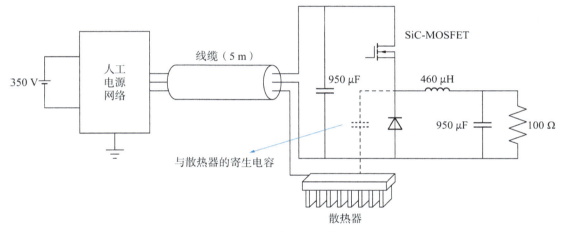

图 6　评估测试电路

图 7 是开关波形的实测结果与分析结果的比较。图 7a 是开启波形。从上至下分别显示栅极-源极电压 v_{GS}、栅极电流 i_G、漏极-源极电压 v_{DS}、漏极电流 i_D、主电路-散热器间高频漏电流 i_{leak}。关于栅极-源极间电压和栅极电流，可以大致仿真实测波形。对漏极-源极电压能够高精度地再现实测结果，dv/dt 在实测中为 −7.3 kV/μs，在仿真中为 −7.4 kV/μs，具有极好的一致性。关于漏极电流，可以看出，虽然实测值在开始导通时产生的峰值较大，但整体一致良好。对于高频漏电流，伴随漏极-源极电压减小的初始电流峰值性一致良好。可以认为，这是因为漏极-源极电压的时间变化率 dv/dt 和主电路-散热器间寄生电容值能够高精度地模型化。

图 7b 是关断波形。关于栅极-源极间电压和栅极电流，可以大致仿真实测波形。关于漏极-源极间电压，实际测量的上升 dv/dt 为 2.6 kV/μs，而分析结果的上升 dv/dt 为 2.7 kV/μs。关于漏极电流，虽然在实测值中产生了小振动，但能够很好地仿真电流的下降波形。关于高频漏电流，由于漏极-源极间电压的时间变化率 dv/dt 可以被高精度仿真，峰值实测

为 −0.34 A，分析结果为 −0.36 A，故可以进行高精度分析。

　　图 8 显示的是噪声端子电压的实测结果与分析结果的比较。噪声端电压的包络形状很好地仿真了实测结果的趋势，在 20 MHz 以下的频段，分析误差在 ± 6 dB 以内。噪声路径的模型化具有高精度，同时通过器件模型可以正确仿真噪声发生源 v_{DS} 的 dv/ dt，因此高精度地实现了高频段的分析。另外，在 20 MHz 以上的频带中，虽然在频率上产生了偏差，但能够再现包络线的峰值。

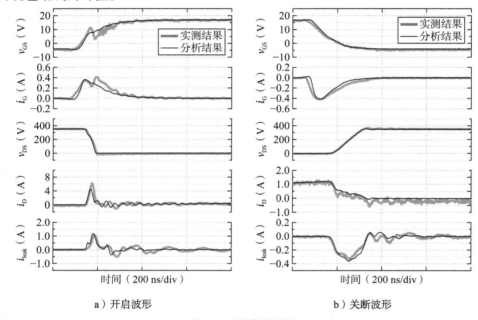

a）开启波形　　　　　　　　　　　　b）关断波形

图 7　开关波形比较

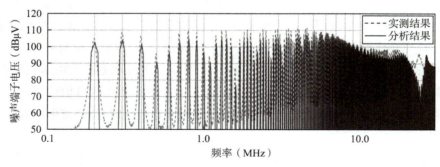

图 8　噪声端子电压分析结果

五、总结

关于高精度功率半导体仿真技术，本节介绍了 SiC-MOSFET 的电路仿真器件模型及其应用示例。电路仿真器件模型在设计使用 SiC-MOSFET 的电力转换装置时发挥了很大的作用。

参考文献

[1]　P. Sochor. A. Huerner and R. Elpelt: "A Fast and Accurate SiC MOSFET Compact Model for Virtual Prototyping of Power Electronic Circuits, "PCIM Europe 2019, pp. 1442-1449, (2019).

[2]　T. McNutt et al.,: "Silicon Car-bide Power MOSFET Model and Parameters Extraction Sequence" *IEEE Power Electronics Specialists Conference*, vol.1, pp. 217-226 (2003).

[3]　R. Fu et al.,: "Power SiC DMOSFET Model Accounting for Nonuniform Current Distribution in JFET Regions." *IEEE Transactions on Industry Applications*, vol. 48, no.1, pp. 181-190 (2012).

[4]　Y. Mukunoki et al.,: "Characterization and Modeling of a 1.2-kV 30-A Silicon-Carbide MOSFET," in *IEEE Transactions on Electron Devices*, vol.63, no.11, pp. 4339-4345, (2016).

[5]　Y. Mukunoki et al.,: "An Improved Compact Model for a Silicon-Carbide MOSFET and Its Application to Accurate Circuit Simulation." in *IEEE Transactions on Power Electronics*, vol. 33, no. 11, pp. 9834-9842 (2018).

[6]　H. Sakairi et al.,: "Measurement Methodology for Accurate Modeling of SiC MOSFET Switching Behavior Over Wide Voltage and Current Ranges" *IEEE Transactions on Power IElectronics*., vol.33, no.9, pp. 7314-7325 (2018).

[7]　Y. Ishii et al.,: "Accurate Conducted EMI Simulation of a Buck Converter With a Compact Model for an SiC-MOSFET." 2020 IEEE Applied Power Electronics Conference and Exposition (APEC), pp. 2800-2805 (2020).

[8]　B. L. アンダーソン, R.L.アンダーソン: 半導体デバイスの基礎（中）. 丸善出版, 501-517 (2012).

第二章

功率半导体与器件的评估

一、引言

功率半导体封装中的接合部，不仅仅是将功率半导体器件固定在基板和布线层上，还需要实现热学、电学等各种性能，因此需要具备各种特性。在本节中，在对接合材料所要求的特性进行叙述之后，对其评估方法进行说明。

二、需要的特性

（一）电学特性

在逆变器和转换器等功率转换器中广泛使用的 IGBT 和 MOSFET 等垂直型功率半导体器件中，接合部是数十安以上大电流的路径。不仅其电流值很高，而且随着器件的小型化，电流密度也越来越高。另外，除了器件下表面的接合部外，近年来其上表面也逐渐增加了代替引线接合的引线框架等结构。因此，要求接合材料具有较高的导电性。如果该接合部的一部分存在剥离和缺陷等，会造成其附近电流密度极高，因此要求接合部无缺陷，厚度均匀。

（二）热特性

功率半导体器件的温度由于大电流引起的自发热而升高。热量本身不太大，但由于器件的小型化，热通量极高，为数百 W/cm² 左右。由于接合部位于作为发热源的功率半导体的正下方或正上方，因此该处没有经过充分的热扩散，热通量很高，需要具备高热导率。另夕，与电学特性的情况相同，如果接合部的一部分存在空洞等，则会产生热点，器件可能发生故障。通常，器件的中央附近为最高温度，因此特别要避免中央附近的空洞等。另外，根据接合材料的不同，还需要对与被接合材料之间的界面热阻进行研究。

（三）力学特性

功率半导体器件的封装结构是由半导体器件、基板、散热板、冷却器等层叠而成的，使用了各种各样的材料。与此相对的是，大电流产生的自发热由于环境温度的变化，在接合部产生相当的应力和应变。一方面，自发热伴随着短时间常数下的温度分布，另一方面，环境温度变化是在长时间常数下的均匀温度变化。一般来说，与半导体器件、基板、散热板相比，接合部的强度较低，因此一旦产生超过极限的应力和应变，就会开始被破坏。另一方面，使用高强度的接合材料时，虽然接合部不易损坏，但其他地方可能会损坏。

三、接合材料的发展趋势

传统上，焊料被用作接合材料。但是，随着 SiC 和 GaN 等宽禁带半导体的开发，出现了 200℃ 以上高温工作的可能性，再加上 Pb 系焊料为了保护环境而被禁用，因此新型接合材料的研究取得了进展[1-5]，其概要如图 1 所示。

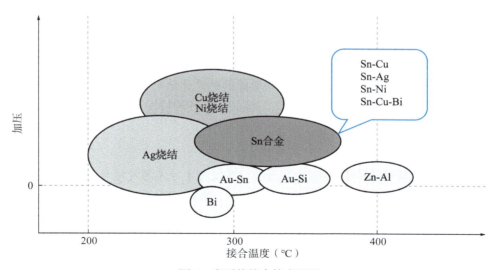

图 1　高耐热接合技术概要

近年来最为蓬勃发展的是使用 Ag 基材料的接合技术[6]。这不是像焊料那样使其熔化，而是使其处于纳米颗粒等细微状态，再通过烧结进行接合。颗粒的制作方法、抑制常温下反应的保护层或者分散剂等很多研究正在进行中。

这种使用烧结的接合材料不同于焊料，不同的接合工艺特性有很大差异。工艺参数包括温度、压强、气氛等，即使使用相同的接合材料，接合后的特性也在很大程度上取决于工艺。另外，由于材料中的有机物通过加热而脱离，因此会残留细小的微孔，形成海绵状的形态。孔的比例和大小不同，接合后的特性也不同。另外，与焊料不同，由于接合界面上大多不形成合金层，因此在施加较大热应力时，有在接合部内部产生裂纹等破坏的情况，也有在接合界面上剥离的情况。

除了 Ag 以外，Cu[7,8]和 Ni[9]基也同样作为烧结材料广为人知。Cu 和 Ag 一样，热导率高，电导率也高，材料成本低；另一方面，也存在容易氧化、缺乏烧结性等问题。虽然将 Cu 基作为烧结材料比 Ag 相对开始较晚，但近年来发表了很多研究。在 Cu 基的情况下，接合工序的气氛是重点，N_2 中的接合也得到了良好的热特性和可靠性[10-12]。

其他接合材料有 Au 基焊料（Au-Sn、Au-Si 等），Bi 基（270℃），Zn 基（430℃）等。另外，也有针对 Sn-Cu 等合金接合的研究[3]。这是使 Sn 和 Cu 接触，并加热到 Sn 的熔点（230℃）以上，通过液相的 Sn 和固相的 Cu 生成 Cu_3Sn 等高熔点合金进行接合的方法。

四、接合部的特性评估方法

（一）样品结构

接合材料的特性评估最好采用简单的结构，而不是采用大量封装材料的功率半导体模块那样复杂的结构[13,14]。但是，由于对材料单体的特性评估不包括对接合界面的评估，因此最好准备简化功率半导体模块的层叠结构的样品，对各种特性进行评估。

（二）基础特性

在接合材料的基础评估中，如图 2 所示，对仅将半导体芯片接合到基板上的简单结构进行评估即可。半导体芯片可以是 dummy 芯片⊖。此时，由于接合材料的不同，被接合材料的表面金属有时会受到限制，因此需要准备芯片下表面的电极和基板表面的电镀以配合接合材料。

⊖　dummy 芯片指测试芯片或无用芯片。——译者注

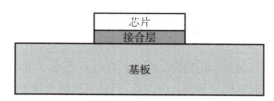

图 2 试样的断面结构

接合后的样品首先通过无损检查 SAT（Scanning Acoustic Tomography，扫描声学层析成像）和 X 射线透射调查其是否得到了致密接合。特别是，SAT 对于与被接合材料界面的评估非常有效，如图 3 所示。另外，当样品像复合材料那样会造成超声波散射时，很难通过 SAT 进行评价。在无损检查无法判断的情况下，或者需要更详细的评价时，可以在树脂填充后，用 SEM（Scanning Electron Microscope，扫描电子显微镜）观察断面。例如，在研究被接合材料因表面金属而产生的差异时，最好用断面 SEM 进行观察。图 4 是其示例。基板使用 Cu、Au 和 Ag 进行电镀，没有电镀的 Cu 板也进行了电镀。基板和接合材料的紧密性评估是通过断面 SEM 观察进行的。接合材料是 Ag 基加压接合材料。图 4 中的箭头表示基板表面金属的位置，在其上与接合材料的界面上，均未见空隙等未接合部位。在本试验中，没有发现三种基板表面金属的不同。

a）良好的例子　　b）出现部分剥离的例子

图 3 SAT 的观察（反射图像）

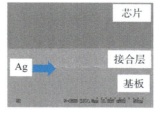
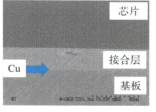

a）Au　　　　　　　　b）Ag　　　　　　　　c）Cu

图 4 基板表面金属的差异

另外，使用同样的样品，还可以测量剪切强度、接合材料强度和破坏模式。

（三）热特性

由于接合材料位于作为发热源的器件的正下方或正上方，是在没有热扩散的状态下使用的，因此热特性是极其重要的。另外，由于除了接合材料单体的热特性外，还存在与被接合材料的界面热阻，因此最好以接近实际功率半导体模块结构的形式进行评估。

此时，选择作为发热源的器件是关键。使用 IGBT 和 MOSFET 等大电流器件，虽然具有接近实际结构的优点，但由于导通电阻和电压较低，需要流过几十安以上的电流才能模拟实际工作的几十到几百 W 发热，电源和电流路径不容易保证。另外，在进行 200℃ 以上的高温试验时，也很难获得稳定工作的器件。并且，为了获得温度信息，有必要事先测量使用的器件的温度依赖性。

因此，使用被称为加热器芯片的发热用芯片比较简便。例如，如图 5 所示，这是一种在 Si 等半导体上用 Pt 等金属形成图案的市售产品。另外，也有在 Al_2O_3 等陶瓷材料中嵌入加热器的。无论哪一种，电阻在几十到 100 Ω 左右，如果是 100 W 左右的发热，则只需 1 A 左右的小电流即可。

可以使样品通电并通过接触表面的细热电偶来测量温度，也可以根据加热器的电阻来推断温度。在前一种情况下，由于热电偶精确接触，所以测量的是局部温度，但可以知道温度绝对值。另一方面，后者获得的是芯片面内整体的温度信息，需要通过外推求出没有发热时的电阻。因为两边获得的是不同的信息，所以通过整合两者的数据，可以推断接合不完全时的原因。

接下来，介绍热特性评估的示例。制作的样品使用市售的导热脂（在不隔断热流的样品的长度方向端部使用金属量规将厚度调整为 60 μm）封装水冷冷却器，以 2 L/min 的速度循环控制 65℃ 的冷却水。加热器芯片连接直流电源并通电。

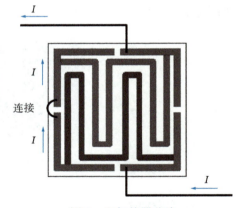

图 5   Si 加热器芯片

另外，使 φ 0.2 mm 的护套式热电偶与加热器芯片上表面的中央接触以测量温度。然后，根据功率（P）和温度（T_1、T_0），通过式(1)求出热阻（R_{th}）。

$$R_{th} = (T_1 - T_0)/P \tag{1}$$

其中，T_1 是通电时的温度，T_0 是不通电时的温度。采用各种接合材料的样品热阻如图 6 所示。A 为 Ag 基高加压接合材料，B 为 Ag 基低加压接合材料，C 为 Cu 基接合材料。每个符号后面的数字表示样品编号。不同的接合材料和样品具有不同的热阻，有的热阻与焊料（Sn-3Ag-0.5Cu）相同，甚至略低于焊料。

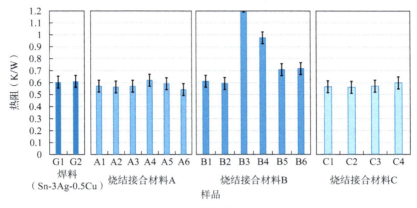

图 6　各种样品的热阻

　　另外，根据得到的热阻和样品接合层的厚度（样品整体厚度减去加热器芯片和基板的厚度），利用三维有限元法进行稳态热分析，推定接合部位的热导率。另外，冷却条件是在冷却器顶板下方设定一定的热传递系数，其值是从预先已知的焊接样品的情况下计算得到的。

　　通过这种方法推定的热导率如图 7 所示。在接合层热导率高的区域，由于接合层热阻小，精度很低，用数值表示推定的热导率是没有意义的。因此，以 70 W/(m·K)为上限，超过的部分未图示。例如，A3 相对于 A1 和 A2，A3 略有下降的原因是，A3 的热阻略高，推定热传导率略低于 70 W/(m·K)。

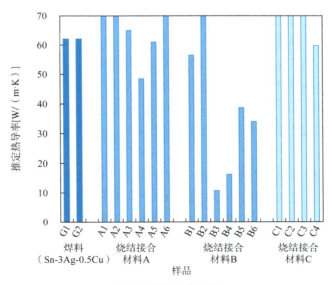

图 7　推定的热导率

（四）可靠性评估

接合材料的可靠性评估方法有伴随温度变化的试验，包括功率循环试验和温度循环试验。其他还包括高温存储试验，以及为了检查电迁移现象的电迁移试验等。

其中，特别重要的是通过反复通电开关使温度发生变化的功率循环试验，但也有想要评估接合材料而结果变成评估其他封装材料的例子，因此样品的结构是关键。

首先，发热源的选定很重要。如果使用二极管和晶体管（IGBT 和 MOSFET）等实际器件，由于导通电压或电阻较低，为了使温度充分上升，达到 100 W 左右时的发热程度，需要数十安以上的电流。在器件上进行了粗线 Al 线键合的结构中，有可能变成不是对接合材料，而是对引线键合的评估。另外，在用树脂密封的结构中，也有可能变成该树脂的可靠性试验。

因此，如果使用实际器件，则优选在没有引线键合或密封树脂的结构下进行。例如，有使器件的表面接触薄 Al 板等，以假设热膨胀系数差引起滑动的结构进行试验的方法[15]。但是，即使使用了这种方法，也不容易获得在 200℃以上的高温下稳定工作的 SiC 和 GaN 器件，有器件特性变动的担忧。

另一种方法是使用前述加热器芯片。虽然不是实际器件，但由于使用 Si 基板的器件本身就是半导体，因此热膨胀系数和杨氏模量等力学特性没有差异。由于它可以在 1～2A 的小电流下运行，因此只需使用可靠性高的细引线键合布线即可。另外，通过观察通电过程中电阻的变化，可以测量温度变化。

上述方法如图 8 和图 9 所示，样品的结构如图 10 所示。

接下来介绍使用该样品的示例。功率循环可靠性评估采用与热特性评估基本相同的测量系统，在加热器芯片上断断续续地流过电流，以热阻的增加作为评估尺度。由于加热器芯片没有电流的开/关功能，因此将直流电源连接到电脑上，由电脑控制电源开/关，使其间歇性工作。

另外，由于不同样品的热阻不同，在试验开始前的预试验时，测量高温侧的温度，调整施加电压，使其达到规定的温度（200℃或 250℃）。另外，可以将样品和冷却器夹住市售的传热片固定，根据高温侧的温度选择该片材，调整样品整体的热阻。

评估的对象为与芯片上表面中央接触的热电偶的温度，以及根据加热器芯片的电压、电流求出的电阻。前者可以得到芯片中央附近的热阻，后者可以得到芯片整体热阻的变化。以 1 min 为周期，导通时间为 10 s，关态时间为 50 s。

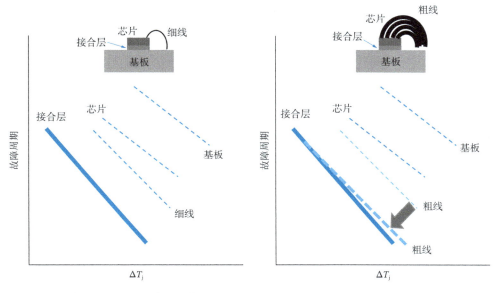

a）没有粗引线键合的结构和可靠性
示例：加热器芯片

b）有粗引线键合的结构和可靠性
示例：IGBT、FET、二极管

图 8　粗引线键合的有无和可靠性

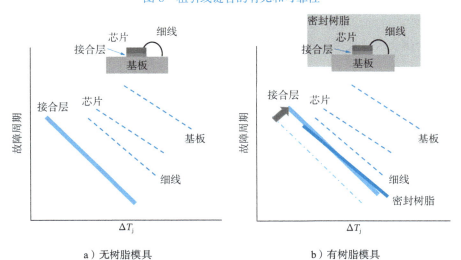

a）无树脂模具

b）有树脂模具

图 9　有无树脂模具的样品结构和可靠性

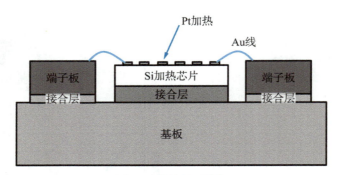

图 10　样品断面结构

　　图 11 和图 12 是功率循环试验（65/250℃）的结果示例。图 11 为 Ag 基无加压接合材料，从 2000 次循环前后开始，最高温度逐渐上升，热阻逐渐增加。另一方面，图 12 是 Ag 基加压接合材料，在 80 循环前后热阻急剧增加而断线。在本试验中，通过像这样针对接合层进行特化，研究了接合材料功率循环可靠性的差异。另外，如上所述，通过对热电偶的测量温度和芯片的电阻两者进行比较，也可以推测裂纹和剥离是如何发生的。在试验后，对样品进行 SAT 观察和断面观察也很容易。图 11b 及图 12b 显示了试验后样品的断面观察结果，图 11 推测为接合层内的裂纹延伸引起的破坏，图 12 推测为接合层与芯片之间的界面剥离引起的破坏。通过该结构，确认了可以在高温侧 300℃左右，以及导通时间 3～20 s 的条件下进行试验。另外，器件与基板的热膨胀系数差是通过选择基板的材料来调整的。除了 Cu（17 ppm/K）外，还可以使用 Cu-40Mo（11.5 ppm/K），Cu-65Mo（8.2 ppm/K）等[16]基板材料。

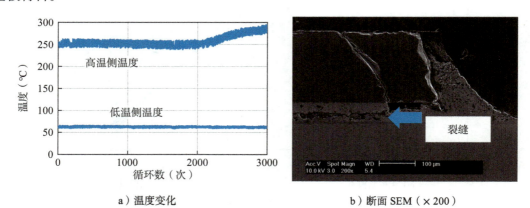

a）温度变化
b）断面 SEM（×200）

图 11　功率循环试验结果（温度逐渐升高时）

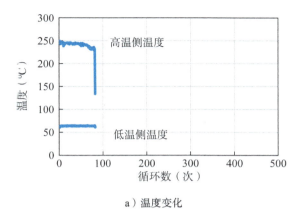

a）温度变化

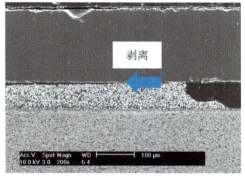

b）断面 SEM（×200）

图 12　功率循环试验结果
（温度急剧上升时）

关于温度循环可靠性试验，利用本样品的结构也可以简单地进行。本研究采用的方法是将样品投入冷热冲击测试机（−40/200℃）内，经过规定循环后取出，测量热阻后再投入。取出的周期数分别为 100、300、1000。图 13 显示的是热阻相对于温度循环数的变化情况。该样品为 Ag 基无加压材料。另外，观察试验后样品的 SAT 图像的结果发现，其中央附近产生环状裂纹，可以认为是因此导致了热阻增加。

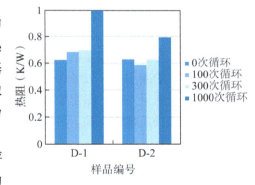

图 13　温度循环试验结果

使用同样的样品，还进行了高温存储可靠性评估。在该试验中，将样品放置在 200℃或 250℃的恒温电炉中，经过规定时间后切断样品制作断面，通过 SEM 进行观察。

图 14 显示的是在 200℃或 250℃下放置 1000 h 后，用 SEM 观察样品截面的结果。该接合材料为 Ag 基加压材料。200℃时接合层未见变化，但 250℃时，在接合层的中间位置，发现了许多微小的空孔，确认了高温引起的组织变化。另外，对于各个接合层的 SEM 照片，用市售的图像分析软件求出孔隙率，结果显示，在未经测试、200℃测试、250℃测试中，分别为 0.2%、0.4%、8%，在 250℃时孔隙率明显增加。

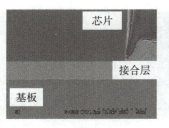 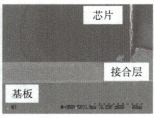 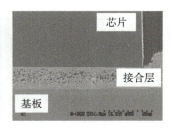

a）测试前　　　　　　　　b）200℃1000 h 后　　　　　　c）250℃1000 h 后
孔隙率：0.2%　　　　　　　孔隙率：0.4%　　　　　　　　孔隙率：8%

图 14　高温存储试验结果

（五）基础物性评估

　　如上所述，近年来开发的接合材料，除了材料本身的特性外，根据接合工艺的不同，接合后的特性也有很大差异。在预测可靠性等方面，当使用有限元法等仿真方法时，需要作为材料模型的基础物理性质，即接合材料的基本物性，但获取这些信息并不容易。

　　例如，典型的力学特性有杨氏模量。对于焊料等传统材料，可以通过加工制作哑铃型样品，通过拉伸试验机求出杨氏模量，但对于烧结类的接合材料，制作这样大的试样往往比较困难。因此，可以用纳米压痕的方法来求出杨氏模量[17]。图 15 是这个方法的示例。在 Cu 烧结的接合层的断面上，以 0.05 s^{-1} 的应变速率在 500 nm 深处施加压头，根据卸载曲线求出杨氏模量。结果发现，即使是相同的接合材料，由于接合温度的不同，杨氏模量也不同，高温下接合的杨氏模量更高。另外，还观察到孔隙率越高，杨氏模量就越有下降的趋势。

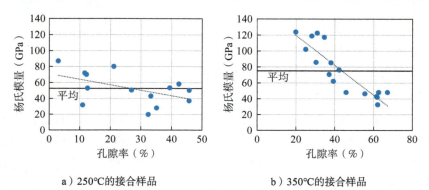

a）250℃的接合样品　　　　　　　b）350℃的接合样品

图 15　纳米压痕测量杨氏模量

五、总结

　　关于功率半导体器件用的接合材料的特性评估，本节介绍了基础特性、热特性、可靠性评估以及物性值测量方法等。主要内容是基于 KAMOME-PJ 项目（Kanagawa Advanced MOdule Material Evaluation ProJect，SiC 等大电流功率模块用封装材料开发·评价支援 PJ）得到的结果。

▌参考文献

[1] Kim S Siow et al.,: "Die Attach Materials for High Temperature Applications in Microelectronics Packaging," Springer. (2019).

[2] Y. Yamada et al.,: "Reliability of wire-bonding and solder joint for high temperature operation of power semiconductor device" *Microelectronics Reliability*, Vol.47, pp. 2147-2151 (2007).

[3] Y. Yamada et al.,: "Pb-Free High Temperature Solder Joints for Power Semiconductor Devices" *Trans of JIEP*, Vol.2, No,1, pp. 79-84 (2009).

[4] 菅沼克昭ら: "次世代パワー半導体実装の要素技術と信頼性", シーエムシー出版 (2016).

[5] 菅沼克昭ら: "次世代パワー半導体の熱設計と実装技術", シーエムシー出版 (2020).

[6] 平塚大祐ら: "パワー半導体の高温動作を可能にするダイボンド材料および焼結接合技術", 東芝レビュー, Vol.70, No.11, pp. 46-49 (2015).

[7] T. Ishizaki et al.,: "Reliability of Cu nanoparticle joint for high temperature power electronics" *Microelectronics Reliability*, Vol.54, pp. 1867-1871 (2014).

[8] 石崎敏孝ら: "Cuナノ粒子接合の熱特性評価" MES2013 (第 23 回マイクロエレクトロニクスシンボジウム). pp. 163-166 (2013).

[9] 松原典恵ら: "Niナノ粒子を用いた高温実装用素子接合技術の開発", 新日鉄住金技報, Vol.407, pp. 8-14 (2017).

[10] 長谷川和基ら: "無加圧窒素雰囲気による銅ナノ粒子接合の特性評価" MES2017 (第 27 回マイクロエレクトロニクスシンポジウム), pp. 81-85 (2017).

[11] 長谷川和基ら: "無加圧窒素雰囲気による銅ナノ粒子接合の信頼性", MES2018 (第 28 回マイクロエレクトロニクスシンポジウム), pp. 225-228 (2018).

[12] Y. Yamada et al.,: "Reliability of pressure-free Cu nanoparticle joints for power electronic devices," *Microelectronics Reliability*, Vol.100-101, 113316, pp. 1-5, (2019).

[13] T. Ishizaki et al.,: "Power cycle reliability of Cu nanoparticle joints with mismatched coefficients of thermal expansion" *Microelectronics Reliability*, 64, pp. 287-293 (2016).

[14] 山田靖: "パワー半導体実装用接合材料の特性評価法", エレクトロニクス実装学会誌, Vol.21, 6, pp. 579-585 (2018).

[15] 八坂慎一ら："接合材料のパワーサイクル試験による信頼性評価を目的としたパワーモジュールの検討"，Mate2018 (第 24 回マイクロエレクトロニクスシンボジウム)，pp. 337-342 (2018).

[16] 三浦大貴ら："Cu ナノ粒子接合の信頼性に及ぼす熱膨張係数差の影響"，第 30 回エレクトロニクス実装学会春季講演大会，pp. 446-449 (2016).

[17] T. Ishizaki et al.,: "Young's modulus of a sintered Cu joint and its influence on thermal stress," *Microelectronics Reliability*, 76-77, pp. 405-408 (2017).

第二节　SiC 功率半导体封装技术

一、引言

　　全球变暖的最大原因被认为是二氧化碳等温室效应气体（Greenhouse Gas，GHG）的排放，因此近年来在世界范围内加速了减少 GHG 措施的提出。特别是在 2016 年生效的《巴黎协定》的基础上，各缔约国在能源供应和使用方面大力推行减少温室气体排放量的"低碳化"政策。为了减少以能源为起源的 CO_2 的排放量，需要"能源供应低碳化"和"节能"。在"能源供应低碳化"中，需要努力提高可再生能源等 CO_2 排放量少的发电方法的比率。另一方面，在"节能"中，需要改善能源消费效率[1]。

　　在这样的背景下，据预测，电能在人类（全世界）全部能源消费中所占的比例在今后将会越来越高。在推进"低碳化"的基础上，可以肯定的是，人们对高效、自由操纵电能的技术——电力电子（功率电子）的期待也将会越来越高。并且，对于创造出如下所示的新价值的期待也在提高[2]。

　　（1）出行工具的更新迭代（新能源车辆（EV）的环境性能提升和电动飞机的开发）对应的是功率电子技术的性能进步有助于减少温室气体排放并创造新的应用领域。

　　（2）能源管理（可再生能源需求的增加带来的输配电系统不稳定）对应的技术是基于功率电子技术的电力网络整体优化和节能化。

　　（3）机器人的进化（为了解决人力短缺和提高生产效率，可预见其市场不断扩大）对应的是基于功率电子技术的精密电机控制和小型化实现了机器人的精确动作。

　　（4）安全性（由于难以掌握台风等自然灾害造成广泛破坏带来的受灾情况，以及对电线杆破损等风险的担忧），相应技术是通过变压器的小型化实现无电线杆。

　　在功率电子技术领域，利用电力半导体开关器件进行电力转换和控制，是实现"低碳社会"的关键技术。近年来，硅（Si）功率半导体逐渐接近性能极限，因此急需实现代表着新一代器件的碳化硅（SiC）功率半导体等宽禁带（WBG）器件的实用化，以推动新一代功率电子技术的应用[3]。本节将讨论未来市场潜力巨大的 SiC 功率半导体的优越特性，并对相应的封装技术进行说明。

二、WBG 功率半导体的特性

电子和空穴从价带向导带迁移所需的能量称为带隙。通常 Si 的带隙为 1.12 eV，比该值大的半导体被定义为 WBG 半导体。SiC 和 GaN（氮化镓）等均属于此类。这些半导体的晶格常数小，原子之间的结合力大，因此绝缘击穿强度、饱和漂移速度和热导率高。代表性半导体材料的物性常数见表 1[4,5]。

表 1 代表性半导体材料的物性常数

项目	Si	4H-SiC	GaN	β-Ga₂O₃	金刚石
带隙（eV）	1.12	3.26	3.39	4.5～4.9	5.47
电子迁移率［cm²/(V·s)］	1500	1000	900	300	2200
空穴迁移率［cm²/(V·s)］	500	120	150	—	1600
最大电场强度（MV/cm）	0.3	3.0	3.3	大约 8（推测）	10
热导率［W/(cm·K)］	1.5	4.9	2.0	0.23	20
电子饱和漂移速度（cm/s）	1.0×10^7	2.2×10^7	2.7×10^7	$1.8 \sim 2.7 \times 10^7$	1.0×10^7
介电常数	11.8	9.7	9.0	10	5.7

从表 1 与器件特性的关系来看，带隙与器件的高温工作性能有关，值越大，越能在高温下工作。考虑到寿命，Si 器件的允许工作温度为 175℃左右，而 SiC 器件可以在 300℃以上工作。其次，最大电场强度与器件的低导通电阻性能有关，值越大，器件的导通电阻越小，可以抑制功耗和发热量。理论上，SiC 的导通电阻可以低至 Si 的百分之一。电子饱和漂移速度与高速工作（开关）性能有关，值越大，越能高速工作。动作速度的提高可以使构成电路的电感和电容器等周边元件变小，使系统整体小型化。如果运行速度增加 3 倍，系统的容积就可以减少到原来的二分之一。因此，应用以 SiC 为代表的 WBG 器件的电力系统相对于 Si，能够实现高效率、大容量且小型、轻量。

三、SiC 功率半导体的封装技术

在 SiC 功率半导体的封装设计中，当然需要考虑与 Si 的特性差异。表 2 比较了 SiC 和

Si 的特性（包括物理特性和器件特性）[6]。在物理特性方面，值得关注的是杨氏模量和维氏硬度，SiC 的值是 Si 的 2.2 到 2.3 倍（高弹性）。这意味着在接合部受到较大应力的情况下，需要设计能够承受高应力的接合部。

另一方面，在器件特性方面，与 Si 相比，SiC 的极限工作温度高出 5 倍以上（实际上约为 2 倍），工作频率高出约 8 倍，开关时间则优于 Si 约 10 倍。对于高温工作需要进行高耐热和高散热设计，对于高速和高频率的开关操作需要进行电路配线的低电感设计[7]。

表 2　SiC 和 Si 的物理特性和器件特性（代表值）

项目	SiC	Si
密度（g/cm³）	3.2	2.33（CZ）
比热［J/(g·K)］	0.69	0.70
热膨胀系数（ppm/K）	a-42/c-4.68	4.15（CZ）
杨氏模量（GPa）	430	190（CZ）
泊松比	0.16	027（CZ）
维氏硬度（Hv）	23	10.4（CZ）
弯曲强度（MPa）	470～490	300（CZ）
极限工作温度（℃）[4]	≥1000（350）	200（175）
工作频率（kHz）	200～3000（MOSFET）	10～400（IGBT）
开关时间（ns）	10	100

注：1. CZ：直拉法
　　2. MOSFET：金属氧化物半导体场效应晶体管
　　3. IGBT：绝缘栅双极型晶体管

（一）高疲劳强度耐久接合技术

功率半导体封装的代表性截面结构如图 1 所示。图 1a 是在分立器件封装中，半导体器件（芯片）使用焊料等接合材料与金属框架（引线框架）接合后用树脂密封的结构。芯片和引线框架之间用金属线连接。另一方面，图 1b 被称为模块封装，其结构为芯片接合的陶瓷绝缘基板（陶瓷基板的正反面形成导电电路）接合在金属散热板上，收进树脂外壳并用树脂密封。芯片与端子之间和分立器件一样用线连接。

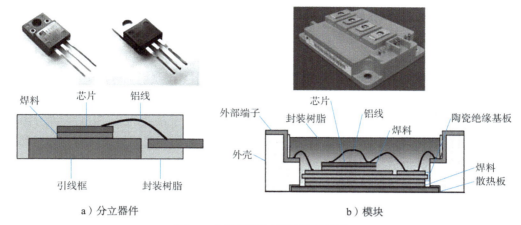

图 1 功率半导体封装的断面结构

a）分立器件　　　　　　　　　b）模块

许多 Si 器件经由芯片的背面电极，通过焊锡与引线框架或陶瓷绝缘基板接合，表面电极由铝线接合。在这种堆叠结构中，应用高弹性的 SiC 时将在接合部产生巨大的应力。关于芯片和陶瓷绝缘基板之间的焊接接合部的应变振幅差异，比较了芯片为 SiC 和 Si 的情况下的弹塑性热应力分析结果，如图 2 所示。SiC 焊接接合部中的应变振幅是 Si 的 60 倍，在应用 SiC 时，接合部的寿命可能显著降低。因此，SiC 的接合部需要具有对应力的高疲劳强度耐久性，目前正在研究金属颗粒烧结材料、金属间化合物、金焊等作为替代传统的 Sn 系焊料的接合材料。表 3 显示了用于 SiC 的接合材料的特性。

项目	SiC	Si
弹塑性应变振幅（%）	0.237	0.004
相对比例	59	1

图 2 焊点弹塑性热应力分析结果

表 3 各种高耐久接合材料的各种特性（示例）

项目	银烧结（加压）	铜烧结（不加压）	Cu₆Sn₅ 合金（金属间化合物）	Au-12Ge 合金（金焊）	Sn-5Sb 合金（锡基焊料）
熔点（℃）	960	≥950	415	356	240～243
热导率［W/(m·K)］	260	>180	34.1	44.4	48
热膨胀系数（ppm/K）	19	16.8	16.3	12	23
杨氏模量（GPa）	29	36	85.6	80	45
屈服强度（MPa）	56	80	2000	90	25.7
维氏硬度（Hv）	40	59	378	108	17

与传统的 Sn-5Sb 焊料相比，高耐久材料的特点是屈服强度和硬度较高。在这些材料中，尤其是银烧结材料的应用最为广泛，其出色的特性提高了器件的可靠性。图 3 展示了使用银烧结材料进行芯片连接的器件的外观、银烧结部的微观结构以及功率循环试验结果。银烧结部存在由银的颗粒生长形成的封闭孔隙，孔隙的占比（孔隙率）约为 2%～3%，表明已经实现了非常致密的烧结。

另一方面，器件的功率循环寿命（最大结温 200℃）对于普通的 Sn-Sb 焊料为 11000 个循环，而银烧结则为 15 万个循环，寿命提高了 10 倍以上。尽管银烧结具有卓越的特性，但材料和接合过程的低成本化仍然是一个问题，解决这一问题的工作正在推进中。

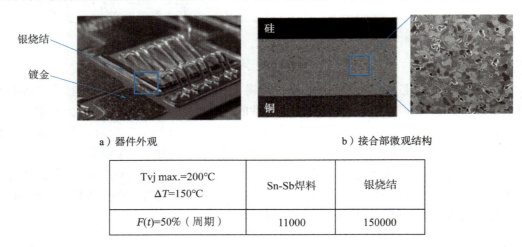

a）器件外观　　　　　　　　　　　b）接合部微观结构

Tvj max.=200℃ ΔT=150℃	Sn-Sb焊料	银烧结
$F(t)$=50%（周期）	11000	150000

c）功率循环试验结果

图 3　银烧结材料的微观结构及功率循环试验结果

（二）高耐热技术

与 Si 相比，SiC 具有工作温度极限高的优点。目前 SiC 的允许最大结温与 Si 相同，限制在 175℃。这其中很大一部分原因是芯片结构以及封装材料的耐热寿命没有达到 175℃以上。但是，即使在与 Si 相同的结温下使用，SiC 也能大幅降低损耗，因此其优势显著。

SiC 器件中，由于 SiC 的物理特性（大尺寸晶圆制造面临瓶颈），芯片的大面积化很困难，因此需要在小面积中流过大电流，单位面积的发热量比 Si 大。而且可以肯定的是，结温本身超过 200℃的时代很快会到来。图 4 显示的是结温为 175℃时封装内部的温度，并显示了目前使用的封装材料的耐热温度。

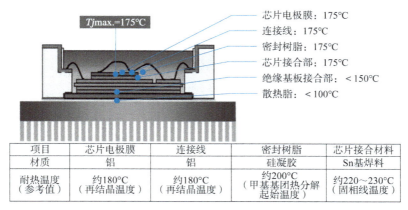

项目	芯片电极膜	连接线	密封树脂	芯片接合材料
材质	铝	铝	硅凝胶	Sn基焊料
耐热温度（参考值）	约180℃（再结晶温度）	约180℃（再结晶温度）	约200℃（甲基基团热分解起始温度）	约220～230℃（固相线温度）

图4　封装内部温度与封装材料耐热温度

因此，暴露在最高温下的封装材料是与芯片接触的芯片电极膜、连接线、密封树脂和芯片接合部焊料。这些材料的耐热温度（再结晶温度）相对于结温没有裕度，在确保市场要求的使用寿命的同时，难以应对更高的温度上升。下面将介绍应对将来高温化的封装材料的现状。

1.芯片电极

半导体芯片（发射极、栅极、源极）的电极材料一般使用铝基。铝的再结晶温度为180℃左右，在高温下工作时，劣化进程明显。图5显示的是普通铝电极膜和高耐热电极膜的高温老化行为的比较。因此，通常的电极膜由于功率循环，电极材料的晶粒变得粗大，由于晶界破坏，呈现出与初期不同的外观。

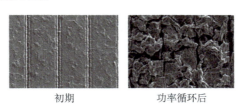

初期　　　　　　　功率循环后

a）普通铝电极膜的外观

初期　　　　　　　功率循环后

b）高耐热电极膜的外观

图5　铝电极膜的高温老化行为

Tvjmax. = 175℃/ΔTj = 150℃/5万次循环

与此相比，高耐热电极膜在功率循环后也维持着与初期基本不变的表面状态，可以看出是抗热老化的电极膜。高耐热电极膜具有在铝电极膜的表面上形成保护膜的结构。此外，高耐热电极膜研发中，也正在研究用铜代替铝。

2. 键合引线

半导体芯片和外围电路用金属线连接，连接线材料一般使用铝。铝线也是由于功率循环等的热履历而发生热老化的材料。图 6 显示的是普通铝线和高耐热铝线的高温老化行为（结晶粒径的变化）的比较。可见，普通铝丝的结晶粒径在功率循环后变得粗大。与此相比，高耐热铝线及铜线在功率循环后的结晶粒径未见粗大化，属于热引起的组织变化较少的材料。高耐热铝丝通过添加三种元素，抑制了晶粒的细微化和热引起的粗大化。而铜丝的再结晶温度高，组织变化困难。

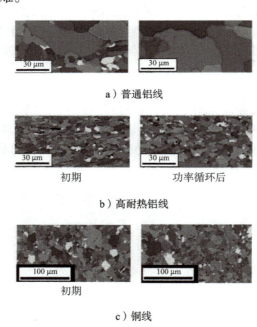

a）普通铝线

初期　　　　　　功率循环后

b）高耐热铝线

初期

c）铜线

图 6　键合引线的高温老化行为（EBSD）

Tvj max. = 175℃/ΔTj = 150℃

3. 密封树脂

器件的密封主要使用有机硅凝胶和环氧树脂两种热固性树脂。有机硅凝胶是一种同时具有有机硅特有的性质（电学特性优良且无腐蚀性）和低交联密度产生的特性（粘附性、附着性优良，柔软、在小负荷下容易变形，具有低弹性模量，应力缓和、振动吸收性优良）的材料。另一方面，环氧树脂具有耐热、绝缘、耐湿和弹性模量高的特点。热固性树脂的基本结构如图 7 所示，由 2 个以上反应性高的基团（官能基 F）和树脂骨架（R）或与两者结合的基团（X）构成。环氧树脂作为官能基具有甘油基，主要是通过醚键与各种骨架结合的甘油基醚型，其他还有通过酯或胺键结合的树脂，以及含有脂环式环氧基的树脂[8]。

官能基　　　　　　结合基　　　　　　树脂骨架　　　　　　结合基　　　　　　官能基

图 7　热固性树脂的基本结构

环氧树脂除双酚 A 型外，还有双酚 F 型（粘度低、操作性好）、多官能环氧（硬化物耐热性、耐化学性好）、柔性环氧（改善硬化物的抗裂纹性）、甘油酯型环氧（改善硬化物的抗跟踪性）、高分子型环氧（机械加工性好）、联苯型环氧（硬化物耐热性、低应力性好）等。

有机硅凝胶具有优异的附着性、耐热性和绝缘性，但在长期的温度循环和高温存储下会逐渐劣化、变硬。结果导致有机硅凝胶开裂和界面剥离。一般的有机硅凝胶在 150℃以上的高温下长时间放置后会变硬，通过对有机硅凝胶的主骨架聚硅氧烷的交联结构进行改良，开发出即使在 180℃以上的环境下放置 1000 h 以上硬度也几乎不会变化的凝胶，纳米水平下的交联状态、均一性等的控制成为重要技术[9]。

另一方面，环氧树脂耐热性的指标可以大致分为两种，一种是关于保持玻璃转变温度所代表的机械强度和热膨胀率等物理特性的物理耐热性，另一种是关于长期保持物性而不发生热分解等化学劣化的化学耐热性[10]。

关于物理耐热性的提高，可以通过增大分子结构因子（环氧基浓度、环氧基数、刚性骨架、高对称骨架、立体障碍、强极化基团）来实现，高耐热性环氧树脂的代表是酚醛环氧树脂。酚醛环氧树脂满足高环氧基浓度、多环氧基数、刚性骨架等高耐热性化条件。另一方面，对于化学耐热性，有报告显示来源于甘油醚的脂肪族醚氧部分和酚醛树脂结构的亚甲基部分容易分解，抑制这些部位的分解对于提高化学耐热性是必要的[11]。

作为器件密封用的高耐热树脂的候选物，有被称为附加型聚酰亚胺的二苯基甲烷（DDM）骨架结合马来酰亚胺基团的铋酰亚胺树脂（$Tg^{\ominus}$ = 300℃以上，$Td5^{\ominus}$ = 400℃以上），在双酚 A（BA）骨架结合氰酸酯基团的氰酸酯树脂（实际上常与铋酰亚胺一起使用，称为铋酰亚胺-三嗪树脂）（Tg = 250℃以上，Td5 = 400℃以上），以及从苯酚、胺和甲醛中得到的苯并噁嗪树脂（Tg = 300℃，Td5 = 300℃以上）。

⊖ Tg（玻璃转变温度）：分子主链开始或停止旋转或振动的温度。

⊖ Td5（热失重温度）：从初期开始重量减少 5%的温度。

（三）低电感布线技术

与目前主流的 Si 制 IGBT 相比，SiC-MOSFET 可以实现高速的开关工作，开关损耗也可以大大降低。但是，随着开关的加速，电路布线的寄生电感引起的浪涌电压和电压波形的振荡（电路谐振）增大，从而明显产生器件的破坏和 EMI（电磁干扰）噪声的增加。开关器件在开关时，由电路整体的寄生电感 Ls 中产生式(1)表示的感应电压 ΔV。

$$\Delta V = Ls \times \mathrm{d}i/\mathrm{d}t \tag{1}$$

其中，$\mathrm{d}i/\mathrm{d}t$ 为开关时的电流变化率。在开关器件上，除了电路的直流电压之外，额外叠加了式(1)中的 ΔV 作为浪涌电压，如图 8 所示。

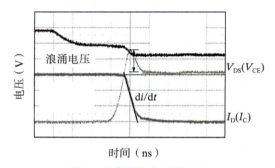

图 8　功率器件的关断波形

如前所述，SiC-MOSFET 的开关时间（数十纳秒数量级）与 Si-IGBT（数百纳秒数量级）相比，具有可以减少一个数量级的性能，从式(1)可以看出，为了使浪涌电压维持在与传统 Si 制 IGBT 同等水平，整个电路的寄生电感需要降低一个数量级。降低封装中配线电感的基础本是将配线长度设为最短，但由于具有复杂的电路，所以现状是不易实现最短配线。

作为降低电感的方法，一直以来采用的方法是将封装内部的 P（正侧）导体和 N（负侧）⊖导体的输出导体电极近距离配置，使该位置负互感增大，如图 9 所示。另一方面，也可以通过绝缘基板电路布局的最优化实现低电感化，通过基于开关时绝缘基板电路上的电流分布和电场分布的布局设计，可以实现与输出导体电极接近配置同等水平的电感降低[12]。

⊖　此处是导体而非半导体，不分 P 型和 N 型。正侧即 Positive，负侧即 Negative。——译者注

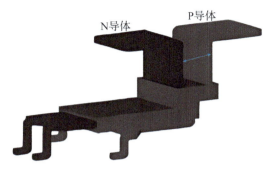

图 9　输出导体电极的接近配置

（四）低热阻、高散热技术

SiC 是一种适合大容量化的器件，但由于难以像 Si 一样实现晶圆的大尺寸化，因此目前需要将小面积芯片进行多芯片并联，以确保大电流。与 Si 相比，每个芯片的电流密度变大，因此封装的低热阻、高散热变得重要。图 10 显示的是一般芯片正下方的断面结构。芯片产生的热量通过陶瓷基板、散热板、导热脂和散热器向系统外散热。在芯片正下方各部分的热传导率中，特别是陶瓷基板和导热脂显示出较低的值，成为热传导的阻碍（热阻）。因此，为了减小芯片正下方的串联热阻，需要缩短热传导路径，以及应用热传导率高的材料。另外，横向的热扩散和芯片上部的散热也很重要。

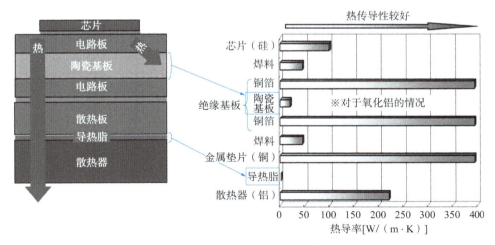

图 10　芯片正下方散热结构

四、总结

本节介绍了未来市场潜力巨大的 SiC 功率器件的优良特性及对其适用的封装技术。以 SiC 为起点，WBG 器件的正式应用将在今后拉开帷幕，这些器件能否成功扩大其应用范围，取决于能否采用能够最大限度地发挥芯片性能的封装技术，并在市场上创造出具有吸引力的产品（当然器件本身的产品化技术也很重要）。

自由控制电力的功率电子技术是防止全球变暖和实现可持续发展的有效手段，为此，需要功率电子领域的从业者们团结一致，共同努力。

参考文献

[1] 経済産業省：資源エネルギー庁ホームページ, (2019.05.14).

[2] 文部科学省：パワーエレクトロニクス等の研究開発の在り方に関する検討会, (2020.08.03).

[3] 産業競争力懇談会 (COCN)：グリーンパワエレ技術, (2009).

[4] 岩室憲幸：「SiC・GaN パワー半導体の最新技術・課題ならびにデバイス評価技術の重要性」, OEG セミナー資料, (2016).

[5] 松波弘之ほか：「半導体 SiC 技術と応用第 2 版」, 日刊工業新聞社, pp. 12, (2011).

[6] 株式会社新陽ホームページ

[7] 佐藤伸二：「次世代パワー半導体デバイスとその応用技術の展望」, TECHNOLOGY REPORT, Kensetsu Denki Gijyutsu, vol.189, pp. 4-8 (2016).

[8] 友井正男：「熱硬化性樹脂の基礎」, エレクトロニクス実装学会誌, Vol.4, No.6, 537-542, (2001).

[9] 宝藏寺裕之：「パワーデバイスの封止樹脂技術」, エレクトロニクス実装学会誌, Vol.15, No.5, 374-378, (2012).

[10] 竹市力：「高機能デバイス用耐熱性高分子材料の最新技術」, シーエムシー出版, pp. 7-8, (2011).

[11] 有田和郎：「高耐熱性エポキシ樹脂の開発に向けた基礎検討」, ネットワークポリマー, vol.36, No.5, pp. 253-264, (2015).

[12] 滝沢聡毅ほか：「パワーエレクトロニクス主回路構造の解析技術」, 富士時報, Vol.77, No.2, pp. 162-165, (2004).

新一代功率半导体的封装材料和寿命预测仿真

一、引言

利用 SiC、GaN 等宽禁带半导体特性的新一代功率半导体模块取代传统的 Si 半导体的实用化进程正在开展中。但是，为了使体积更小、电流密度更高的新一代功率半导体模块实用化，有必要采用新一代模块结构以抑制热负荷引起的力学疲劳。同时，封装材料的高耐热化是必不可少的。

在这种模块结构和封装材料的新开发过程中，温度循环试验和功率循环试验等可靠性试验需要非常长的时间，这将成为开发过程中的瓶颈。因此需要通过寿命预测仿真，在实际试制、评估之前，对应用了新结构、新材料的新一代功率半导体模块的可靠性进行假想性评价。

寿命预测仿真一般采用有限元法（FEM）的传热-结构耦合仿真。有限元法是将功率半导体模块的几何形状、构成部件的热学和力学特性以及热学和力学负荷条件作为参数输入，通过离散化求解热传导方程以及力学平衡方程，计算功率半导体模块内部的状态量即温度场、应变场、应力场的时间响应。另外，根据得到的力学状态量，通过组合每个循环的模块内部损伤量及其发展方式的寿命预测式，构成功率模块寿命预测仿真的框架。

二、传热-结构耦合仿真框架

在传热-结构耦合仿真中，能量守恒定律式(1)作为传热分析的主导方程，平衡方程式(2)或虚功原理方程式(3)作为结构分析的主导方程。

$$\rho c \frac{\partial T}{\partial t} = -\nabla \cdot \boldsymbol{q} \tag{1}$$

这里，T 是温度，ρ、c 是密度以及比热，$\boldsymbol{q}$ 是热通量矢量。

$$\frac{\partial \sigma_{ij}}{\partial x_j} + \rho \boldsymbol{K}_i = 0 \tag{2}$$

$$\delta W = \int_V \sigma_{ij} \cdot \delta \varepsilon_{ij} \, \mathrm{d}V + \int_B \rho \boldsymbol{b}_i \cdot \delta u_i \, \mathrm{d}V + \int_A \boldsymbol{t}_i \cdot \delta \boldsymbol{u}_i \, \mathrm{d}A \tag{3}$$

其中，δ_{ij} 为应变张量，σ_{ij} 为应力张量，$\boldsymbol{u}_i$ 为位移矢量。另外，$\boldsymbol{b}_i$ 为体积力矢量，$\boldsymbol{t}_i$ 和 $\boldsymbol{K}_i$ 为表面力矢量。

这些基础方程的求解变量是温度T和位移矢量$\boldsymbol{u}_i$，但同时需要满足材料固有的构成关系的方程［式(4)～式(10)］。由此得出的传热方程式，作为傅里叶定律以式(4)的形式广为人知。即使材料不同，也只是式(4)的热导率k不同，在大多数情况下不需要如后述应力-应变关系式一样为每个材料选择合适的方程。

$$q = -k\nabla T \tag{4}$$

另一方面，规定材料的应力-应变关系的方程则略显复杂。材料的变化因金属、树脂、陶瓷等材料的种类而异，而且因其温度范围而异，因此需要选择合适的方程。一般情况下，在重复热负荷下，功率半导体模块中的半导体芯片与电极板的连接处会因线性膨胀系数差（CTE 间隙）而产生热应变，其结果是热应力对材料的内部损伤。因此，以前作为贴片材料使用的焊料，以及预计作为新一代功率半导体的贴片材料使用的烧结金属材料[1-3]，需要具有通过非弹性变形缓和热应力的功能。

所以，作为贴片材料的方程，经常用于描述应变速度和应力关系的蠕变方程[4-8]、应力和应变的关系在屈服点前后变化的弹塑性方程，或者两者的组合。式(5)～式(9)是三种材料本构模型中的经典方程：描述蠕变行为的 Norton 方程、表征弹塑性应变硬化的 Swift 方程，以及能够综合表征应变硬化效应与蠕变行为的 Anand 方程。

$$\dot{\bar{\varepsilon}}^{\sigma} = A\bar{\sigma}^n \tag{5}$$

$$\bar{\sigma} = A(\varepsilon_0 + \bar{\varepsilon}^p)^n \tag{6}$$

$$\dot{\bar{\varepsilon}}^p = A\left[\exp\left(-\frac{Q}{kT}\right)\right]\left(\frac{\bar{\sigma}}{S}\right)^{1/m}, \bar{\sigma} < S \tag{7}$$

$$\dot{S} = h_0\left(1 - \frac{S}{S^*}\right)\dot{\bar{\varepsilon}}^p \tag{8}$$

$$S^* = \tilde{S}\left[\frac{\dot{\bar{\varepsilon}}^p}{A}\exp\left(-\frac{Q}{kT}\right)\right]^n \tag{9}$$

这些方程中所体现的蠕变应变$\bar{\varepsilon}^{cr}$和塑性应变$\bar{\varepsilon}^p$是在将总应变$\bar{\varepsilon}$分解为弹性成分$\bar{\varepsilon}^e$、热应变成分$\bar{\varepsilon}^{th}$等时出现的，是由于蠕变变形和弹塑性变形引起的应变，如式(10)所示。

$$\bar{\varepsilon} = \bar{\varepsilon}^e + \bar{\varepsilon}^p + \bar{\varepsilon}^{cr} + \bar{\varepsilon}^{th} \tag{10}$$

在半导体模块寿命预测仿真中，需要选择能够准确表达材料行为的具体方程式(10)，以便仿真材料的行为。考虑到新一代半导体的使用温度范围在$-50\sim200℃$，因此正确描述材料特性随温度变化的能力是至关重要的。虽然通过方程描述复杂的现象可以提高材料行为的再现性，但与此同时，获得仿真所需的材料特性参数的成本也会非常高。明确仿真评估的目的，深刻理解所应用材料的变形机制，并选择合适的方程是至关重要的。

三、寿命预测式

温度循环试验和功率循环试验的典型破坏模式，是通过对贴片和引线键合等施加反复热负荷，测量其疲劳寿命从而得到的，最简单的方法是使用 Coffin-Manson 公式，即低循环疲劳寿命预测公式。

假设在温度循环试验中，每个循环中发生的内部损伤是恒定的，那么疲劳寿命可以用以下公式表示。

$$N_f = C_1(\Delta\varepsilon_{in})^{c_2} \tag{11}$$

其中，N_f 表示寿命循环数，$\Delta\varepsilon_{in}$ 表示一个循环中的热负荷在材料内部产生的非弹性应变幅。式(11)与高循环疲劳中的 Paris 公式具有相同的形式，通过累积每个循环的损伤度，可以估算寿命。

温度循环试验中，由于在高温和低温反复承受负荷时，模块整体温度均匀，因此符合使用 Coffin-Manson 公式进行寿命预测的假设。然而，功率循环试验中，在发热源正下方贴片部分的升温速度曲线较冷却侧陡峭。此外，模块的内部温度不是恒定的，而是瞬时的分布。然而，由于功率半导体模块的疲劳寿命评估通常在数千到数万个循环的范围内进行，因此可以假设在接近低循环疲劳、非弹性变形区域广泛分布的情况下，符合 Coffin-Manson 公式的形式。此外，在式(11)中，$\Delta\varepsilon_{in}$ 是评估一个循环中内部损伤累积的指标，可以用一个循环的热负荷在材料内部散逸的非弹性应变能密度ΔW来替代（如图 1 所示），在式(12)中表示。

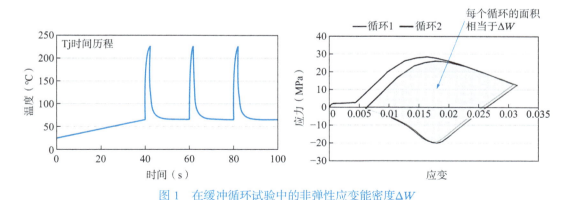

图 1　在缓冲循环试验中的非弹性应变能密度ΔW

$$N_f = C_1(\Delta W)^{c_2} \tag{12}$$

其中：

$$\Delta W = \oint \boldsymbol{\sigma} : \mathrm{d}\boldsymbol{\varepsilon} = \oint \boldsymbol{\sigma} : \mathrm{d}\boldsymbol{\varepsilon}^{in} \tag{13}$$

σ是应力张量，ε是总应变张量，ε^{in}是非弹性应变张量。此外，非弹性应变能密度ΔW是由一个循环的热负荷引起的材料内部累积的损伤量，可解释为损伤参数。

作用于半导体模块的外部负荷基本上主要是热应变，产生的应力由材料固有的应力-应变关系确定。换句话说，式(12)中包含了材料固有的应力-应变关系，以及其温度依赖性，并被纳入寿命预测式中，适用于进行像功率循环试验那样由于瞬时温度变化引起的寿命评估。

四、寿命预测仿真的评估案例

在"KAMOME-PJ"[5-8]（新一代半导体模块实施材料评估研究项目）中，展示了寿命预测仿真的案例。在 KAMOME-PJ 中，使用了评估封装材料的平台"通用 PCT 模块"进行试验评估。这个案例中用于评估的模块"#4"是使用 DBC 基板、SiC 芯片和铝线之间夹有夹片电极层的类型。此外，SiC 芯片是通过烧结银接合的，示意图如图 2 所示。PCT 试验条件为最大结温 Tj = 225℃，循环时间 on/off = 2 s/18 s。用于仿真的软件由先端力学仿真研究所株式会社开发，集成了 FEM 求解器、Coffin-Manson 形式的寿命预测式以及分散分析功能的一体化功率模块可靠性评估平台"ASU/PM-Lifetime"[5-8]。

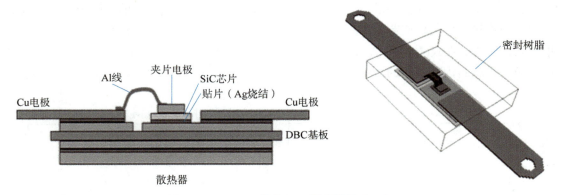

图 2　KAMOME 共通 PCT 平台模块（#4）

为了进行寿命评估的仿真，需要创建功率模块构成组件的离散化形状（网格）数据。此外，每个构成组件的材料特性参数也需要在仿真中被正确设置。这些材料特性参数必须根据每个材料的构成模型［如式(4)～式(10)所示］进行预先准备，这是仿真评估精度的一个重要方面。在本分析中使用的模块构成部件的材料特性参数列在表 1～表 3 中。为了评估烧结银接合材料和铝线的寿命预测参数ΔW，我们分别使用了烧结银接合材料和铝线相应的蠕变变形模型。

表 1　烧结银的蠕变常数

温度（℃）	A	n
−40	9.64×10^{-15}	4.28
23	238×10^{-15}	4.60
125	5.41×10^{-7}	1.55
250	4.32×10^{-6}	1.59

表 2　铝线的蠕变常数

温度（℃）	A	n
−20	7.00×10^{-24}	13.0
60	1.00×10^{-15}	10.0
140	2.00×10^{-10}	8.0
220	5.00×10^{-7}	7.0
300	1.00×10^{-4}	6.0

表 3　模块构成部件的热特性值和力学特性值

部件	热特性值			力学特性值		
	密度（kg/m³）	比热[J/(kg·K)]	热导率[W/(m·K)]	杨氏模量（GPa）	泊松比	线性膨胀系数（ppm/K）
贴片（Ag 烧结）	8392	237	70	19（−40℃） 14（23℃） 8.9（125℃） 1.5（250℃）	0.3	18.8
SiC 芯片	3200	714	170	430	0.17	4.1
DBC 基板（Si₂N₄）	3200	680	90	317	0.27	2.6
Cu 电极	8960	380	401	99.8	0.34	16.5
Al 线	2690	900	237	70	0.3	30
夹片电极（80W-20Cu）	15650	180	197	280	0.3	7.9
散热板（CPC141）	9500	320	200	160	0.3	7.7
密封树脂	1820	1100	0.7	8（65℃） 2（225℃）	0.3	5.0×10^{-6}（65℃） 1.5×10^{-5}（225℃）

　　通过仿真，可以计算 PCT 试验中模块内部温度和 Mises 应力的分布及其历史记录。如图 3 所示，与芯片的烧结银接合部下面相比，上面的夹片电极侧的 Mises 应力更大，而在接合层的 4 个角处，Mises 应力更大。此外，图 4 显示了在功率循环试验中芯片接合材料和引

线键合部分的损伤参数ΔW的分布。ΔW与寿命循环相关，因此可以评估故障发生的位置。在烧结银接合部，相比于芯片的下面，上面的损伤度更大，更容易发生故障。而在引线键合部分，夹片电极与芯片之间的接合部更容易发生故障。

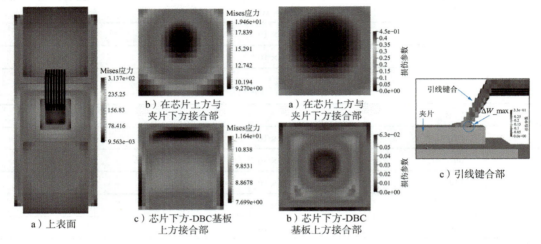

图3　PCT试验中的Mises应力分布　　　　　图4　损伤参数ΔW的分布

在这里，关于式(12)中所示的寿命预测式，每个材料的参数都是不同的。因此，在相同故障模式的情况下，可以将ΔW与寿命循环数N_f关联起来，但为了预测不同故障模式下的寿命，需要预先准备每个故障模式的寿命预测式。

五、密封树脂的特性参数和寿命预测的方差分析

利用寿命预测仿真，为了提高功率循环试验的准确性，进行了密封树脂物性评估的方差分析，并确定了参数预测公式，下面作为案例进行说明。

如表4所示，我们对密封树脂在低温（65℃）和高温（225℃）下的弹性模量，以及低温（65℃）和高温（225℃）下的线性膨胀系数（CTE）分别记作因子A、B、C、D，按最小/最大水平共计16种模式进行了PCT仿真，以分析各案例的引线键合的ΔW最大值。

表4　密封树脂的设计参数

	弹性模量（GPa）		线性膨胀系数（ppm/K）	
	65℃	225℃	65℃	225℃
	A	B	C	D
Min	8	2	5	15
Max	16	8	15	25

制作的方差分析表如图 5 所示。在显著水平为 5% 的显著因素前面标有*，在这里，因子 A、D 的主效应以及交互作用 AB 是显著因素。通过对这些因子进行多元回归分析，可以得到损伤参数预测式，如下。

$$\Delta W = 0.1864 + 0.0277A + 0.0153B - 6457.3D - 0.0013AB \tag{14}$$

	弹性模量（65℃）	弹性模量（225℃）	CTE（65℃）	CTE（225℃）
	A	B	C	D
P（%）	*1.15×10⁻⁴	9.34×10¹	4.47×10¹	*1.36×10⁻²
	A×B	A×C		A×D
P（%）	*4.16×10⁻¹	9.52×10¹		2.90×10¹
			B×C	B×D
P（%）			7.14×10¹	2.18×10¹
				C×D
P（%）				6.23×10¹

*：P<5[%]

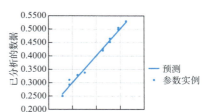

图 5　方差分析表和多元回归方程

六、损伤参数预测公式 ΔW 与实验结果的比较验证

在 KAMOME-PJ 项目中，制作了装有多种密封树脂材料（a、b、c、d）的试验模块，并进行了 PCT 试验的寿命评估。通过试验结果确认，引线键合是主要的破坏模式，因此对制作的损伤参数预测式(14)以及引线键合的 ΔW 与寿命循环数 N_f 之间的相关性进行了比较验证。

图 6 显示了在 KAMOME-PJ 项目中实测得到的密封树脂 a、b、c、d 的弹性模量和线性膨胀系数（CTE）的温度依赖性。另外，图 7 比较了实测 PCT 试验寿命循环 N_f 和密封树脂的材料参数代入损伤参数预测式(14)得到的 ΔW。由此可见，ΔW 较低的样本对应较高的 N_f，表明基于损伤参数预测式的评估与实验结果的预测公式存在相关性。

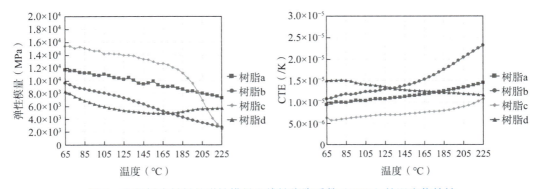

图 6　密封树脂材料的弹性模量和线性膨胀系数（CTE）的温度依赖性

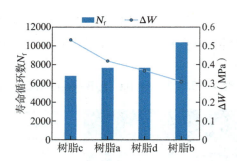

图 7　每种密封树脂材料的实测寿命循环N_f值和损伤参数预测式的ΔW

从损伤参数预测公式(14)中可以得知，ΔW的值随着低温时的弹性模量（A）的减小，和高温时的 CTE（D）增大而减小，寿命得到改善。这表明实际 PCT 试验中，具有最长寿命的树脂 b 具有在低温时较低的弹性模量（A）和高温时较大的 CTE（D），而具有最短寿命的树脂 c 具有在低温时较高的弹性模量（A）和高温时较低的 CTE（D）。验证了损伤参数ΔW与 PCT 试验寿命循环N_f之间存在相关性。

七、总结

通过使用寿命预测仿真，可以在短时间内进行可靠性测试评估，而无须实际试制功率半导体模块。此外，通过分析结果中的力学状态量，如应力和应变，可以进行有关故障发生机制的有益考察。

此外，在仿真中，可以假定材料等特性参数改变，并在事前系统地评估其影响的大小和最佳范围，这对于缩短设计周期非常有效。然而，与此同时，仿真结果的准确性保证一直是一个挑战，尤其是封装材料的物性参数与实际是否相符，因为它们对模块的可靠性有着巨大的影响，所以需要尽可能正确地设置特性参数。实测和仿真一直都是相辅相成的，进行全面综合评估是非常重要的。

▌参考文献

[1]　坂元創一ら：第 21 回マイクロエレクトロニクスシンポジウム, 21, 9 (2011).

[2]　Y. Kariya et al.,：スマートプロセス学会誌, 2, 160 (2013).

[3]　巽裕章ら：第 21 回エレクトロニクスにおけるマイクロ接合・実装技術シンポジウム論文集, 21, 75 (2015).

[4]　向井稔ら: 第 4 回計算力学講演会講演論文集, 4, 223 (1991).

[5]　大浦賢一ら: 第 24 回エレクトロニクスにおけるマイクロ接合・実装技術シンポジウム論文集, 24. (2018).

[6]　小池邦昭: 第 18 回熱設計・対策技術シンポジウム, (2018).

[7]　大浦賢一ら: 第 29 回マイクロエレクトロニクスシンポジウム秋季大会, (2019).

[8]　伊勢谷健司ら: MATE2020, (2020).

Part Three

第三篇

新一代功率半导体的应用案例

第一章

汽车领域新一代功率半导体的实用化

一、引言

为了应对地球温室效应问题，二氧化碳排放限制正在逐年变得严格。在这种情况下，汽车动力系统的电气化成为全球趋势，混合动力电动车（HEV）、插电混合动力电动车（PHEV）以及纯电动汽车（BEV）等环保车型正在普及。为了进一步推广 HEV、PHEV 和 BEV，正在推动开发更小型、低成本、高效率的新一代电动系统。在这个过程中，SiC（碳化硅）作为一种能够在高压下仍然实现低损耗的材料，被期望能够替代传统的 Si（硅）-IGBT 在逆变器单元中的应用。在具有 100 kW 输出的汽车用逆变器单元中，需要具有 600～1200 V 耐压和 100～600 A 额定电流的 SiC-MOSFET 芯片。如图 1 所示，已经实现了性能优于传统汽车用逆变器单元中使用的 Si-IGBT 的 SiC-MOSFET。图 2 显示了在直径为 150 mm 的 SiC 晶圆上制备的 8 mm×8 mm 大小的 SiC-MOSFET 芯片的实例，其耐压和电流容量与市售电动汽车逆变器中使用的 Si-IGBT 芯片相当。类似于传统的 Si 芯片，这些 SiC 芯片为确保在汽车系统中的安全运行而配备了电流传感器和温度传感器。已经开始在市售 HEV 逆变器单元上进行实际测试，并且已确认了能源利用效率的提升效果[1]。此外，一些燃料电池车（FCEV）的升压转换器已经开始投入商用车辆的使用中[2,3]。

在未来汽车应用中，SiC 器件面临的挑战是确保系统可靠性和降低成本。汽车中存在较大的负荷变动，可能出现过电流和过电压的风险。为了减小 SiC 器件的开关损耗，提高开关速度，可能导致更大的浪涌电压和振荡问题，增加了器件误动作和击穿的风险。此外，从长期可靠性的角度来看，对于像汽车这样需要在恶劣环境中实现不受负荷变动限制的器件操作的应用场景，必须将晶体缺陷的影响考虑在内进行充分的评估分析，以确保器件特性稳定且具有较长寿命，同时排除意外故障的可能性。

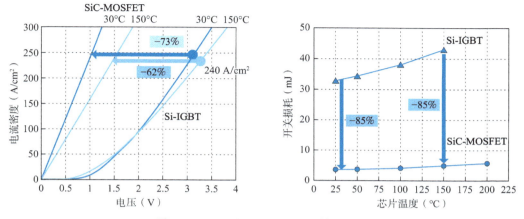

图 1　Si-IGBT 和 SiC-MOSFET 特性比较

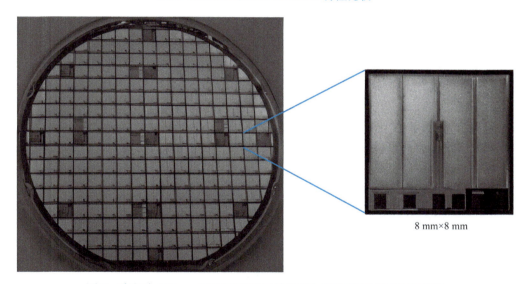

8 mm×8 mm

图 2　直径为 150 mm SiC-MOSFET 晶圆和大面积 SiC-MOSFET 芯片

此外，SiC 晶圆的直径已经实现 150 mm 以上，兼容大尺寸 SiC 的量产设备也已经开发出来，与 Si 器件生产同样的自动化生产线已经建立，有望实现降低成本的大量生产。然而，与 Si 器件相比，SiC 器件的成本仍然高出数倍，如果成本不能够进一步降低，在电动汽车应用方面的普及将受到限制。本节将介绍未来用于电动汽车的 SiC 功率半导体器件的开发案例。

二、用于降低成本的超低损耗 SiC-MOSFET

在小型芯片上实现所需的电流容量对于实现低成本的 SiC-MOSFET 非常有效。因此，笔者等人开发了一种可实现更低导通电阻的新型结构沟槽栅 MOSFET。

SiC 相比其他材料具有更高的绝缘破坏电场（约为 Si 的 10 倍），并且通过薄而耐压的保持层（漂移层）实现高耐压。然而，在沟槽栅结构中，由于栅极底部的氧化膜在关断状态下的电场也较高，因此降低这一电场是很重要的。已经有多个研究小组报告了有关降低栅极氧化膜电场的结构，但这些结构中用于缓和栅极电场的 p 型层会增加 JFET 区电阻。已经有多个案例证实了可以实现超越 Si 单极型器件理论极限性能的 SiC-MOSFET[4-7]，但笔者等人着重于改善导通电阻（R_{on}）和栅极氧化膜电场（E_{ox}）之间的折中，以实现低导通电阻的同时抑制栅极氧化膜在关断状态下击穿的独特结构。

（一）提出的 SiC 沟槽栅 MOSFET 结构

图 3 显示了传统的 SiC 沟槽栅 MOSFET[8]和新提出的 Deep-P（p 型深阱）结构的 SiC 沟槽栅 MOSFET 的 3D 示意图。新结构的 MOSFET 在沟槽的底部下方具有称为 Deep-P 层的 p 型区域，其作用是保护沟槽底部的栅极氧化膜免受高电场的影响。传统的 MOSFET 具有平行于沟槽的 Deep-P 结构，而提出的 MOSFET 将 Deep-P 层分为两层，并具有正交的 Deep-P 结构[9]。在传统的平行 Deep-P 结构中，JFET 电阻的电流路径依赖于晶体方向，因此，当试图提高沟槽栅密度以减少沟道电阻时，Deep-P 区域变窄，导致 JFET 电阻（R_{JFET}）上升，沟道电阻和 JFET 电阻存在着折中关系。而在垂直 Deep-P 结构中，Deep-P 区域的尺寸不受元胞尺寸的影响，因此可以自由设计。

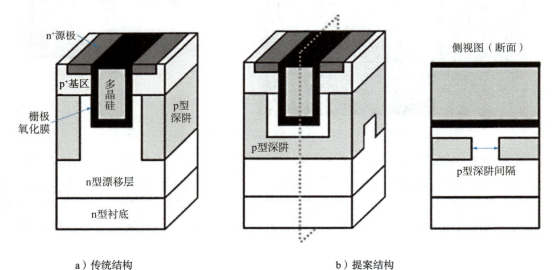

a）传统结构　　　　　　　　　　b）提案结构

图 3　传统结构和提案结构示意图（SiC 沟槽 MOSFET）

图 4 显示了 Deep-P 尺寸和 JFET 电阻关系的仿真结果。当 Deep-P 尺寸减小时，由于电

沉路径密度增加（在一定的 Deep-P 尺寸和杂质浓度下），JFET 电阻通常会减小。图 5 显示了由器件仿真计算得到的 Deep-P 区域间隔对 JFET 电阻和栅极氧化膜电场的依赖关系。选择适当的 Deep-P 间隔可以在不增加栅极底部氧化膜电场的情况下获得低 JFET 电阻。

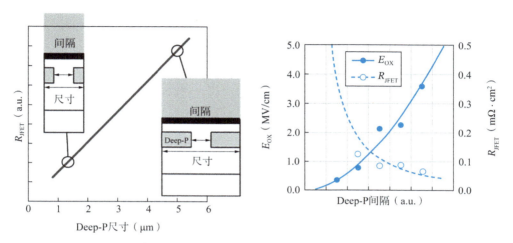

图 4 JFET 电阻和 Deep-P 区域尺寸之间的关系

图 5 JFET 电阻和栅极氧化膜电场的 Deep-P 间隔依赖性

此外，为了减小 MOSFET 的另一个损耗因素，即开关损耗，降低栅极-漏极间电容和栅极-漏极间电荷是至关重要的。通过器件仿真，计算了传统结构和提案结构的 MOSFET 电位和耗尽区。图 6 显示了在漏极电压 100V、栅极电压 0V 时，传统结构和提案结构的电位分布。每个结构的耗尽区向着漂移区扩展到几乎相同的深度。

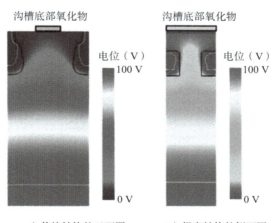

a）传统结构的正面图   b）提案结构的侧面图

图 6 在 $V_d = 100V$，$V_g = 0V$ 条件下的传统结构和提案结构的电位分布

与传统结构相比，提案结构在沟槽栅氧化膜下具有非耗尽的 Deep-P 区域。非耗尽区域在漏极偏压下充当屏蔽，并且可以降低有效栅极-漏极间电容。因此，在提案结构中，实现了较低的栅极-漏极间电容和较低的栅极-漏极间电荷[10]。

Deep-P 间隔应该被设计为保持低 JFET 电阻和低栅极-漏极电容。图 7 展示了栅极-漏极电容和 JFET 电阻的 Deep-P 间隔依赖性的仿真结果。正如图 7 所示，增加 Deep-P 间隔会使得栅极-漏极电容增加，而对导通损耗有直接影响的 JFET 电阻则会减少。

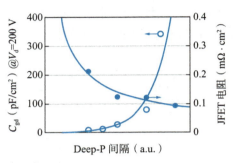

图 7　C_{gd} 和 JFET 电阻的 Deep-P 间隔依赖性

（二）试制 MOSFET 的特性

1. 优化结构的静态特性

通过仿真优化各种设计参数，制备了具有正交 Deep-P 结构的 SiC 沟槽 MOSFET。图 8a 和 b 展示了室温和 150℃下的正向 I_d-V_{ds} 特性。测得的室温下导通电阻为 2.04 m$\Omega \cdot$ cm^2，150℃时为 3.47 m$\Omega \cdot$ cm^2，比导通电阻的计算是在 20 V 栅极电压和 300 A/cm^2 漏极电流条件下进行的。击穿电压在室温下为 1800 V 以上，如图 8c 所示。相比之下，传统结构的比导通电阻为 3.5 m$\Omega \cdot$ cm^2。在不损害关断状态特性的前提下，通过应用微小化的正交 Deep-P 结构，显著降低了导通状态的电阻。

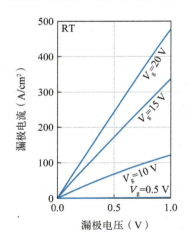

a）室温下的导通特性

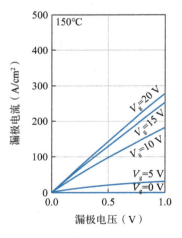

b）150℃下的导通特性

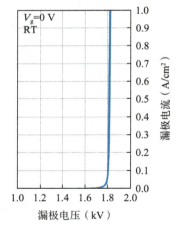

c）室温下的关断特性

图 8　提案结构 MOSFET 的室温和 150℃下的静态导通和关断特性

2. 优化结构的动态特性

对于经过优化的正交 Deep-P 结构和传统结构，进行了电容-电压测量、栅极电荷测量以及双脉冲开关测试，并确认了屏蔽效果。图 9 展示了栅极-漏极间电容（C_{gd}）和漏极-源极间电容（C_{ds}）的测量结果。在 200 V 的漏极电压下，优化结构的栅极-漏极间电容约为 30 pF/cm^2，而传统结构的电容约为 200 pF/cm^2。

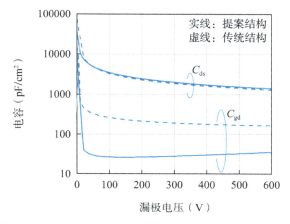

图 9　栅极-漏极间电容（C_{gd}）和漏极-源极间电容（C_{ds}）的测量结果

图 10 显示了提案结构和传统结构的栅极电荷（Q_g）测量结果。提案结构实现了 65 nC/cm^2 的栅极-漏极电荷（Q_{gd}），这相比传统结构的 143 nC/cm^2 有了显著的改进。

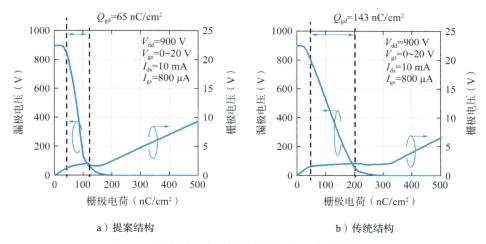

a）提案结构　　　　　　　　b）传统结构

图 10　提案结构和传统结构的栅极电荷测量结果

图 11 显示了开启和关断波形。由于低栅极-漏极电容和电荷，提案结构相较于传统结构的开启损耗（E_{on}）降低了 32%，关断损耗（E_{off}）降低了 40%。图 12 显示了 E_{on} + E_{off} 的漏极电流依赖性和 E_{off} 的 dI/dt 依赖性。与传统结构相比，提案结构有效地降低了总损耗。

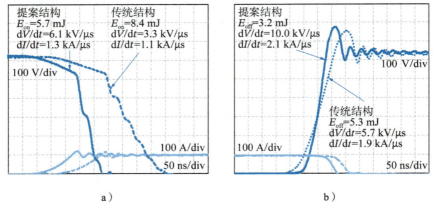

图 11　传统结构和提案结构的双脉冲开关波形
（$V_d = 650V$，$V_g = -5/20V$，$I_d = 100A$，$R_g = 30\Omega$）

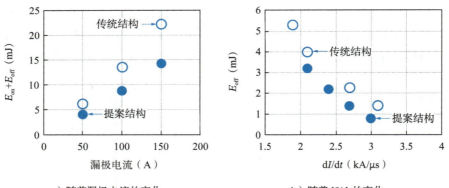

a）随着漏极电流的变化　　　　　b）随着 dI/dt 的变化

图 12　E_{on} + E_{off} 的漏极电流依赖性（$V_d = 650\,V$，$V_g = -5/20\,V$，$I_d = 50$、100、$150\,A$，$R_g = 30\,\Omega$）和 E_{off} 的 dI/dt 依赖性（$V_d = 650\,V$，$V_g = -5/20\,V$，$I_d = 100\,A$，$R_g = 5$、10、20、$30\,\Omega$）

（三）提案结构 SiC-MOSFET 的可靠性评估

SiC-MOSFET 的重要可靠性问题包括①栅极氧化膜的绝缘击穿寿命和②器件内晶格位错导致的特性劣化。针对第①个问题，由于上述提案结构中电场缓和效应的存在，能够预期与传统的硅器件相似的栅极-源极间的绝缘击穿寿命，故在此提出第②个问题。

与 SiC-MOSFET 内部晶格位错相关的重要问题是体二极管电流引起的正向电压退化[11,12]。这是因为当体二极管导通时，它在双极型模式下工作，空穴从 p 型层注入 n 型漂移层中，这使得在 SiC 晶体内基平面位错（BPD）处发生空穴-电子复合。BPD 通过这个复合过程获得能量，导致了以 BPD 作为起点，层错在漂移区内生长。而这些层错影响器件电阻，增加了导通损耗。下面将说明提案结构 SiC-MOSFET 中抑制正向电压退化[13]的效果。

图 13 显示了 pn 结二极管、传统结构 MOSFET 以及提案结构 MOSFET 的断面示意图。漂移层的杂质浓度和厚度设置为超过 1200 V 耐压。为了在相同规格下进行比较，所有结构都使用相同规格的市售 SiC 外延片。

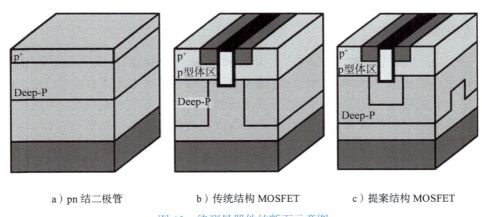

a）pn 结二极管　　　　b）传统结构 MOSFET　　　　c）提案结构 MOSFET

图 13　待测量器件的断面示意图

1. pn 结二极管

如图 14 所示，在 0.06 s 的短暂应力时间内，直到电流密度达到 4000 A/cm²，未发生正向电压的退化。在这个应力时间内，似乎不足以引发退化。然而，在较长的应力时间（6 s、60 s、600 s、3600 s）下观察到了正向电压的退化。在 6 s 的情况下，发生退化时的电流密度远大于 60 s、600 s 和 3600 s 的情况，但随着应力时间的增加，正向电压退化似乎趋于饱和。其他研究案例[14,15]显示，正向退化依赖于温度和电子与空穴密度，存在空穴密度阈值。然而，由于这些密度的绝对值仍然不确定，因此在本试验中为了缩短测试时间，将应力时间固定为 60 s。

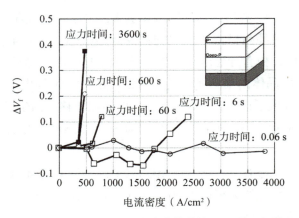

图 14 正向电压退化的电流密度依赖性（pn 结二极管）

2. 传统结构 MOSFET

图 15 显示了传统结构 MOSFET 在 0 V 和 −5 V 的栅极电压下正向电压退化的电流密度依赖性。在 1000～1100 A/cm² 的电流密度下，两个栅极电压下都发生了正向电压退化，但在 −5V 的栅极电压下，正向电压退化的程度比 0 V 下大了近 3 倍。由于正向电压退化的阈值由空穴密度决定，而开始退化的电流密度没有变化，这表明在栅极电压较高的情况下，空穴密度在高电流密度下也没有变化。正向电压退化取决于衬底和漂移层中缺陷的数量，因此在栅极电压下的退化差异可能是由漂移层或衬底中的缺陷数量差异引起的。

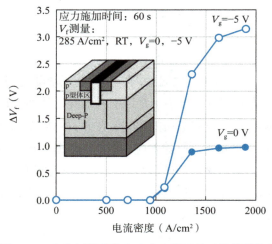

图 15 正向电压退化的电流密度依赖性（传统结构）

3. 提案结构 MOSFET

图 16 显示了提案结构 MOSFET 在 0 V 和 −5 V 栅极电压下正向电压退化的电流密度依赖性。在电流密度达到 3000 A/cm 之前，没有观察到正向电压的退化，而且在 0 V 和 −5 V 的栅极电压下也没有明显差异。

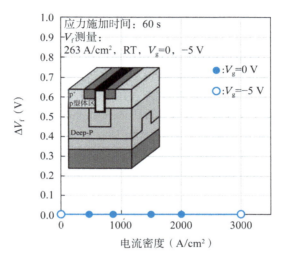

图 16　正向电压退化的电流密度依赖性（提案结构）

对器件进行仿真，并评估每个结构中注入的空穴密度，结果表明，由于制造过程引起的 Deep-P 层内的陷阱能级以及器件结构引起的电流路径的几何效应，提案的 Deep-P 结构 MOSFET 的注入空穴密度远远小于 pn 结二极管和传统结构 MOSFET 的注入空穴密度，这被认为是抑制正向电压退化的原因。

三、总结

本文提出并验证了一种新型正交 Deep-P 结构的 SiC 沟槽栅 MOSFET。提案 SiC-MOSFET 显示出比传统 SiC-MOSFET 更低的损耗和更高的可靠性。与现有 SiC 器件相比，可以改善器件特性、减小芯片尺寸并提高良品率，有望实现更加适用于电动汽车的 SiC 功率器件，促进 SiC 在电动汽车领域的更广泛应用。

▋ 参考文献

[1]　http://newsroom.toyota.co.jp/jp/detail/2657262

[2]　http://newsroom.toyota.co.jp/en/detail/5725437

[3]　https://www.denso.com/jp/ja/news/newsroom/2020/20201210-01/

[4]　D. Peters et al.,: "Performance and Ruggedness of 1200V SiC - Tirench - MOSFET," Proceedings of ISPSD, p. 239-242, (2017).

[5]　http://global-sei.com/technology/tr/bn80/pdf/80-16.pdf

[6]　Y. Kobayashi et al.,: *J.J. Appl. Phys.*, 56, 04CR08 (2017).

[7]　Y. Nakano et al.,: *Mater. Sci. Forum*, Vols. 717-720, p.1069 (2012).

[8]　https://www.denso.com/jp/ja/products-and-services/industrial-products/sic/

[9]　A. Ichimura et al.,: "4H-SiC Trench MOSFET with Ultra-Low On-Resistance by using Miniaturization Technology," ICSCRM2017, to be published in Mater. Sci. Forum, (2018).

[10]　Y. Ebihara et al.,: "Deep-P Encapsulated 4H-SiC Trench MOSFETs With Ultra Low RonQgd," Proceedings of ISPSD, p.89-92, (2018).

[11]　J. P. Bergman et al.,: "Crystal Defects as Source of Anomalous Forward Voltage Increase of 4H-SiC Diodes," Mater. Sci. Forum 353-356, 299 (2001).

[12]　M. Skowronski and S. Ha: "Degradation of hexagonal silicon-carbide-based bipolar devices," *J. Appl. Phys.* 99, 011101 (2006).

[13]　Y. Ebihara et al.,: "Suppression of Bipolar Degradation in Deep-P Encapsulated 4H-SiC Trench MOSFETs up to Ultra-High Current Density," Proceedings of ISPSD, p. 35-38, (2019).

[14]　T. Tawara et al.,: "Injected carrier concentration dependendce of the expansion of single Shockley-type stacking faults in 4H-SiC PiN diodes," *J. Appl. Phys.* 123, 025707 (2018).

[15]　A. Iijima and T. Kimoto: "Theoretical and Experimental Investigation of Critical Condition for Expansion/Contraction of a Single Shockley Stacking Fault in 4H-SiC." Ext. Abstr. (ECSCRM 2018), MO.04.02. (2018).

第二节 电动飞机建模技术的最新趋势和新材料功率半导体在飞行汽车中的应用效果

一、引言

2021 年 5 月，中国市场调查公司 ResearchInChina 发布的报告《世界和中国的飞行汽车行业（2020 年—2026 年）》中，以 "飞行汽车" 为新定义的交通工具开发企业在资金筹集排行榜上取得了显著地位。其中，成立于 2009 年的美国加利福尼亚 Joby Aviation 公司[1]以 8.2 亿美元的融资额位居首位。Joby Aviation 是一家专注于电动垂直起降飞机（eVTOL）的初创企业，其飞行航程最大可达 300 km。此外，该公司在安全性方面也具有优势，即使 6 个螺旋桨中的 1 个在故障状态下停止，也能保持稳定飞行。在考虑这些附加特性的情况下，投资重心得到了集中，远远领先于第二名的 Volocopter 公司，后者融资规模为 3.81 亿美元。日本的丰田汽车也是其中的一家出资机构（出资 3.94 亿美元）。在全球的发展趋势下，日本 SkyDrive 公司积极推进商业化项目[2]并参与日本政府和爱知县的重点研究项目[3]，展现了积极的活动态势。

此外，2020 年 4 月，美国空军启动了名为 "Agility Prime Initiative"（敏捷至上项目）的计划，旨在促进 eVTOL 行业的发展。Agility Prime 被划分为 AOI-1 到 AOI-3 的三个部门（Area of Interest，AOI，关注区域）。AOI-1 的目标是开发 3～8 人乘坐的飞机，时速超过 100 mile⊖，航程达到 100 mile 以上。AOI-2 的目标是 1～2 人乘坐的飞机，时速和航程与 AOI-1 相同。AOI-3 的目标是中大型货物无人机。这表明未来对飞行汽车的分类将以较大的航程为主要性能指标。

飞行汽车根据机体结构主要分为多旋翼型和固定翼型，未来备受关注的 eVTOL 型属于多旋翼型，但同时也具有固定翼型的特点。本节将重点讨论固定翼型，特别是注重航程的固定翼型电动系统的性能提升以及在系统层面上对应的附加价值提升效果。

此外，本节还将介绍一种应用于电机驱动逆变器的新一代半导体的实际案例。本次实验中，笔者等人使用了被称为 "后 SiC"（Post Silicon Carbide）的 GaN 半导体，应用于三相逆变器，并展示其实际评估的结果。这为未来的新一代功率半导体在飞行汽车中应用的可能性提供了一些启示。

⊖　1 mile = 1609.344 m。

二、飞行汽车的建模技术

（一）新材料功率半导体在汽车中的应用

2017 年，被称为日本汽车业界的"黑船"的电动汽车开始销售，那就是特斯拉公司的"Model 3"。这辆电动汽车在各个方面引起了广泛的讨论。实际上，截至 2021 年，它已成为全球销量最大的电动汽车，产生了深远的影响。特斯拉公司的电动汽车销售策略需要从多个角度进行分析，从电机行业的角度来看，它代表了一次具有划时代意义的技术应用案例，即将 SiC 功率半导体应用于电动机驱动的三相逆变器[4]。

诸如 SiC、GaN 等化合物功率半导体正在取代传统的硅半导体，其在交通工具上的应用目标过去主要是通过高效率化来提高燃油效率（在混合动力车辆的情况下），以及扩大每次充电的行驶距离。然而，随着系统层面的开发技术逐渐成熟，对电动系统的要求将发生变化，其中一个关键方向是实现小型轻量化。特斯拉的 Model 3 就是在这方面走在了前列。Model 3 通过将开发焦点从高效率转向小型轻量化，实现了多方面的附加价值，包括降低车身空气阻力指标之———阻力系数，确保悬挂系统方案的灵活性等。

对此，在飞行汽车领域，由于其特殊的应用方向，即在空中行驶，研究和开发主要集中在小型轻量化的视角上。事实上，在车载电力输出密度的讨论中，美国橡树岭国家实验室在美国能源部氢燃料电池项目和车辆技术项目年度评估会议上，设定了 2020 年达到发动机 1.6 kW/kg，逆变器 14.1 kW/kg，这一较高的技术水平目标[5]。然而，作为航空应用，GE Aviation 提出了更高的目标，即发动机 16 kW/kg，逆变器 19 kW/kg[6]。这些目标数值要求在飞行汽车用电动系统的发动机驱动逆变器中，通过高频化实现滤波器的小型化，通过高效率实现冷却系统的小型化，这在硅半导体领域已经是非常困难的目标。

然而，当前针对飞行汽车应用场景的研究中，几乎没有对化合物功率半导体器件的系统级性能比较。通过应用化合物半导体，实现了规定目标的高输出密度后，若能获得更高效率的性能，进一步探讨化合物半导体材料的差异是否对系统有影响，是本节的主要目标。为了进行有效评估，需要详细的系统建模和仿真。此外，由于日本自 1973 年 YS-11 停产以来一直未将飞机作为产业进行深入研究，长期以来航空系统的研发相对滞后，与汽车行业不同，整个系统的建模技术一直落后于欧美。在这种技术背景下，日本航空航天研究开发机构（JAXA）航空技术部于 2018 年冬季牵头组建了飞机电动化（ECLAIR）产业联盟。该联盟构建了涵盖整机供应商、核心供应商和材料研发机构的跨层级产学研协作平台。本节所述研究成果即源于该联盟工作组的多项合作攻关成果。

（二）电动飞机的建模概要

本次系统研究的对象是由 JAXA 航空技术部门新一代航空创新计划构建的电动飞机 FEATHER（电动飞机技术和谐生态环境解决方案的飞行演示验证）[7]。其外观和系统规格如图 1 所示。另外，图 2 展示了 JAXA 提供的驱动系统的概要。该系统从锂离子电池提供旦能至配电盒，然后通过这个配电盒输送至驱动用三相逆变器，通过控制这个三相逆变器来控制电机的转动，从而带动螺旋桨旋转。电机和螺旋桨通过变速箱相连接。本节将建立以此系统为基础的评估用系统模型。

电动飞机系统概要

飞机原型	Diamond aircraft type HK36TTC-ECO
宽度	16.33 m
最大起飞重量	8335.65 N（850 kgf）
电源	锂离子电池（75 Ah, 128 V, 32节电池串联）
电动机类型	永磁同步电机
电动机的最大输出	60 kW
逆变器	绝缘栅双极型晶体管（IGBT）
冷却	水冷却
机组成员	1人

图 1　电动飞机 FEATHER 的外观和系统规格

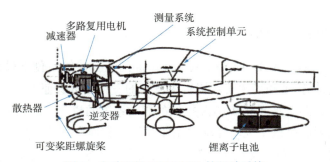

图 2　电动飞机 FEATHER 的驱动系统

JAXA 制造的电动飞机系统如图 3 所示，为了冗余性而采用了 4 组并联的三相逆变器和推进用电机，对锂离子电池电力通过配电盒分配，这部分冗余性由于仿真模型建立时不需要而进行了省略。为了验证仿真模型的合理性，与 JAXA 的电动飞机进行比较评估时，锂离子电池、三相逆变器和推进用电机在仿真模型中被简化为 4 组并联部分的其中一个并联部分，通过将驱动齿轮和螺旋桨上的扭矩增加至 4 倍来仿真系统的行为。其他组件与 JAXA 制造的电动飞机系统相似，通过构建系统的各要素模型来估计推力、机体重力、机翼升力的平衡，从而在水平和竖直方向上再现飞机的运动。

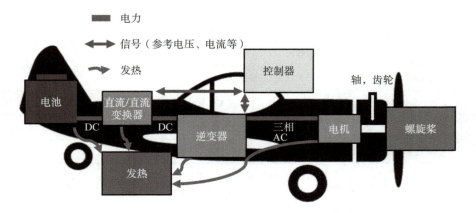

图 3　作为建模对象的电动飞机及其驱动系统

此外，由于本仿真模型需要考虑半导体损耗，笔者等人还建立了一个对逆变器、电池及电机等组件释放的热量进行理论计算的模型[8,9]。这一模型是由名古屋大学电子研究室和 JAXA 航空技术部门领导的飞机电动化（ECLAIR）联合研究项目共同构建的，因此被称为"名古屋大学-ECLAIR 模型"。

（三）名古屋大学-ECLAIR 模型的基本行为评估

在进行本研究时，使用了 JAXA 提供的两组电动飞机的飞行数据，进行实机和模型的行为比较评估。第一个数据集是在滑行和起飞时记录的，数据记录时间为 50 s（如图 4 所示）。第二个数据集包括从起飞到降落的数据，总时长约 15 min，但实际的滑行、起飞到降落的时长约为 100 s。图 5 显示了在这个飞行数据中，从 400 s 到 600 s 期间提取的电力、速度和高度的数据。从 450 s 开始，速度开始上升，表明飞机开始滑行，而在 490 s 左右，高度达到最大。在此期间，电动机的输出一直保持在最大值。表 1 中包含了 JAXA 提供的两组飞行数据中的变量。在这些变量中，涉及转速 N_m、速度 V 和高度 H 的情况，并将实际行为与模型行为进行比较。

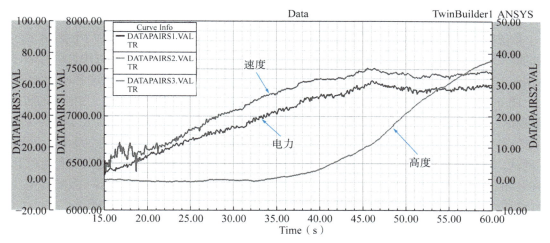

图 4　飞行数据（起飞时 50 s）

表 1　使用的飞行数据变量

N_m	转数（电机）	T_{b1}, T_{b2}, T_{b3}, T_{b4}	温度（电池）
τ_m	转矩（电机）	T_c	温度（大气）
V	速度	ρ	大气密度
H	高度	E_{dc1}, E_{dc2}, E_{dc3}, E_{dc4}	电压（电池输出）
T_{m1}, T_{m2}, T_{m3}, T_{m4}	温度（电机）	I_{dc1}, I_{dc2}, I_{dc3}, I_{dc4}	电流（直流）

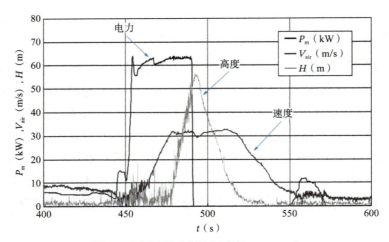

图 5　飞行数据（起飞到降落，15 min）

　　前述的两组飞行数据和所建立的模型的对比分别在图 6 和图 7 中展示。为了使两组飞行数据的起飞时间相匹配，在系统模型分析开始一段时间后才开始起飞，因此图 6 中显示的第一个数据从 15 s 开始，图 7 中显示的第二个数据从 51 s 开始，且图表的时间轴以这个时间为基准。

　　图 6 显示了从滑行到起飞的数据，通过调整模型转矩来模拟飞行状况。在电机的转速、速度和高度各方面，可以确认模型的行为与实机的行为接近，滑行到起飞的状态转换也毫无问题。图 7 显示了包含滑行、起飞、上升、下降、着陆和滑行的一系列过程的数据。同样可以确认，模型的行为能够复现实机的运动。值得注意的是，在模型中笔者等人没有模拟下降时的动能回收，但如果进行模拟，应该可以消除下降时模型中转速与实际不一致的问题。综上，可以说这次设计的模型能够顺利地复现实机的运动，是一个合理的模型。

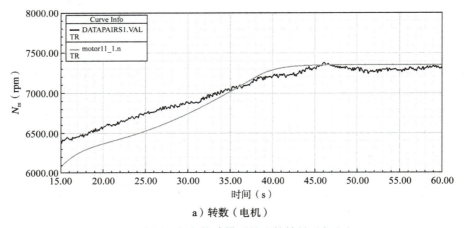

a）转数（电机）

图 6　实际飞机与构建模型的比较结果（起飞）

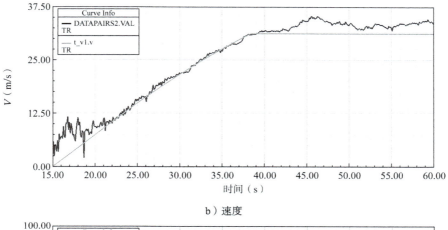

b）速度

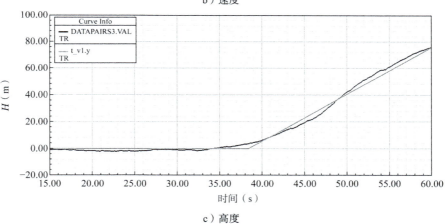

c）高度

图 6　实际飞机与构建模型的比较结果（起飞）（续）

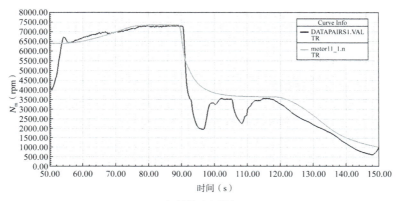

a）转数（电机）

图 7　实际飞机与构建模型的比较结果（起降）

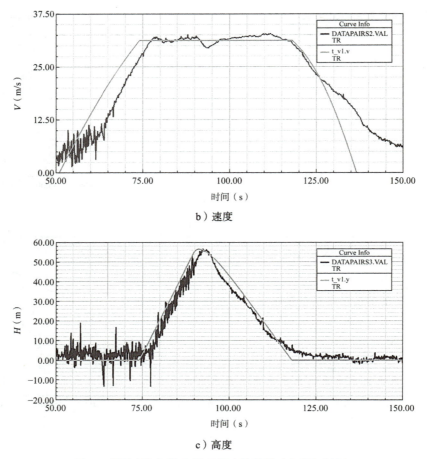

b）速度

c）高度

图 7　实际飞机与构建模型的比较结果（起降）（续）

三、通过新材料功率半导体的应用提高电动飞机性能

　　本部分将使用前一部分构建的电动飞机仿真模型，验证将 SiC 半导体和 GaN 半导体应用于电机驱动的三相逆变器时的性能比较。本次研究的半导体材料包括 SiC 功率半导体 SCT3030AL（ROHM 制造）和 GaN 功率半导体 GS66508B（GaN Systems）。这些半导体在电动飞机仿真模型中以相同的条件进行比较。主要条件如图 8 所示。图 8a 显示了输出电流的有效值和飞行条件。根据这个有效值，半导体的使用环境（如损耗和热量的生成量）会发生变化。图 8b 显示了在相同时间轴上的电机扭矩和电动飞机飞行高度。本次仿真只考虑推进状态，不考虑动能回收。图 8c 显示了其他仿真条件。在锂离子电池的条件下，初始 SOC（充电状态）设定为 0.75（75%）。此外，在参考器件的开关损耗时，设定了初始结温、栅极电阻和开关频率等器件条件。

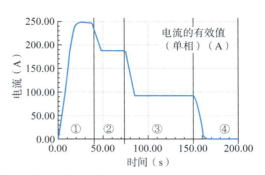

总重量、电池容量、电路参数

①滑行时以最大功率输出
②根据指定的上升速度上升
③在指定的高度巡航
④在SOC25%以下时输出降为0

a）飞行状态和输出电流有效值

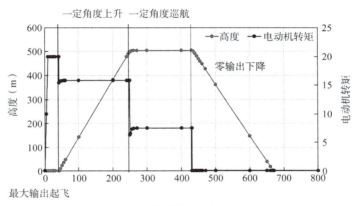

b）扭矩的有效值与高度的关系

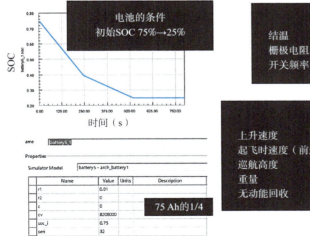

c）其他条件

图 8　电动飞机的飞行状态与电气系统的关系

　　图 9 和图 10 显示了构建的电动飞机仿真结果。图 9 显示了用于电机驱动的三相逆变器内各半导体的损耗。在所有飞行条件下，与 SiC 功率半导体相比，GaN 功率半导体实现了更低的损耗。总损耗的计算结果显示，GaN 功率半导体的损耗相比于 SiC 功率半导体降低至约三分之二。在使用 GaN 功率半导体时，由于其低损耗操作，电池 SOC 的降低也减少了，并且巡航时间比 SiC 增加了约 20 s。因此，如图 10 所示，在使用 GaN 功率半导体时，与 SiC 功率半导体相比，电动飞机的飞行距离可以延长。这些结果表明，功率半导体的低损耗性能直接影响电动飞机系统的飞行距离。

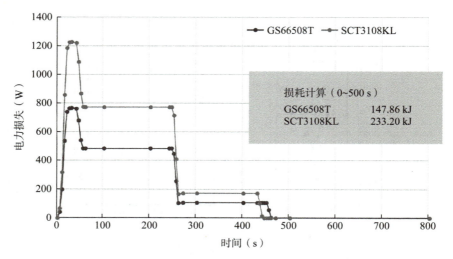

图 9　电动飞机的飞行状态和各功率半导体（SiC/GaN）的损耗关系

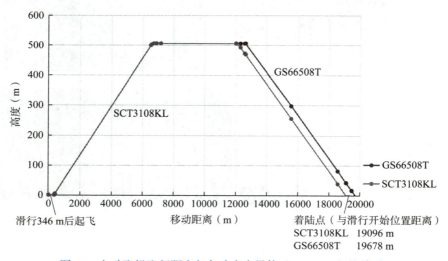

图 10　电动飞机飞行距离与各功率半导体（SiC/GaN）的关系

四、总结

本节介绍了将飞行汽车视为固定翼型时，电动飞机系统与半导体相结合的建模技术前沿。此结果定量地表明了功率半导体性能的提高将直接提高电动飞机系统的性能。自 2010 年以来，日本半导体行业持续下滑，功率半导体被认为是日本半导体行业的最后堡垒。作为这一半导体强有力的应用领域，交通工具（如汽车和飞机）的电动化正加速发展，对半导体和电机行业而言，这是一种幸运。希望能够抓住这一机会，期待汽车和电机行业能够通过积极的交流和融合，引领新的电动汽车产业在全球领先。

▌参考文献

[1]　Joby Aviation 社: https://www.jobyaviation.com/

[2]　日本政策投資銀行: "社会実装に向けて離陸する新たなモビリティ「空飛ぶクルマ」～日本社会にもたらす変化と可能性" (2020 年 11 月 13 日).

[3]　SkyDrive 公式 HP, (https://skydrive2020.com/)

[4]　「知の拠点あいち」重点研究プロジェクト事業, (http://www.astf-kha.jp/project/)

[5]　日経 BP: "テスラ「モデル 3/モデル S」徹底分解【インバーター/モーター編】"

[6]　西沢啓他: "航空機用電動推進システム技術の飛行実証(ISSN 1349-1121,JAXA-RM-16-006)," (2017).

[7]　一柳直志, 福岡智司, 重松浩一, 山本真義: "電動航空機における電力系統の損失シミュレーション", 電気・電子・情報関係学会東海支部連合大会, E2-4, (2020).

[8]　山東貴光, 一柳直志, 重松浩一, 山本真義, 今岡淳: "電動航空機における Li-ion バッテリの電気・熱的挙動のモデリング", 令和 3 年電気学会全国大会, 電気学会, 4-110, (2021).

[9]　西川佳那, 一柳直志, 重松浩一, 今岡淳, 山本真義: "電動航空機の DC-DC コンバータにおける損失と熱のモデリング", 令和 3 年電気学会全国大会, 電気学会, 4-111, (2021).

第二章

SiC 功率器件在超高压设备中的应用

一、引言

本节介绍了以 SiC 器件的超高压高速操作为基础的应用，包括超高压设备及其在医疗领域的应用。

SiC 半导体器件由于其物性特性，在制造 MOSFET（金属-氧化物-半导体场效应晶体管）时相比现有的器件具有低损耗、高速开关、高耐压和高温工作的优势。在这些优势中，我们特别关注高速开关和高耐压的特性。在高压下能够快速开关的器件中，已经实现实际应用的仅有 SiC MOSFET。通过充分发挥这一优势，可以期待在半导体应用领域中实现超高压，这是以前的半导体技术无法实现的。

二、超高压开关模块

在超过数万伏的高压下，使用现有器件迅速进行电压开关是难以实现的。虽然可以通过多电平模块电路产生高压，但并不适用于需要高速开关的应用。理想方式是通过简单的串联方式实现高压，但由于电压平衡的不足和电阻的增加，使用现有半导体器件来实现实用的高电压高速开关的构建目前仍然是一项困难的任务。目前仍然有很多使用了真空管技术的设备，如闸流管等，用于实现高电压高速开关。虽然绝缘栅双极型晶体管（IGBT）是一种同时具有高耐压和低电阻的半导体器件，但不适用于通过简单的串联方式实现高电压，其中一个原因是其内建电压的存在。

图 1 是 Si IGBT 和 SiC MOSFET 的导通特性示例。由于 IGBT 是双极型器件，只有当其超过内建电压时才能导通，而 MOSFET 是单极型器件，因此不存在内建电压。[1]这种内建电压随着串联连接的数量而增大，导致导通电阻的增加。而且，由于 IGBT 是双极型器件，其关断时间较长。图 2 是 Si IGBT 和 SiC MOSFET 的关断特性示例。

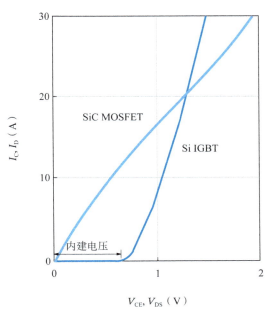

图 1　Si IGBT 和 SiC MOSFET 的导通特性示例

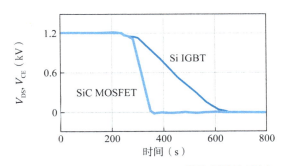

图 2　Si IGBT 和 SiC MOSFET 的关断特性示例

　　当关断时间变长时，由于该状态的变化，各级的电压平衡会受到影响，当简单串联时，电压会集中在特定的器件上并导致击穿。笔者等人通过超高速地控制栅极，成功地使 SiC MOSFET 的串联多接触电路（如图 3 所示）稳定运行[2]。通过这项技术，即使单个 FET 的耐压较低，也可以实现超高电压下的快速开关。SiC MOSFET 不像 IGBT 那样具有内建的偏移电压，也没有关断时的拖尾电流，因此即使进行串联操作，也不会导致操作电压的增加，也较容易保持器件间的电压平衡。

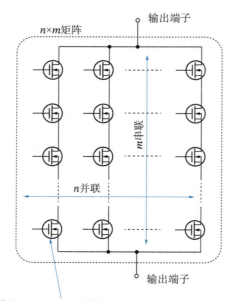

图 3　SiC MOSFET 的串联多接触电路

图 4 展示了通过串联多接触制造的 14 kV 开关模块,其内部包含 16 个 1.2 kV 额定电压的 SiC MOSFET。与传统的脉冲功率等高电压开关不同,它具有类似中电压模块的冷却结构,因此也可以实现大电流。该模块通过光连接,可以实现多个模块的串并联连接操作,设计为能够在 100 kV、数 kA 的范围内进行开关操作。

图 4　通过 1.2 kV SiC MOSFET 串联多接触制造的 14 kV 开关模块

图 5 是单个模块的操作示例。在 10 kV 的工作条件下,笔者等人确认了其连续操作频率为 400 kHz。由于是单独操作,关断取决于负载放电时间,而开启则实现了大约 30 ns 的高速开关。

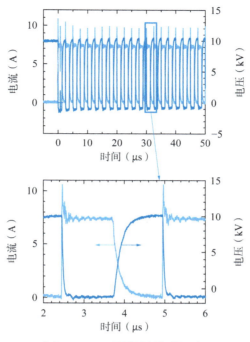

图 5　SiC 开关模块的操作示例

三、超高压直流电源

超高压直流电源目前通常采用使用 Si PIN 二极管的科克罗夫特-沃尔顿电路（以下简称 CW 电路）。然而，由于 Si PIN 二极管的反向恢复电流较大，通常在约 10 kHz 的频率下工作，提高效率较为困难[3]。笔者等人通过在 CW 电路中使用 SiC-SBD（肖特基势垒二极管），成功制造了高效、小型的超高压直流电源。

图 6 比较了传统的代表性 CW 电路和笔者等人开发的 SiC CW 电路。在传统的 CW 电路中使用 Si PIN 二极管。Si PIN 二极管在开关时会产生较大的恢复电流，导致大损耗，并且由于其发热导致的损伤，很难提高频率。它通常在 10 kHz 左右使用。此外，CW 电路的损耗在很大程度上取决于频率。随着频率的提高，效率也会提高。因此，通过在一个二极管封装内串联 20 个 1.2 kV 耐压的 SiC SBD 芯片，笔者等人成功制造了 24 kV 耐压的 SiC SBD，并将驱动频率提高到约 300 kHz。通过高频化带来如电容器等周围部件的小型和高效化，与传统的使用 Si 二极管的产品相比，可以将电源的尺寸缩小到 1/5 以下。图 7 展示了制造的直流电源装置，图 8 展示了 20 个串联封装的 SiC SBD。实现了 DC 300 kV/120 mA 的输出容量，CW 塔（Cockcroft Walton Tower）的高度压缩至仅 1100 mm，实现了紧凑化。

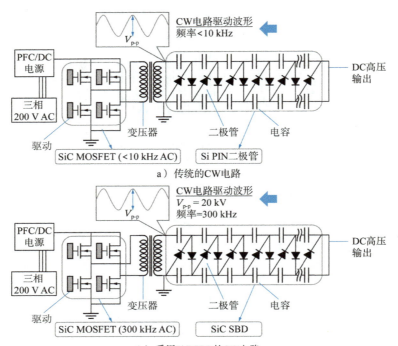

图 6　传统 CW 电路与 SiC CW 电路的比较

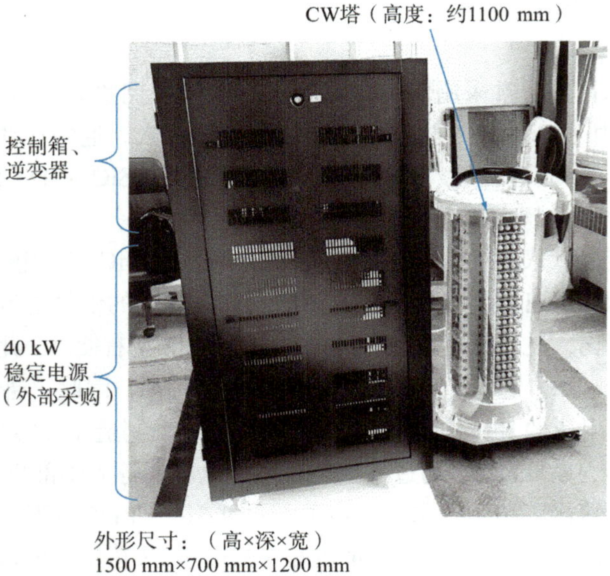

CW塔（高度：约1100 mm）

控制箱、
逆变器

40 kW
稳定电源
（外部采购）

外形尺寸：（高×深×宽）
1500 mm×700 mm×1200 mm

图 7　制造的直流电源装置

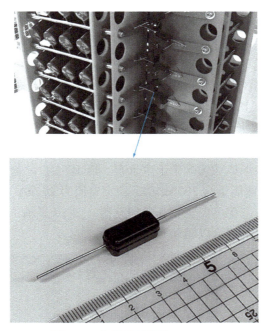

图 8　20 个串联封装的 SiC SBD

使用该电源生成的直流电源 CW 电路输入波形（变压器输出波形）如图 9 所示。可以确认其稳定输出为 280 kV（额定为 300 kV）。频率取决于谐振电容的容量，图中的测量显示其运行频率为 264 kHz，是传统 CW 电路的 10 倍以上。从稳定电源输出（DC 500V）和高压输出计算得到效率为 90.6%。相同额定电压的传统电源效率在 50%～60%之间，故该电源通过高频化显著提高了效率。

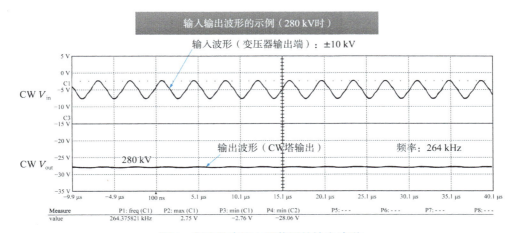

图 9　制造的直流电源装置的输出波形

四、在医疗设备方面的应用

笔者等人研发的超高压电源在医疗设备中，尤其是用于 X 射线诊断设备和癌症治疗设备等辐射设备是有效的。上述高压直流电源被用作硼中子俘获疗法（Boron Neutron Capture Therapy，BNCT）的电源，该疗法是一种使用中子束进行癌症治疗的方法。由福岛 SiC 应用技术研株式会社开发的 BNCT 设备非常紧凑，加速管长度仅为 40 cm，中子束可以从最多 6 个方向照射，在患者体内形成均匀的中子束分布。该 BNCT 设备的重阳离子束的额定加速能量为 225 keV（最大加速能量为 300 keV），额定电流为 20 mA（最大电流为 40 mA）。也就是说，上述超高压直流电源可以驱动 3 台加速器。图 10 显示了封装的 BNCT 试验装置，电源被封装在对面，两台电源可以驱动 6 台加速器。

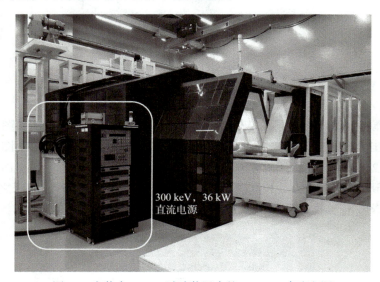

300 keV，36 kW
直流电源

图 10　安装在 BNCT 试验装置中的 300 keV 直流电源

此外，笔者等人还利用相同的原理制作了 X 射线发生装置的电源。由于可通过高频率和高效率减小电容器的大小，因此相比传统设备，可以实现显著的小型化。图 11 展示了笔者等人制作的 X 射线发生装置的电源。

其原理是：使用干电池通过 SiC 的反馈电路升压并储存在电容中，然后通过 SiC 逆变器生成交流电。通过高频变压器将电压升高至 ±5 kV，然后通过 CW 电路产生 80 kV 的直流电压。通过设置两对如图 11 所示的 CW 电路，可以生成中性点接地的 ±80 kV 电压。

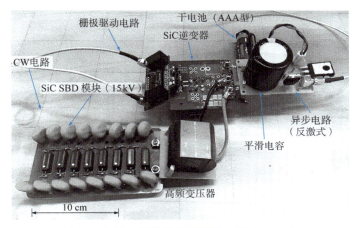

图 11　小型 X 射线发生装置的电源（80 kV）

图 12 显示了考虑绝缘距离并嵌入在箱体中的高压电路部分和输出波形。由于 SiC-SBD 相较于 Si PIN 二极管具有极高的 X 射线照射耐受性，因此可以放置于 X 射线管的容器中。通过一体化整合，无须外部高压导线，可以期望获得更安全、更小型的装置。

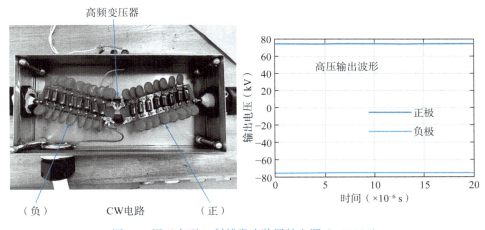

图 12　用于小型 X 射线发生装置的电源（160 kV）

五、总结

本节介绍了 SiC 功率器件卓越的特性在高压设备中的应用。串联 SiC 高压开关模块实现了以前无法实现的高压、大功率和高速开关。目前，人们对其在海上风力发电机直流断路器中的应用表现出了浓厚的兴趣[4]。此外，通过使用 SiC-SBD，可以高效地产生超高压，因此可以期待将其应用于医疗设备和加速器电源等领域。

▌参考文献

[1]　ローム株式会社: SiCパワーデバイス・モジュールアプリケーションノート, Rev.003 (2020), など

[2]　中村孝, 西岡圭, 花田俊雄, 古久保雄二: 先進パワー半導体分科会第 6 回講演会予稿集, 応用物理学会, (2019).

[3]　村岡克夫, 杉田達信, 栗澤秀昭, 穐田啓三, 濱野勝, 中里宏: *IEEJ Trans. PE*, Vol.126, No.3, p379, (2006).

[4]　独立行政法人新エネルギー・産業技術総合開発機構編: NEDO 再生可能エネルギー技術白書 第 2 版.

第三章

其他领域新一代功率半导体的实用化

第一节 应用于空调的功率半导体

一、白色家电的功率半导体

在当前的白色家电中，随着节能和高性能的需求扩大，为了实现电机的逆变器化以及功率因数和谐波的处理，大多数设备都在使用功率半导体。其中，能源使用量相对较大、节能任务较为紧迫的是空调。空调由于常常全年运行，以及近年来异常天气导致夏天高温日和热带夜的增加导致空调的使用更为不可或缺，成为电力消耗增加的原因之一。因此，本节将介绍在室内空调设备（RAC）中功率半导体的使用情况。

二、RAC 的节能规定

在日本，由经济产业省资源能源厅进行 RAC 的评级，使用 APF（全年能源消费效率，JIS C 9612·2005）作为能效指标（参考来源：https://seihinjyoho.go.jp/catalog/now）。

在中国，国家标准 GB 21455—2019 于 2019 年 12 月 31 日正式发布，并于 2020 年 7 月 1 日开始实施。这个新标准合并了之前关于非逆变 RAC 的标准 GB 12021.3—2010 和逆变 RAC 的标准 GB 21455—2013。非逆变 RAC 和未达到 APF 要求的逆变 RAC 从 2020 年 7 月 1 日标准实施之日起禁止生产，库存也将在 2021 年禁止销售，采取了严格的措施。（参考来源：https://www.jraia.or.jp/webmagazine/detail.html?n=294&g=669）。

三、RAC 中功率半导体的主要用途

在对能源效率要求严格的 RAC 中，功率半导体主要用于室外机。图 1 显示了室外机的简要框图。如图 1 所示，功率半导体主要用于功率因数校正电路（PFC）和压缩机用逆变器中。以下将详细描述功率半导体在每个电路板块中是如何为能源效率做出贡献的，同时也会介绍其电路操作。

图 1　RAC 室外机的框图

（一）功率因数校正电路（PFC）

在解释 PFC 电路的工作原理时，本节将使用在 RAC 中用于高调制抑制和功率因数改善的典型电路结构，如图 2～图 4 所示。

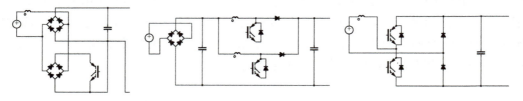

图 2　部分开关方式　　　　图 3　交错式 PFC　　　　图 4　图腾柱型无桥 PFC

假设在电路图中使用的是绝缘栅双极型晶体管（IGBT），但在交错式 PFC（图 3）和图腾柱型无桥 PFC（图 4）中，有时也会使用超结型 MOSFET（SJ-MOS）。值得一提的是，对于图腾柱型 PFC，有些型号使用 SJ-MOS 代替整流二极管进行同步整流，以提高节能性能。

如前所述，RAC 的节能性能由 APF 表示。APF 根据 RAC 的实际使用情况下的运行状态进行评估。所谓"RAC 的实际使用"是指在外部温度与设定温度存在较大差异的情况下。换句话说，在启动时，它以最大功率运行（如各制造商的产品目录中所述），然而一旦室内温度达到设定温度，就会以较低的功率运行。因此，功率半导体必须在满功率和设定温度附近的低功率运行两种情况下都提供较高的能源效率。在满功率时，SJ-MOS 和新一代功率半导体如碳化硅肖特基二极管（SiC-SBD）和碳化硅场效应晶体管（SiC-MOS）的优势更容易显现。然而，由于 RAC 在设定温度附近的运行时间相对较长，这些优势在 APF 中可能不太

明显。

开关器件的损耗可分为导通损耗和开关损耗。为了降低导通损耗，需要低导通电阻的 SJ-MOS、SiC-MOS 或集电极和发射极间饱和电压（$V_{CE(sat)}$）低的 IGBT。而开关损耗方面，相比于 IGBT，具有高速操作能力的 SJ-MOS 和 SiC-MOS 损耗较低。然而，值得注意的是，SJ-MOS 和 SiC-MOS 在开关时的电压变化率 dv/dt 较高，会伴随着急剧的电流变化，为了将噪声控制在规定值内（RAC 的各制造商都有严格的标准），需要采取降低 dv/dt 以抑制噪声的措施。换句话说，开关损耗和噪声是相反的关系，因此 SJ-MOS 和 SiC-MOS 并不一定是最佳选择。

二极管器件的损耗主要受到开关损耗的影响。也就是说，在反向恢复时间（t_{rr}）短时，电路操作中的反向恢复电流较低的高速 t_{rr} 规格的硅快速恢复二极管（Si-FRD）或 SiC-SBD 可以降低损耗。在进行二极管的选择时，需要考虑噪声对策，而高速 t_{rr} FRD 可以降低开关器件的开关损耗，但由于其电流操作较为急峻，容易产生噪声。因此，图 5 中展示的恢复电流平稳降至零的低噪声高速 t_{rr} FRD 也已经推出。由于 SiC-SBD 的恢复电流本身较低，因此可以实现损耗和噪声的双重减小，这也被采用在一些 RAC 的旗舰型号中。

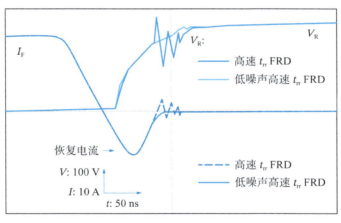

图 5　低噪声高速 t_{rr} FRD

接下来将解释在每个电路配置中所期望的功率半导体特性。

1. 部分开关电路（图 2）

在这种电路方式中，功率半导体在商用频率 50～60Hz 下进行开关。由于开关机会较少，更需要导通损耗低的功率半导体。由于这一点，可在大电流范围内通过电导调制（饱和动作）实现低电阻，并经常使用有利于减少导通损耗的 IGBT。IGBT 也有不同的类型，根据用途常选择低饱和型。

2. 交错式（Interleaved）PFC（图 3）

这种电路方式也被称为主动滤波器方式，尽管也有单级 PFC，但以交错式为代表进行描述。在电路图上标有 IGBT，但在旗舰型号中，也可能使用 SJ-MOS。用于防止逆流的二极管通常使用 Si-FRD，但在旗舰型号中，也可能使用 SiC-SBD。在主动滤波器方式的 PFC 电路中，有三种操作方法，分别是①电流连续模式；②非临界模式；③临界模式（如图 6 所示）。①电流连续模式用于大功率应用，而②非临界模式和③临界模式在相对低功率下广泛使用。在 RAC 的场合，电流连续模式是主流。因此，关于电流连续模式，使用图 7 进行更详细的解释。

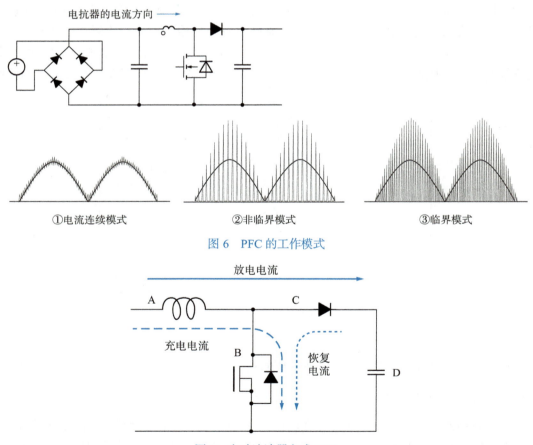

图 6　PFC 的工作模式

图 7　主动滤波器方式 PFC

电流连续模式的操作如下。开关器件 B 接通，向电抗器 A 充电。将开关器件 B 关闭时，电抗器 A 的能量释放，作为二极管 C 的正向电流流过，并充电到电容器 D。在电抗器

A 的能量耗尽之前，将开关器件 B 切换为 ON 状态，使得在开关器件上不会有大电流流动，不需要使用大电流器件来处理输出电流。由于二极管 C 在向电容器 D 充电时会处于反向（OFF）工作状态，因此二极管的开关性能（即 t_{rr}）会影响电路的损耗。

图 8 显示了二极管的恢复电流和开关器件在开启时的波形。当开关器件开启时，二极管产生恢复电流，并流过开关器件。换句话说，恢复电流表现为开关损耗。对于 Si-FRD，通常使用高速 t_{rr} 类型，但为了提高能效，可以认为理论上不产生 t_{rr} 的 SiC-SBD 才是最适合的二极管。

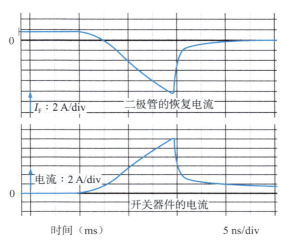

图 8　开关器件开启时的波形
（二极管显示正向电流，开关器件显示从漏极到源极的电流流动）

3. 图腾柱型二极管无桥 PFC

使用图 9 和图 10 来说明这个电路的操作。图 10 的操作如下：

· Q1-OFF/Q2-ON→向电抗器充电。

· Q2-OFF→将电抗器的能量充电到电容器。

· 类似于主动滤波器方式，电抗器的能量在变为零之前 Q2-ON。

· Q1 的寄生体二极管-OFF→恢复电流流动，Q2 开启时发生开关损耗。

在最终阶段的操作中，如果开关器件是 IGBT，那么附带的外部二极管的特性将产生影响。图腾柱型二极管无桥 PFC 相对使用较多昂贵的功率半导体，因此多在旗舰型号中采用，特别是在追求节能的机型中应用较多。在这里使用的开关器件有 IGBT + FRD、SJ-MOS、SiC-MOS 等。最近发布的 IGBT + SiC-SBD 也具有几乎没有恢复电流和低开关损耗的特性，并且由于开关器件是 Si，成本也更具有优势。接下来进行各种设备的一般特征比较。

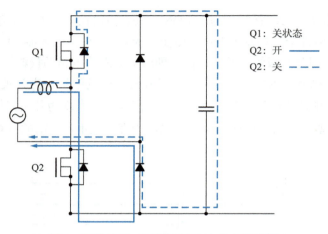

图 9　图腾柱型二极管无桥 PFC 的电流路径

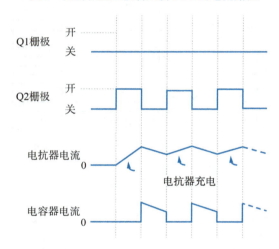

图 10　电抗器和电容器的电流以及开关动作

（二）各开关器件的优缺点（如图 11 所示）

1. IGBT 的情况

在全功率操作时，由于流过大电流，IGBT 的电导调制具有优势。就开关时间而言，IGBT 相对于 SJ-MOS 和 SiC-MOS 偏大，而恢复损耗受到 IGBT 附带的 FRD 的影响。

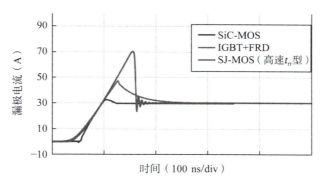

图 11　各种开关器件的开关波形

2. SJ-MOS 的情况

RAC 在达到设定温度后将进入轻负荷操作。由于 SJ-MOS 在低电流下的导通电阻比 IGBT 更低，因此在轻负荷低电流操作时，损耗更低。然而，SJ-MOS 的寄生体二极管与 Si-FRD 相比，正向电压（V_F）较低，损耗得到了降低，但有着恢复损耗更大的趋势。因此，为了降低寄生体二极管的恢复损耗，产生了高速 t_{rr} 型 SJ-MOS。由于 SJ-MOS 的寄生体二极管的正向电压（V_F）较 Si-FRD 和 SiC-SBD 更低，因此无法通过外部二极管来减小恢复损耗。

3. SiC-MOS 的情况

各公司正在进行在 RAC 中采用 SiC-MOS 的研究，但尚未有采用的实例。然而，从性能上来说，其导通电阻低，理论上恢复损耗也可以达到零，因此可以说是理想的器件。不过，由于开关器件本身的 dv/dt 较高，需要采取噪声对策。

四、RAC 在实际运行中的节能措施

通过更改开关器件，可以改变空调的节能性能。然而，在民用家电的 RAC 中，为了避免使用昂贵的部件，节能措施是通过巧妙设计电路结构来实现的。对于前述的 APF，将进一步详细说明。在 RAC 的情况下，不是在全功率时始终运行 PFC 电路，而是通过在低电力状态下，在达到设定温度时停止 PFC，并将开关器件以商用频率运行作为整流器来使用。

（一）全开关器件的图腾柱型二极管无桥 PFC 电路（如图 12 所示）

图 12 左侧的 MOS（Q1、Q2）作为开关器件运行，因此，前述的 IGBT + Si-FRD、SJ-MOS 被用于左侧，但右侧的 MOS（Q3、Q4）在商用频率 50～60Hz 下进行开关。因为开关机会较少，所以选择了相比于开关速度更注重低导通电阻的 SJ-MOS 类型。使用 SJ-MOS 的原因

是在导通时能够使体二极管的正向电流流动,而无法使用反方向不能导通的 IGBT。

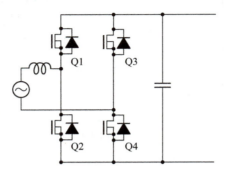

图 12　全开关器件图腾柱型二极管无桥 PFC

(二)在停止 PFC 的状态下对各种 PFC 电路进行损耗计算

以 300 W 电源驱动功率,对通过 PFC-OFF 时的仿真进行损耗比较,考虑了交错型 PFC 和图腾柱型 PFC。这是基于功率半导体的损耗比较,没有考虑电抗器等的损耗。

①交错型电路(如图 13 所示)的损耗主要是整流桥和防逆流二极管的串联 V_F 造成的功耗。在仿真中使用的防逆流二极管采用 SiC-SBD(假设为旗舰型号)。

仿真条件:交流输入为 200 V 商用频率

二极管:SiC-SBD

损耗:3.3 W

①交错型

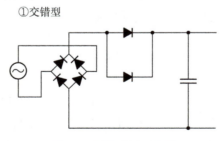

图 13　交错型 PFC 电路

②图腾柱型二极管无桥电路(如图 14 所示),使用 IGBT 作为开关器件。由于 IGBT 不能导通逆向电流,因此 IGBT 附带的 Si-FRD 和整流二极管的串联 V_F 将成为功率损耗。

仿真条件:交流输入为 200 V 商用频率

IGBT:RGTV00TS65D(关闭状态)

损耗:2 W

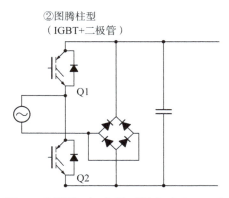

图 14　图腾柱型二极管无桥电路（IGBT）

③图腾柱型二极管无桥电路（如图 15 所示）使用 SJ-MOS 作为开关器件。由于 SJ-MOS 能导通逆向电流，进行同步整流将导致功率损耗。图 16 显示了 SJ-MOS 的时序波形。

仿真条件：交流输入为 200 V 商用频率

SJ-MOS：R6047MNZ1

损耗：1.3 W

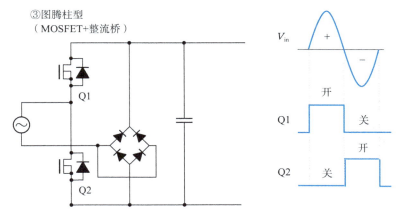

图 15　图腾柱型二极管无桥电路（SJ-MOS）（1）　　图 16　时序图

④图腾柱型二极管无桥电路使用 SJ-MOS 作为开关器件。对于整流部分，使用 SJ-MOS 的全桥型进行同步整流导致功率损耗（如图 17 所示）（图 18 显示了 SJ-MOS 的时序波形）。

仿真条件：交流输入为 200 V 商用频率

SJ-MOS：开关侧为 R6047MNZ1，整流侧为 R6047EMZ1

损耗：1.2 W

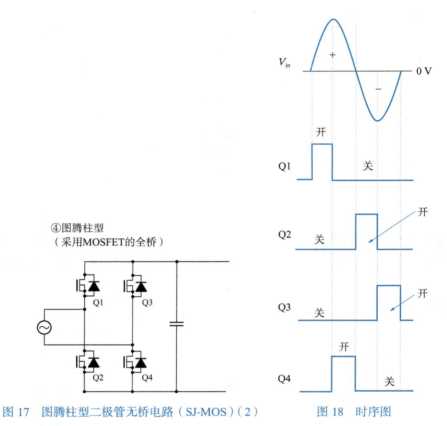

图 17　图腾柱型二极管无桥电路（SJ-MOS）（2）　　　图 18　时序图

根据以上的仿真结果，交错型电路的 PFC 部分损耗约为 3.3 W，但将电路结构改为图腾柱型后，使用 IGBT 减少 41% 损耗，使用 SJ-MOS 减少 61%，使用全 SJ-MOS 减少 64%。在 RAC 中，有一些旗舰型号采用全 SJ-MOS 的图腾柱型 PFC，以提高能效性能，即提高APF 性能。

五、逆变器电路

商用电源通过 PFC 电路变成直流电后，通过逆变器电路将直流输入，生成三相交流电来驱动电机。电路结构使用了如图 19 所示的 6 个开关器件。这些开关器件的选择，如使用何种半导体，将影响逆变器的性能、噪声处理和效率。在这里，将对 IGBT 和 SJ-MOS 进行说明。

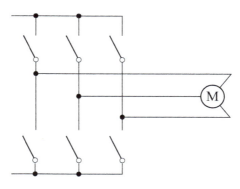

图 19　逆变器电路

在 RAC 领域，逆变器部分常常使用智能功率模块（IPM）。原因是，相比于采用分立功率半导体器件的结构，基板设计和噪声处理更加容易。功率半导体制造商在 IPM 中集成的 IGBT 和 SJ-MOS 采用了考虑降低噪声和开关损失的设计，以实现差异化。一些旗舰型号已经采用了搭载 SJ-MOS 的 IPM。在 RAC 领域，没有采用 SiC-MOS。然而，一些制造商选择不使用 IPM，而是采用分立半导体构建，便于优化电路，考虑噪声并最大程度地提高效率。在这种情况下，由于 RAC 制造商可以进行个别定制设置，从而实现与竞争对手的差异化。此外，在考虑到半导体短缺或灾难的情况下，考虑到特定形状器件使用时的可替换性，不使用 IPM 的分立半导体构建是一种有效的选择。

以下内容将以驱动室外机压缩机的逆变器电路为例，说明各种功率半导体类型的特征。

（一）IGBT

对功率半导体性能的要求与前文描述的图腾柱型 PFC 电路相似。对于 IGBT，所需的性能包括低 $V_{CE(sat)}$ 和开关性能。与 IGBT 并联的二极管也需要具有低恢复电流，以构建低损耗的逆变器。然而，由于逆变器的开关频率相比于 PFC 更低，因此在逆变器中，导通损耗通常比开关损耗更为主导。在 RAC 全功率运行时，由于有大电流流过，损耗被控制得很低。

（二）SJ-MOS

与 IGBT 相比，在电导损耗方面，IGBT 在大电流范围内更有优势。然而，由于和 PFC 类似，在轻负荷操作时只有小电流流动，因此在这种情况下，SJ-MOS 更有优势。因此，为了提高节能性能，降低轻负荷时的损耗也变得重要，因此在一些旗舰型号的机型中也采用了 SJ-MOS。图 20 显示了 IGBT 和 SJ-MOS 的导通损耗与电流之间的关系。IGBT 在大电流范围内的导通损耗较低，SJ-MOS 在小电流范围内的导通损耗较低。

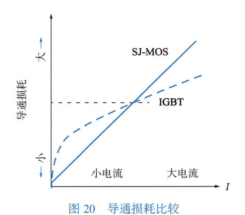

图 20　导通损耗比较

六、白色家电的目前状况

近年来，在观看 RAC 的广告（宣传册）时可以发现，与数年前相比，强调节能的型号已经减少。现在更注重额外功能，如过滤器的清洁功能、室内机的防霉措施，以及利用摄像头和传感器对房间的形状和人员的有无进行 AI 分析，以提供舒适的环境。高效的半导体在室外机中的使用虽然可以实现节能，但将其作为吸引消费者购买 RAC 的特性变得越来越困难。因此，近年来各公司都没有像以前那样竞相提高每年的 APF。在 2015 年前，各公司每年都在就提高 APF 进行竞争。近年来，由于对室内机和室外机尺寸的小型化要求，对 RAC 的需求也在发生变化。

七、总结

本节针对空调中注重性能的 RAC，介绍了功率半导体的使用情况。白色家电中的 RAC 使用大功率，根据季节的不同可能长时间连续使用。换句话说，提高节能性能将成为朝着碳中和目标迈进的一种举措。在未来的 RAC 市场上，虽然在功率半导体方面可能不会发生巨大变化，但半导体制造商将继续推动开发，以提供符合客户需求的半导体。

第二节　SiC 混合模块在电动列车中的应用

本节将说明在驱动电动列车的 VVVF（可变电压可变频率）逆变器装置中应用的 SiC 混合模块。通过 SiC 器件的应用，降低了损耗，实现了装置的小型化、轻量化和能效的提升。

　　图 1 显示了电动列车的构造。VVVF 逆变器装置将来自架线的 1500 V 直流电转换为驱动电机的三相交流电。通过改变三相交流电的电压和频率，控制电机的转速以实现车辆的加速和减速。图 2 显示了电动列车的外观。

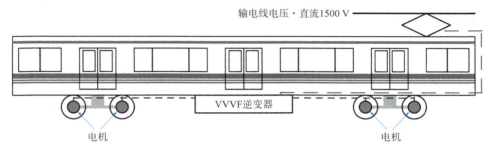

输电线电压·直流1500 V

VVVF逆变器

电机　　　　　　　　　　　　　　电机

图 1　电动列车的构造

图 2　电动列车的外观（山阳电气铁道 5000 系）

　　图 3 显示了 VVVF 逆变器装置搭载的 SiC 混合模块的外观。它结合了 Si IGBT（绝缘栅双极型晶体管）和作为续流二极管的 SiC SBD（肖特基势垒二极管）。为了适用于输电线电压 1500 V 输入的逆变器，器件的耐压为 3.3 kV。

Si IGBT　　　　　SiC SBD

图 3　SiC 混合模块（3.3 kV/1200A）

图 4 比较了 SiC 混合模块和传统的 Si IGBT 模块每个器件的平均损耗。主要通过使用 SiC SBD 作为 FWD（Free Wheeling Diode，续流二极管）来降低损耗，相对于传统模块减少了 18%的损耗。

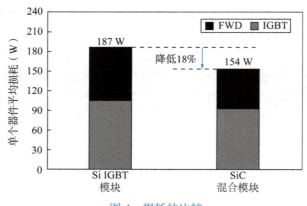

图 4　损耗的比较

图 5 显示了逆变器的电路图。六个 SiC 混合模块组成了一组三相二级逆变器，通过两组逆变器驱动四台感应电动机。逆变器的外观如图 6 所示。

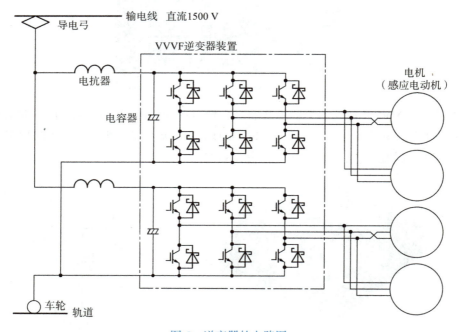

图 5　逆变器的电路图

图 6　逆变器装置的外观

将 SiC 混合模块应用于逆变器装置，实现了逆变器装置的小型化和轻量化。图 7 比较了传统 IGBT 器件逆变器和应用了 SiC 模块的逆变器的尺寸和重量。相比于传统逆变器，SiC 模块利用其相对较小的损耗，实现了冷却散热片的小型化。新型的逆变器通过引入走行风冷系统提高了冷却能力，进一步实现了体积减小至 0.35 倍、重量减小至 0.62 倍的小型化。

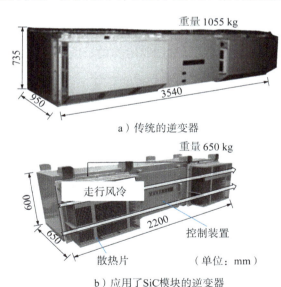

下面说明 VVVF 逆变器装置的电机控制。

图 8 展示了电机控制的方框图。通过电机的电压和电流推算电机的速度并进行控制，实现无速度传感器矢量控制。通过这种方式，根据上位装置提供的扭矩指令值，实现电机的驱动（加速）和制动（减速）控制。在减速时，电机的动能通过电网回馈进行电能回收控制。

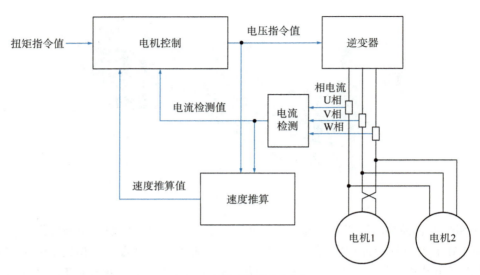

图 8　电机控制的方框图

　　SiC 模块的电流允许范围比传统器件更广。利用这一特点，提高了高速运行时的制动力，增加了回收电力，提高了能效性能。图 9 显示了比较传统型逆变器和应用 SiC 的逆变器的回收电力图表。应用 SiC 的逆变器的回收电力量是传统型的 1.5 倍以上。

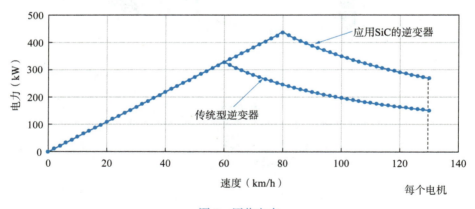

图 9　回收电力

　　图 10 显示的是车辆的行驶数据。从停止状态加速到 100 km/h，然后通过回收制动减速停车。

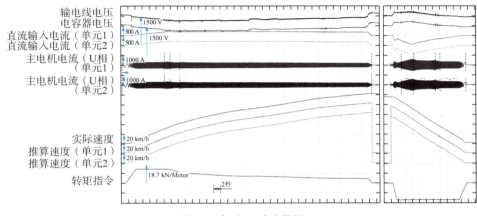

输电线电压
电容器电压
直流输入电流（单元1）
直流输入电流（单元2）
主电机电流（U相）（单元1）
主电机电流（U相）（单元2）

实际速度
推算速度（单元1）
推算速度（单元2）
转矩指令

图 10 加速、减速数据

参考文献

[1] 飯田秀樹, 加我敦: インバータ制御電車概論, 電気車研究会, (2003).

[2] 田島宏一: 山陽電気鉄道株式会社 5000 系リニューアル車向け SiC ハイブリッドモジュール搭載の鉄道車両用 VVVF インバータ, 富士電機技報, (2019).

[3] H. Tajima, S. Ahmed, S. Mabuchi and Y. Abe: SiC Hybrid Module based VVVF Inverter for Electric Railway, ICEMS2020, (2020).